U0182744

存量时代下工业遗存更新的策略与路径

薄宏涛 著

东南大学出版社

序 言

2006年到现在，一晃十五个年头过去了，从刚加入公司的青涩小伙逐渐成长为公司的总建筑师，我见证了宏涛作为实践建筑师的不断进步，在2012年他考入东大攻读博士研究生后的七个年头里，我也见证了他在学术道路上的坚持和求索。

2013年，宏涛提出希望关注研究城市更新，并推动公司这一版块的实践。他在2013—2014年间陆续完成了上海、杭州、南京的几个更新项目，积累了一定经验，2015年末，他开始接触首钢园区的更新项目。随着项目的逐渐展开，论文开题很自然地以此为契机，选择了这个极具有时代特征性的研究课题，这也正好契合了他的个人兴趣点。

在从增量到存量转换的大时代背景下，这样的研究是非常具有现实意义的。结合首钢园区更新这个难得的项目实践机会，综合研究在国内外更新发展的脉络和趋势，总结摸索出一些适合中国本土工业遗存更新的策略和路径，这是很有价值的研究。我一直主张实践建筑师的论文应该从实践中来到实践中去，基于实践的研究课题是言之有物、有感而发的，我们建筑学科应该多一些类似的基础研究，这对学科的发展是会有帮助的。

随着首钢项目的逐渐深入，他往返北京的频次越来越高，忙碌不堪。我暗暗为他捏一把汗，担心他因为工作压力而实践学术难以两全。所幸经过较为艰苦的努力，宏涛还是坚持完成了论文的研究和写作工作。在首钢工业遗存更新实践中长达六年的持续投入，宏涛吃了不少苦，克服了大量规范和实施中的困难，空间时间上的障碍，当然，这也让他在这个领域做出了一些成绩，以此为基础的博士学习研究也交上了合格的答卷。在繁重的工程实践之余能咬牙坚持不放弃，体现了他对行业的执着和对初心的坚守。

在我看来，论文中对于工业遗存更新的策略集成和实施路径的梳理都是对该领域设计实践比较有价值的研究成果。因此，我也很支持他将论文整理发表，把自己的心得、研究和思考展示出来，为这个领域的理论和实践工作添砖加瓦。我也衷心希望在今后的工作中，宏涛能一直秉持着实践与研究双线并重的态度，在成为一名优秀的学者型建筑师的道路上越走越好。

是为序。

作者简介

薄宏涛

工学博士

筑境设计，董事、总建筑师，筑境设计城市更新研究中心主持建筑师。

中国一级注册建筑师、教授级高级建筑师、英国皇家建筑师学会 RIBA 特许建筑师。

中国建筑学会建筑改造与城市更新专委会常务理事、建筑文化专委会委员，立体城市与复合建筑专委会委员，上海建筑学会建筑创作学术部委员。东南大学、重庆大学、北京建筑大学校外硕士生导师。中国建筑学会青年建筑师奖、上海市杰出中青年建筑师奖获得者。

薄宏涛在城市更新领域做出了富有成效的实践，先后完成了北京西十冬奥广场、国家体育总局冬季训练中心、北京首钢三高炉博物馆、北京六工汇、香格里拉酒店冬奥园区店、北京星巴克冬奥园区店、上海愚园路微型城市记忆博物馆等一系列富有代表性的城市更新项目。

相关作品获得了中国建筑学会 2019 年建国七十周年"建筑创作大奖"，2021 年建筑设计奖"历史文化保护传承创新奖"一等奖，"城市设计奖"一、二等奖，2019 中勘协"行业优"一、二等奖，2017 年"英国皇家规划学会全球卓越规划奖"，2021 年 ArchDaily 中国年度建筑大奖冠军，2021 年 IAA 国际建筑奖类别大奖 winner，2021 年 Dt EA 设计教育奖特别嘉许奖，2021 年 WAN 世界建筑新闻网大奖铜奖，2021 年 WAF 世界建筑节 Final List 特别提名奖，三联城市人文奖公共空间提名奖等众多奖项，多次入选参展威尼斯双年展、UIA 世界建筑师大会、中国建筑设计博览会北京国际设计周、上海城市空间艺术季等重要展览。

内容提要

本书是笔者基于北京首钢园区工业遗存更新的多年实践经验，结合博士论文《存量时代下工业遗存更新策略研究——以北京首钢园区为例》研究成果汇编呈现的一本工具书。

本书以国内外工业遗存更新相关理论为基础，结合该领域实践发展的沿革及现状，分析中外在不同法制环境、城市能级、转型动能等背景下呈现的差异化更新实践。从多维度研究视角，集成了国内外工业遗存更新领域的主要策略并梳理建构了我国工业遗存更新实践的实施路径。通过更新策略集成与技术实施路线这一横一纵的两条线索，建构出中国工业遗存更新实践所需要的"道"与"术"的全景认知。

全书分上中下三篇，上篇结合国内外工业遗存更新现状，对其发展动因、更新模式、更新主体及法制环境等方面进行了分析研究；中篇归纳出工业遗存更新的"价值评估与信息采集、复兴引擎选择、空间再生策略、空间公共性再造、产业活化方针、社会融合方法、可持续发展和法律制度环境建设"八组典型策略，并以北京首钢园区工业遗存更新实践为实证，对策略合理性和可实施性进行了验证；下篇梳理提出了工业遗存更新中涵盖的"土地获取、政策支持、价值评定、经济评估、规划调整、操作主体、设计进程和实施运营"八个主要阶段的纵向实施路径，并对实践中制度与环境平台搭建、更新模式选择、产业及实施策略选择提出了相应建议。

书中展现的研究方法、数据资料及设计成果，可供城市规划、建筑设计、地产开发及规划管理等专业工作者以及相关大专院校师生阅读参考。

目 录

上篇

第 1 章·绪论 / 001

1.1 研究的缘起 ··· 002
1.2 研究概念界定 ··· 003
1.2.1 城市更新 ··· 003
1.2.2 工业遗存 ··· 005
1.2.3 工业遗存更新 ··· 006
1.3 研究背景 ··· 006
1.3.1 我国城市化与工业化的关联发展 ··· 006
1.3.2 我国经济与城市更新的关联发展 ··· 008
1.3.3 存量时代下工业遗存更新的必要性 ··· 010
1.4 研究范围及目的 ··· 012
1.4.1 研究范围界定 ··· 012
1.4.2 研究目的 ··· 012

第 2 章·国内外工业遗存更新研究 / 015

2.1 工业革命推动的城市化进程与更新 ··· 016
2.2 国外工业遗存更新研究发展与实践 ··· 018
2.2.1 国外工业遗存更新研究综述 ··· 018
2.2.2 国外工业遗存相关法规政策 ··· 020
2.2.3 国外工业遗存更新发展脉络 ··· 022
2.2.4 国外工业遗存更新实践 ··· 024
2.3 国内工业遗存更新研究发展与实践 ··· 040
2.3.1 国内工业遗存更新研究综述 ··· 041
2.3.2 国内工业遗存更新发展脉络 ··· 046
2.3.3 国内工业遗存更新实践 ··· 051
2.4 小结 ··· 068

中篇

第3章·工业遗存更新策略研究 / 071

3.1 工业遗存价值评估与信息采集 ··072

3.1.1 工业遗存价值评估 ···072

3.1.2 工业遗存信息采集 ···077

3.2 工业遗存更新的引擎 ··080

3.2.1 工业遗存的空间生产模式转型 ···080

3.2.2 工业遗存更新的差异化引擎 ···081

3.3 工业遗存更新的空间再生 ···089

3.3.1 城市尺度下的空间再生 ···090

3.3.2 单体尺度下的空间再生 ···100

3.4 工业遗存更新的空间公共性再造 ···107

3.4.1 工业遗存更新与城市空间转型的关系 ·······································107

3.4.2 工业遗存更新的区域空间开放化 ···109

3.4.3 工业遗存更新的城市结构邻里化 ···114

3.4.4 工业遗存更新的公共空间公平化 ···118

3.4.5 工业遗存更新的城市记忆空间化 ···124

3.5 工业遗存更新的产业活化 ···126

3.5.1 产业活化的"工业+"模式 ···127

3.5.2 产业活化的"文化+"模式 ···131

3.5.3 产业活化的"产业+"模式 ···138

3.6 工业遗存更新的社会融合 ···149

3.6.1 传统工业化进程中的产居共同体 ···149

3.6.2 工业遗存更新的再城市化进程 ···151

3.6.3 工业遗存更新的空间正义修复 ···152

3.7 工业遗存更新的可持续发展 ···155

3.7.1 工业遗存更新的生态可持续 ···156

3.7.2 工业遗存更新的空间可持续 ···159

3.7.3 工业遗存更新的经济可持续 ···162

3.8 工业遗存更新的法律制度环境 ···163

3.8.1 工业遗存更新中的法律制度环境构建 ··163

3.8.2 工业遗存更新制度的指向性实践推动 ··167

3.8.3 工业遗存更新中的相关制度环境创新 ··168

3.9 小结 ···169

第 4 章·以北京首钢园区更新为典型代表的策略实证 / 173

4.1 首钢工业遗存价值评估与信息采集 ···176

4.1.1 首钢工业遗存价值评估 ···176

4.1.2 首钢工业遗存信息采集 ···182

4.2 首钢园区的更新引擎 ··188

4.2.1 首钢园区的空间生产模式 ··188

4.2.2 首钢园区更新引擎的选择 ··193

4.3 首钢园区空间再生策略 ···202

4.3.1 城市尺度下的园区空间再生 ··202

4.3.2 单体尺度下的建筑空间再生 ··212

4.4 首钢园区的公共性再造 ···221

4.4.1 首钢园区更新与城市空间转型的关系 ···221

4.4.2 首钢园区更新的区域空间开放化 ···222

4.4.3 首钢园区更新的空间结构邻里化 ···225

4.4.4 首钢园区更新的公共空间公平化 ···229

4.4.5 首钢园区更新的城市记忆空间化 ···234

4.5 首钢园区更新产业活化 ···238

4.5.1 城市能级与产业活化的关系 ··238

4.5.2 首钢业态再生的"工业 +"模式 ···240

4.5.3 首钢业态再生的"文化 +"模式 ················· 245

4.5.4 首钢业态再生的"产业 +"模式 ················· 250

4.6 首钢园区更新的社会融合 ····················260

4.6.1 首钢园区的产居共同体瓦解 ················· 260

4.6.2 首钢园区的再城市化进程 ················· 263

4.6.3 首钢园区的空间正义修复 ················· 265

4.7 首钢园区工业遗存更新的可持续性 ····················269

4.7.1 首钢遗存更新中的生态可持续 ················· 269

4.7.2 首钢遗存更新中的空间可持续 ················· 277

4.7.3 首钢遗存更新中的经济可持续 ················· 288

4.8 首钢园区更新的规划与政策环境 ····················290

4.8.1 首钢转型更新的多维度诉求 ················· 290

4.8.2 首钢转型更新的重要政策依据 ················· 292

4.8.3 首钢转型更新的制度环境创新 ················· 293

4.8.4 首钢转型更新的规划实现路线 ················· 296

4.9 小结 ····················297

下篇

第 5 章·建构中国工业遗存更新技术路线 / 301

5.1 工业遗存更新的土地获取 …………………………………………………302

5.1.1 政府主导推进一级开发 ……………………………………………… 303

5.1.2 政企合作推进一二联动 ……………………………………………… 304

5.1.3 企业自主区域统筹升级 ……………………………………………… 305

5.1.4 不同模式存在的问题 ………………………………………………… 307

5.2 工业遗存更新的政策支持 ………………………………………………308

5.2.1 契合国家政策导向 …………………………………………………… 308

5.2.2 契合地方政策导向 …………………………………………………… 310

5.2.3 契合城市公共诉求 …………………………………………………… 311

5.3 工业遗存更新的价值评定 ………………………………………………311

5.3.1 上位风貌保护规划 …………………………………………………… 311

5.3.2 相关专家论证评定 …………………………………………………… 311

5.3.3 企业自荐遗存名录 …………………………………………………… 312

5.4 工业遗存更新的经济评估 ………………………………………………312

5.4.1 改变土地性质的自持土地经济评估 ………………………………… 312

5.4.2 不改变土地性质的自持土地经济评估 ……………………………… 312

5.4.3 不改变土地性质的出租土地经济评估 ……………………………… 313

5.5 工业遗存更新的规划调整 ………………………………………………313

5.5.1 明确城市设计优先 …………………………………………………… 313

5.5.2 设定城市更新单元 …………………………………………………… 314

5.5.3 推进综合交通评估 …………………………………………………… 315

5.5.4 确认土地用地性质 …………………………………………………… 315

5.5.5 明确上位规划边界 …………………………………………………… 316

5.5.6 开展更新城市设计 …………………………………………………… 316

5.5.7 落实控制规划调整 …………………………………………………… 317

5.6 工业遗存更新的操作主体 ………………………………………………317

5.6.1 主体与过程的关系 ·· 318

5.6.2 兼容经营与公众参与 ·· 318

5.7 工业遗存更新的设计进程 ······································ 318

5.7.1 梳理上位条件 ··· 319

5.7.2 编制建设方案 ··· 319

5.7.3 推进更新产策 ··· 321

5.8 工业遗存更新的实施运管 ······································ 321

5.8.1 操作资金构成 ··· 321

5.8.2 运管团队构成 ··· 322

5.8.3 工作机制创建 ··· 323

5.9 小结 ·· 324

第 6 章 · 建议与讨论 / 327

6.1 主要建议 ··· 328

6.1.1 建立适当的制度与环境平台 ···································· 328

6.1.2 选择适当的工业遗存更新模式 ································ 331

6.1.3 选择适当的产业及实施策略 ···································· 332

6.2 主要实践指引 ·· 334

6.2.1 梳理并集成基于城市过程的多维度协同的工业遗存更新策略 ··········· 335

6.2.2 梳理基于中国国情的全流程工业遗存更新的技术路线 ··········· 335

6.3 需进一步探讨的问题 ·· 335

后 记 / 338

参考文献 / 340

第 1 章 · 绪论

1.1 研究的缘起

本书的选题缘起于笔者近年参与的以北京首钢工业园区遗存更新为代表的大量工程实践的体会和触发的相关思考。对于已经衰败的大规模工业用地，其更新往往会涉及城市整体定位调整、综合产业转型、土地经济供求关系、社会融合再发展、区域协同可持续发展等诸多领域，有效解决类似问题的手段绝不是具有普世价值的单一路线，而是综合的系统策略和有效路线的有机结合。因此研究国内外工业遗存更新的经典案例，集成遗存更新的有效策略，梳理更新流程的技术路线，探索适合国情的有中国特色的工业遗存更新之路，就成了本书研究的核心目标。

首钢是中国民族工业企业的缩影，是北京市近现代工业化的重要支点企业，其前身龙烟铁矿公司诞生于中国试图以工业化为中心推动经济全面近代化的建设时期，企业的起步、成长和成熟与国家和北京市的经济成长与城市化进程呈现鲜明的伴生关系。发达国家的城市化经验表明，工业化是城市化的动力，而人口迁移是城市化的途径。首钢所在的北京市因其作为古都的历史原因和新中国首都的现实原因，迁移人口较多，城市化起点较高，1978 年城市化率已超50%。而后又在改革开放的推动下快速城市化，在 21 世纪初（2005 年后）北京市城市化率已超过 80%[1]，各类城市生活用地需求仍在膨胀，城市发展空间几近饱和，可新增建设用地非常有限，城市的持续发展面临前所未有的巨大挑战。为响应疏解非首都核心功能的号召，作为北京市工业长子的首钢自 2001 年开始减产至 2008 年逐渐停产再至 2011 年全面停产，核心园区腾退出 8.63 km^2 的土地，成为京西最大的可整片利用的发展用地。

昔日的首钢推动了城市的扩张式发展，今日的首钢领跑了城市的内生式更新。笔者作为有幸投身于中国首都大型重工业遗存更新的一线设计人员，深感时代变革下城市发展方式的改变对城市长久以来稳定的发展平衡的冲击，以及对参与其中的多方从业人员转变

1　北京市统计局 [DB/OL].（2018-11-01）[2021-11-03]. http://tjj.beijing. gov.cn/zt/dgsdzxp/msgs/201811/t20181105_146336.html.

思维方式的考验。所以，笔者结合我国当下国情，借鉴国外经验，理论研究与工程实践并举，希望通过本书来探讨适合国情的工业遗存更新的策略集成，并梳理建构中国工业遗存更新的技术路线，期望为我国存量时代下工业遗存更新的工作提供建设性思考和建议。

1.2 研究概念界定

1.2.1 城市更新

城市更新主要是指"通过对城市土地资源进行合理再配置，使城市空间结构得以更新，促进城市土地有效利用，从而改善城市环境、振兴经济的城市再开发的策略。城市更新作为一种社会改革的方法，通过吸引外部私人和公共投资以及鼓励创业，为更高级的住房、企业等创造机会，恢复特定地区的经济活力"[2]。伴随着社会人口、经济等多重发展矛盾的变迁，城市发展经历了城市化——逆城市化——再城市化的阶段，城市更新的内涵和特征也随之转变。

18 世纪 60 年代到 19 世纪中叶，第一次工业革命带来了城市人口的高度聚集并推动了城市化进程。19 世纪 60 年代后期，第二次工业革命带来的人口激增导致城市规模迅速扩大，城市化进程由良性的城市郊区化逐渐转向以蔓延粗放扩张为特征的疏散迁移。20 世纪 40 年代之前，在以形体规划（Physical Design）为核心的近现代城市规划思想影响下，城市更新主要强调城市卫生环境的改善和城市美化。[3] 二战之后，各国开始由政府引导的城市重建（Urban Renewal）活动。这个阶段城市更新的特征是"推土机式的大拆大建"，普遍集中在"贫民窟的清理以及住房的改善方面"[4]。

20 世纪 50 年代开始，发达国家进入后工业化阶段。在级差地租作用下，城市中心区土地的强化利用加速了中心区的衰败，并且带来交通、治安等一系列社会问题。人口负增长导致城市中心逐渐失

2　维基百科.城市更新 [DB/OL].（2021-09-23）[2021-10-08]. https://en.jinzhao.wiki/wiki/Urban_renewal.

3　李建波,张京祥.中西方城市更新演化比较研究[J].城市问题,2003(05):68-71, 49.

4　丁凡, 伍江.城市更新相关概念的演进及在当今的现实意义[J].城市规划学刊, 2017(06): 87-95.

去活力，出现"空心化"现象，从而引发后续城市发展的结构性衰退，发达国家开始进入逆城市化阶段。战后的城市重建虽然使得物质空间得到了改善，但却受到了学者日益加剧的批评和城市居民的强烈反对。1958 年在荷兰海牙（Hague）召开的第一次城市更新研究会（New Life for Cities Around the World）对城市更新进行了界定：进行都市生活的人由于不满足于所处环境和所住建筑以及其他对娱乐活动的支持匮乏等现状，对土地的利用形态乃至对城市的局部与整体规划提出改善的要求。[5] 20 世纪 60 年代城市更新的倾向发生了转移，从大拆大建转向公共住房的建设、邻里关系的修复以及城市振兴（Urban Revitalization）。

20 世纪 80 年代，伴随着城市工业化功能的衰退，全球范围内经济开始下滑。政府出台政策鼓励私人投资标志性建筑及娱乐设施来促使中产阶级回归内城，并刺激旧城经济复苏，西方发达国家开始进入再城市化阶段。城市政策理念和实践的重大转变让这一时期的城市更新逐渐偏向适应性更新与有机更新，更新的主体也逐渐丰富。1990 年后，随着与人本主义、可持续发展观相适应的多位城市发展目标的提出，城市开始更加注重社会、经济、文化、生态等综合维度的复兴，城市更新成为保护历史环境、注重公众参与、刺激经济增长、增强城市活力、提高城市竞争力的城市再生活动。英国城市工作专题组在 1999 年完成的《迈向城市的文艺复兴》（Towards an Urban Renaissance）研究报告中提出，城市复兴（Urban Renaissance）是通过紧凑化、多中心化、社会性混合、良好的设计与连接以及环境可持续性来营造出有关城镇的可持续再生的愿景。

进入 21 世纪，城市更新的定义有了更多维度的解读：对已经丧失了的经济活动进行重新开发、对已经出现障碍的社会功能进行恢复、对出现社会隔离的地方促进社会融合，以及对已经失去了的环境质量和生态平衡进行复原。[6] 在"退二进三"大背景下，各国

5　International B. New life for cities around the world: international handbook on urban renewal [C]// International Seminar on Urban Renewal, 1959.

6　couch C, fraser C, percy S. Urban regeneration in Europe [M]. New Jersey: Blackwell, 2003.

将产业转型与城市发展联动起来，城市更新也逐渐转变为以多方合作为基础的、以区域更新激发城市长效发展的整体城市复兴。与此同时，围绕城市存量资源开发为主的、小规模渐进式的自下而上的多样化城市更新也在各地逐步展开。新时期的城市更新（Urban Regeneration）呈现出"宏观集体复兴与微观渐进更新并存"的百花齐放的发展态势。

1.2.2 工业遗存

工业遗产的内涵是具有历史价值、技术价值、社会意义、建筑或科研价值的工业文化遗存。包括建筑物和机械、车间、磨坊、工厂、矿山以及相关的加工提炼场地、仓库和店铺、生产、传输和使用能源的场所、交通基础设施，除此之外，还有与工业生产相关的其他社会活动场所，如住房供给、宗教崇拜或者教育。[7]

在时间方面，工业遗产是指 18 世纪从英国开始的，以采用钢铁等新材料，采用煤炭、石油等新能源，采用机器生产为主要特点的工业革命后的工业遗存。[8]工业遗产的物质资源包括一切与工业生产相关联的、按照工业生产工艺流程需要和一定功能关系布局的所有相关物质实体，以及由物质实体形成的特色景观；而其非物质资源则包括企业文化、企业精神、管理模式、技术创新、企业发展历史、相关工艺流程、产品、产量、规模等，也包括在解决就业、促进社会发展、改变人民生活等方面的作用。[9]

国际工业遗产保护协会（TICCIH）于 2003 年 7 月通过的旨在保护工业遗产的《下塔吉尔宪章》中对工业遗产进行了定义和价值界定：工业遗产由工业文化的遗留物组成，这些遗留物拥有历史的，技术的，社会的，建筑的或者是科学上的价值。[10]中国工业遗产保护论坛于 2006 年 4 月通过的《无锡建议——注重经济高速发展时期的

7　俞孔坚,方琬丽.中国工业遗产初探[J].建筑学报,2006（08）：12-15.

8　单霁翔.关注新型文化遗产——工业遗产的保护[J].中国文化遗产,2006,4（11）：10-47.

9　刘伯英,李匡.工业遗产的构成与价值评价方法[J].建筑创作,2006（09）：24-30.

10　工业遗产之下塔吉尔宪章[J].建筑创作,2006（08）：197-202.

工业遗产保护》中指出：工业遗产应包括具有历史学、社会学、建筑学和科技、审美价值的工业文化遗存。包括工厂车间、磨坊、仓库、店铺等工业建筑物，矿山、相关加工冶炼场地、能源生产和传输及使用场所、交通设施、工业生产相关的社会活动场所，相关工业设备，以及工艺流程、数据记录、企业档案等物质和非物质遗产。[11]

2018年11月工业和信息化部在《国家工业遗产管理暂行办法》中提出：国家工业遗产的核心物项是指代表国家工业遗产主要特征的物质遗存和非物质遗存。物质遗存包括作坊、车间、厂房、管理和科研场所、矿区等生产储运设施，以及与之相关的生活设施和生产工具、机器设备、产品、档案等；非物质遗存包括生产工艺知识、管理制度、企业文化等。[12]

由上可见，广义上讲，工业遗产是指工业革命以来与工业生产生活相关的一切物质及非物质遗留物的总和。狭义上讲，工业遗产侧重指文物价值较高的工业遗存。

1.2.3 工业遗存更新

工业遗存承载了特定时代的价值特征，见证了工业发展历史，记录了城市发展进程，其承载的具有工业美学特征的物质空间及独特的非物质文化为当下存量发展下的土地再开发提供了优质基础。工业遗存更新是指在存量开发为主导的城市发展中，对工业遗存进行合理改造再利用，挖掘并激发其潜在的价值属性，在保护工业文化基因的前提下对其进行再次利用，使其在城市发展中重新焕发生命力。

1.3 研究背景

1.3.1 我国城市化与工业化的关联发展

城市化是农业人口转变为城市人口的过程，伴随人口迁移聚集的过程，地域景观、产业结构和生活生产方式都会相应产生较为深刻的变化。劳动力从第一产业向二三产业转移，推动以农业生产为

---

11 无锡建议——注重经济高速发展时期的工业遗产保护 [J]. 建筑创作，2006（08）：195-196.

12 中国政府网. 国务院公报 [EB/OL]. http://www.gov.cn/gongbao/content/2019/content_5366487.html.

主的传统乡村社会转化为以非农业生产为主的现代化城市社会。

城市化率 = 城市人口 / 总人口[13]（均按常住人口计算，不是户籍人口）是城市化进程的量化，是衡量一个国家或地区经济发展水平和社会进步的重要指标。

近现代城市化始于工业化，工业化推动城市化。世界各国进入工业化的时间先后不一，工业化发展阶段不尽相同，城市化水平也有巨大差异。率先进入工业革命的欧美发达国家的城市化率遥遥领先，以英国为代表的基本完成工业化和城市化的发达国家，城市化率大多超过 80%。

中国近代工业化发展进程坎坷，自 1840 年起的近代工业萌芽经历了洋务运动的兴衰，1920—30 年代民族工业大发展，二战战时战后的下降停滞，到新中国建立时，仅留下千疮百孔、完全不成系统的近代工业基础。与发展孱弱的工业化体系相对应的是，1949 年新中国成立之初我国的城市化率仅为 7.3%，处于一个非常低的水平。

之后 1949—1977 年的现代化工业进程中，新中国在战争废墟上到计划经济体制下探索工业建设与城市物质环境的现代化建设。

1978—1992 年在经历了"大跃进"的三年增速倒退和"文革"的十年浩劫后，改革开放将中国由计划经济推向市场经济，我国工业化发展逐渐对外开放并通过引进大量先进技术缩小与世界领先技术的差距。1993—2000 年初步建立的社会主义市场经济体制以市场需求为导向，从规模扩张到结构优化，推动我国工业化发展。2001 年至今，融入经济全球化的中国工业发展突飞猛进，建立了完备的全产业链工业体系，成为"世界工厂"。

我国真正意义的城市化进程与改革开放推动的全面现代化工业体系的建立是同步的，40 多年的高速发展带来社会经济的腾飞也极大助推了城市化程度的迅猛提升。据国家统计局数据，我国的城市化率在 20 世纪 90 年代末期增长至 30.4%，2015 年达 56.1%，2018 年

---

13 百度百科 . 城镇化率 [DB/OL].（2021-04-09）[2021-10-08]https://baike.baidu.com/item/%E5%9F%8E%E9%95%87%E5%8C%96%E7%8E%87/5103387?fr=aladdin.

达 59.58%，2020 年基本达到 60%。[14]

参考全世界城市化发展的一般规律，当前我国的城市化水平已经到了快速发展阶段中后期，除重庆、武汉、成都、西安这样的后发中西部城市在城市化进程中仍然会以较高速增长外，对于北京、上海、广州、深圳这样城市化率已超过 80% 的一线城市而言，几乎不再有增长空间。上海城市化率已经稳定在 87%~89% 之间，北京城市化率在缓慢增长到达 85% 后也几乎不再有增长空间，而广州在最新一次人口普查后城市化率超过了 86%，深圳更是面对建设用地枯竭的尴尬局面。

城市发展空间饱和，可新增的用地非常有限，然而城市依旧需要发展。因此对于北、上、广、深这样的一线城市来说，从扩张式的城市发展转向内生式的城市更新，从"规模外延扩张"过渡到"品质内涵提升"，已经是必然的道路。

1.3.2 我国经济与城市更新的关联发展

从经济发展和城市化关系来看，1949 年后，与西方城市进入大规模战后的重建时期同步，成立伊始的新中国百废待兴；在财政、人力都十分紧缺的背景下国家提出了"重点建设，稳步推进"的城市建设方针，对于城市物质环境的规划和建设主要是以工业建设为核心展开，而大多数城市旧城区则采取"充分利用、逐步改造"的方法，以弥补人民基本生活设施的欠账；随后在"文革"期间，伴随着政治斗争，经济发展几乎停滞，我国城市发展道路曲折。

改革开放后（1978—1980 年代末），中国恢复城市规划，并且进行了城市体制改革[15]，经济全面复苏。城市既有基础设施建设和开发速度已逐渐跟不上城市化进程的步伐，为解决城市物质性老化与

---

14 《2015 年国民经济和社会发展统计公报》数据，中国国家统计局网站 [EB/OL].http://data.stats.gov.cn/easyquery.htm?cn=C01&zb=A0301&sj=2017.

15 翟斌庆，翟碧舞.中国城市更新中的社会资本[J].国际城市规划，2010，25（01）：53-59.

经济增长需求不匹配的问题，中国进入了以推倒重建为主旋律的城市更新进程。这一时期围绕旧城改建开展了一系列学术研究和交流活动，吴良镛院士从北京什刹海地区的规划研究出发，提出了北京城"有机更新"（Organic Renewal）的概念，著名的菊儿胡同住宅改造项目[16]即是对"有机更新"理论的出色践行，但由于认知水平和社会时代发展的局限性，这个周期的更新仍旧采用"大拆大建"的物质性更新模式，虽迎合了快速发展的要求，却忽略了城市功能与结构整体性的问题，一定程度上造成了历史和文脉的缺失。1994年中央提出"确立和建设社会主义市场经济体制"，这一决定成为20世纪90年代经济转型期的重要行动纲领；针对经济体制改革过程中城市发展出现的各种问题，1999年阳建强教授和吴明伟教授在《现代城市更新》一书中指出，城市更新不仅仅是物质性更新，更是功能性与结构性的系统更新，进而得出"在走向全面系统的城市更新"的理论[17]；之后市场化经济逐步加快，地产开发逐步主导了城市形态的变革。

进入21世纪，中国在经济全球化的浪潮中的实现经济的高速增长（2001年加入了WTO），中国城市在新千年的最初几年间经历了地产开发最为迅速的时期。2008年因全球金融危机的爆发，我国经济增长出现了短暂的停滞；这个阶段由于政府资金量有限，整体城市更新进度变缓；2009年国家的"四万亿"经济刺激计划迅速以"基础设施建设、棚户区改造"等十项措施再次强力推动了城市化进程，由此新一轮的城市更新制度建立起来。

"十二五"末期，我国宏观经济下行趋势十分显著，"自上而下"的投资推动已经难以持续宏观经济的稳步发展。新型城镇化、供给侧改革和发展方式转型等新的发展思路应运而生；这一大背景下，国内各大城市从广度和深度上全面推进城市更新工作，整体呈现出

---

16 吴良镛 . 北京旧城与菊儿胡同 [M]. 北京：中国建筑工业出版社，1994.

17 阳建强，吴明伟 . 现代城市更新 [M]. 南京：东南大学出版社，1999.

多种类型、多个层次和多维角度的探索新局面。在此阶段我国城镇化率突破 50%，城市的进一步发展拉动了我国向服务型经济转型的速度；新的经济发展方式催生出新的社会需求，新时代（2016 年至今）下，"我国社会主要矛盾已经转化为人民日益增长的美好生活需要和不平衡不充分的发展之间的矛盾"[18]，城市发展从粗放追求发展的上半场转入精耕细作的下半场，大量的存量更新问题将成为城市发展面对的新常态。

城市更新在 2021 年首次被写入了两会政府工作报告；《"十四五"发展规划及 2035 年愿景目标纲要》中提出，将实施城市更新行动推动城市空间结构优化和品质提升，城市更新已升级为国家战略。未来城市更新在完善城市功能、提高群众福祉、保障改善民生、提升城市品质、提高城市内在活力以及构建宜居环境等方面将起到越来越重要的作用。

我国城市更新在实践和探索中不断创新与完善。王建国院士在《后工业时代产业建筑遗产保护更新》中指出城市更新是一个涉及多领域的社会命题，须集政府、企业和公众等社会各界资源的综合投入，以长远的眼光平衡适应性与可持续性保护与更新[19]。伴随着国家对推倒重建式更新的批判和反思及对遗存保护再利用式更新的政策鼓励与倾斜，以"北上广深"为代表的因土地资源相对紧张而缺少经济发展基础的一线城市率先对城市工业区进行更新治理，并取得了不俗的成效，工业遗存更新得到了前所未有的关注。

1.3.3 存量时代下工业遗存更新的必要性

存量土地是城市更新视角下的再城市化的主战场。根据 H. 钱纳里和 M. 塞尔昆的世界发展模型，初始城市化由工业化推动。第一次工业革命提高了农业生产率，农村因此释放出大量剩余劳动力。人口向城市的转移带动了城市的经济发展，之后的一个多世纪里工业

18　十九大报告 [EB/OL]. http://www.qstheory.cn/llqikan/2017-12/03/c_112 2049424.html,2018-10-10.

19　王建国 . 后工业时代产业建筑遗产保护更新 [M] 北京：中国建筑工业出版社，2008.

发展在世界范围内促进了城市化的进程。第二次世界大战之后以北美和西欧为代表的发达资本主义国家开始步入后工业化时代，城市产业结构面临大面积结构性调整——从重工业逐渐转向服务业。在"退二进三"的产业结构调整背景下出现的大量闲置工业棕地成为这些国家存量土地的重要代表。

新中国的第一个五年计划期间苏联援助建设的 156 个工业项目帮助我国建立起社会主义工业化的初步框架。改革开放的重大决策为我国工业插上腾飞的翅膀，也为日后"中国制造"的飞速发展奠定了坚实的基础。在我国城市化进程中，以"北上广深"为代表的一线城市通过拓展工业用地、大量兴建工业产业园来驱动产业发展。相较国际平均水平来说，我国城市工业用地面积占比整体偏高。在城市从粗放扩张到精明增长的过程中大量低效和存量工业用地释放出来，因此在高新技术产业和第三产业比重上升的再城市化时期，即便是作为政治经济文化中心的北京也有十分可观的存量工业用地可以作为产业转型升级发展的良好空间载体。

目前一线城市的土地扩张已经基本停滞，在新一轮城市总体规划和国土空间规划修编完毕后，总建设用地边界已经基本封闭，但城市仍要发展。《北京城市总体规划（2016—2035 年）》中提出到 2035 年北京市中心城区城乡建设用地由 2020 年的 910 km^2 缩减到 818 km^2；《上海市国土空间近期规划（2021—2025 年）》中提出"十四五"期间上海全市建设用地总规模不超过 3 185 km^2，并已出台一系列"减量化"实施策略进一步控制建设用地开发；《广州市城市总体规划（2017—2035 年）》中规定 2030 年广州市建设用地达到最大量 2 180 km^2，之后按每年 5~6 km^2 递减，实现总量减少；《深圳市国土空间总体规划（2020—2035 年）》中提到至 2035 年深圳市建设用地规模达 1 105 km^2，以"调结构"和"提品质"为主线盘活存量空间并完成有机更新不少于 150 km^2。由此可见在建设用地增量停滞的前提下，盘活利用"退二进三"释放出来的工业用地成为城市化进程的新机遇。

工业遗存烙刻着时代发展的足迹，在城市文化建设、价值观塑造等方面极具利用价值。现阶段，大部分既有工业用地在产业腾退后成了"闲置空间"，在寸土寸金的城市中是对土地资源的极大浪费。总量可观的老工业用地从规划空间布局到建构筑物形态都存续着很多人的记忆，工业遗存更新正是通过对这类土地的空间再生和产业活化为城市提供崭新的发展思路。

1.4 研究范围及目的

1.4.1 研究范围界定

本书工业遗存更新研究的对象主要是指工业遗产范畴内以满足社会公共需求或经济利益为导向、可供再开发和利用的与工业生产生活相关的建构筑物。

工业遗存更新根据其操作主体构成可分为政府主体、企业主体、政企联合、社企联合、社会主体五大类。本书的研究主要关注政府、企业及政企联合为操作主体的自持有土地及物业自主运营的更新案例研究，社企联合和社会资本作为操作主体的租赁型更新案例不作为主要关注研究对象。

1.4.2 研究目的

（1）厘清工业遗存更新发展脉络

在中国的城市语境中，因工业化、城市化发展均落后于欧美发达国家，因而相应工业遗存更新的概念也出现较晚。相较而言，国外工业遗存更新起步较早，落地实践众多、体系框架相对成熟，相关立法也较为完善。本书通过梳理国内外工业遗存更新的背景、理念、实践与沿革，以期形成较为系统的整体认知，他山之石以攻玉，为中国当下高速城市化背景下的工业遗存更新实践建构认知基础。

（2）归纳工业遗存更新策略

社会生产力的发展和科学技术的进步，推动了城市化发展进程。工业遗存更新的策略应博采众长、兼收并蓄，既要与城市物质空间现状相适应，也要与社会政治经济目标相协调。本书结合国内外更新理论研究和案例分析，从"价值评估、更新引擎、空间再生、空间公共性再造、产业活化、社会融合、可持续发展和法律制度环境"这八个维度归纳总结出当下工业遗存更新的策略集成。

（3）梳理工业遗存更新技术路线

　　国内存量发展概念下的工业遗存更新实践正方兴未艾，这类项目大致分为两类：一类是在不改变土地性质的前提下进行使用功能变更的自下而上的微更新。此类项目虽数目较大，但普遍单体开发量有限、对城市区域产业影响有限且普遍存在不合法合规等问题。另一类是对大宗工业用地和工业遗存自上而下的更新。持有土地的政府或国企业主，他们需要在合法合规的框架下推进工业遗存更新实践，但普遍对这一领域缺乏认知和操作经验。因此，需要梳理并建构一套技术路线以指引国内的工业遗存更新实践。本书梳理并提出"土地获取、政策支持、价值评定、经济评估、规划调整、操作主体、设计进程、实施运管"的工业遗存更新技术线路，以回应这个时代发展的热点课题。

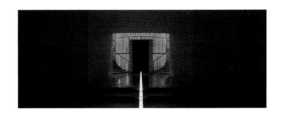

第 2 章·国内外工业遗存更新研究

2.1 工业革命推动的城市化进程与更新

城市是自然、经济、社会在地域空间内的整合体，工业则是近现代城市发展的主要产业对象。工业技术发展引发生活方式的变革，工业革命带来的城市空间变革以及在此基础上建立的工业哲学认知体系是近代人类社会进步和演进的先导条件。

18世纪英国凭借珍妮纺织机与瓦特蒸汽机的发明，一跃成为第一次工业革命浪潮的弄潮儿。第一次工业革命带来的技术和经济模式的深刻变革引发生产方式和人们思想意识的变革，城市化由此展开。机器对于传统手工业的取代，对第二产业的增长产生了强力推动，圈地以供厂房建设的发展模式比比皆是，在此后长达一百年的时间里，城市建设主要在于通过对城市内部物质空间结构（市中心、船埠和交通站场等）的完善和功能布局的重塑以实现与城市经济职能和发展水平的匹配。

19世纪70年代，西门子发电机的发明推动了电力工业、化学工业、汽车工业等一系列新兴工业的发展，以德国为代表的西欧国家在顺势进行生产厂区的集中与规模化建设的过程中，成了第二次工业革命的引领者。第二次工业革命推动了城市化的快速发展，重工业也逐渐替代轻工业成为大量中心城市的产业支柱。产业革命推动的生产方式的转变使城市中心逐渐成为工业集聚地，以生产为核心的城市土地利用模式打破了中世纪形成的中心发散式圈层城市肌理，极大改变了既有城市风貌，现代主义城市规划思潮中"技术至上"对应的工业企业规划中"工艺至上""效率至上"的指导原则催生了城市中心区大量高度聚集且空间特征趋同的工业产业建筑群落。

进入20世纪后，世界各国城市化水平随着工业的发展而加速，其中最具有典型意义的美国，1920年城市人口占全国人口比重就已达到51.2%。西方发达国家城市在先进的交通、通讯手段基础上，经济水平迅速增长，城市中心区土地被进一步强化利用。二战后，为快速恢复经济和城市面貌，欧洲各国展开了大规模"城市更新"运动，主要是对城市中心区的大规模推倒重建和对贫民窟的清理。而在未受战火波及的美国，城市更新仍然主要注重居住环境的物质性改变。

同时，美国在原子能与电子计算机应用方面的优势也逐渐累积，使其在第三次工业革命中拔得头筹。1960 年代后，西方发达国家基本完成了城市化的进程，平均城镇化率已超过 60%[20]，城市的发展趋于相对稳定的阶段。

伴随着第三次工业革命催生的产业结构与社会经济结构调整，社会生活结构也展现出重构的倾向。城市设施的陈旧与现代化城市发展不相适应的弊端日益凸显，城市面临单核中心的瓦解、无序郊迁的蔓延和传统产业中心的衰败等一系列问题，城市化进程呈现鲜明的"逆城市化"现象。这一时期的城市建设主要围绕处理内城工业区衰落和郊区化之间的平衡展开，城市更新不再仅仅注重物质形体方面的研究与改善，也开始注重区域、社会、文化和公共政策的研究，将实质环境的改善规划融入更为广泛的社区复兴和社会经济规划，并注重都市邻里结构的保护和完善。[21]

20 世纪 80 年代，美日欧等发达国家都已经达到成熟的城市化水平，第三产业逐步取代第一、二产业成为经济发展的支柱，城市功能逐渐由工业生产型向信息服务型转变。城市更新政策开始转向市场引导与以私人投资为主，公众随之参与到更新改造当中，从政府主导推动的"自上而下"的更新方式逐步过渡成企业和民间资本推动的"自下而上"的更新方式，大量民间资本的踊跃进入带来了城市发展的"再城市化"阶段。城市发展在 90 年代延续了上一阶段科技进步与产业重组，但原有的空间格局越来越无法适应新产业的布局与规划；新产业、新技术、新的综合学科的观念与现有单一的空间构成相矛盾，城市急需对空间使用效率低下的旧城区、老街区进行复兴，制定出新的发展战略并进行深入的调整与建设实践。在人本主义思潮的推动下，城市更新吸收可持续发展理念，开始更注重环保、低碳、人文、生态等发展模式。

---

20 周跃辉.西方城市化的三个阶段[DB/OL].（2013-01-28)[2021-11-02]
    http://theory.people.com.cn/n/2013/0128/c136457-20345167.html.

21 于涛方，彭震，方澜.从城市地理学角度论国外城市更新历程[J].人
    文地理，2001（03）：41-43.

进入 21 世纪，城市发展开始向存量更新转变，产业发展与城市化进程中闲置下来的大量工业用地成了新阶段城市更新的焦点。城市建筑的长久利用、城市文脉的传承、居住环境的改善、人与环境的平衡关系以及城市综合竞争力的提升均出现在城市更新的视阈下，城市更新由此展现出更加综合、更多维度的思考。

2.2 国外工业遗存更新研究发展与实践

2.2.1 国外工业遗存更新研究综述

国际上对于工业遗存的关注开始于工业文化遗产保护运动，1955 年英国伯明翰大学米切尔·瑞克斯（Michael Rix）在 World *Industrial Archaeology* 一书中呼吁社会各界人士应着手保护工业革命相关工业设施，引起了广泛关注与研究[22]。该文从考古学的角度对于工业产业空间的价值和现状进行了分析阐释并提出了其所面临的湮灭威胁。其中对工业革命遗存保存的呼吁引起了广泛关注和讨论，也推动了世界各国政府关注这个话题并制定相关保护政策。

20 世纪 50 年代，对工业遗产的探讨如星星之火在英国显现，而后在社会各层级形成燎原之势。1964 年国际古迹遗址理事会[23] 通过《威尼斯宪章》[24] 提出了文物保护的概念；1967 年《城市文明法令》中将有特殊建筑艺术价值和历史意义的地区定为保护区，次年在铁桥谷博物馆举行了第一届国际工业纪念物保护会议；1973 年国际性非政府组织国际工业遗产保护委员会 TICCIH[25]（The International Committee for the Conservation of the Industrial Heritage）成立于在英国举行的第一届国际工业遗产保护会议之后，建立了联合国教科文组织下辖的国际文化纪念物与历史场所委员会（ICOMOS）针对工业遗

22　Hudson K. World Industrial Archaeology [M]. London: Routledge, 1963.

23　International Council on Monuments and Sites(ICOMOS)，1965 年在波兰华沙成立，是由世界各国文化遗产专业人士组成的世界遗产委员会专业咨询机构。

24　《威尼斯宪章》全称《保护文物建筑及历史地段的国际宪章》，1964 年在威尼斯国际会议第二次会议中通过，是保护文物建筑及历史地段的国际原则。

25　国际工业遗产保存委员会官网 [EB/OL]. http://ticcih.org/about/

产保存、等级录入与审查的官方咨询单位。

20 世纪 60 年代，美国纽约苏荷地区（South of Houston）50 幢铸铁建筑的保护利用率先对工业遗存的更新做出探索，成为世界上首个工业区更新案例。1966 年《国家历史文化保护法》的颁布标志着美国文化遗产保护进入新阶段，工业考古学会（SIA）的成立为工业遗产保护运动提供了强劲推力，此后西方先进国家的工业遗存更新利用实践开始遍地开花。

20 世纪 70 年代初，西方学者展开了对历史地段（Heritage Site）的考察，政府机构开始明确将诞生于 20 世纪初的部分城市工业区划归为历史遗产。1986 年，世界文化遗产第一次收录了工业遗存项目——英国铁桥峡谷（Ironbridge Gorge），这标志着世界范围工业遗存的价值开始在人类文明的认知层面得到重视。

德国作为工业发展的后起之秀，自 20 世纪 70 年代逐渐步入后工业化时代。为应对产业结构转型升级带来的问题，德国开始探索工业遗存的再利用模式，其中最著名的案例是传统工业集聚地——鲁尔工业区。在鲁尔工业区，以工业文化遗产旅游开发为驱动力的更新模式为工业遗存再利用做出了新的尝试。在《马丘比丘宪章》（Charter of Machu Picchu）的基础上，M.C. 布兰奇（Melville C. Branch）提出的通过连续性规划打破建成城市环境中不断衍生和迭代的城市环境问题的想法，促使瑞士在对温特图尔苏尔泽工业区（Sulzer-Areal）进行更新时产生了"临时性使用"（Temporary-use）的概念，并在 90 年代开始通过一系列的临时性使用功能激活了苏尔泽工业区的仓库场地块，赋予新城市空间以活力。卢森堡贝尔瓦地区作为欧洲的钢铁工业重地，通过《科学、研究与创新城发展法》[26] 的支持和"退二进三"的转型发展思路找到了一条平衡南部经济发展和人口构成的可持续之路，并成为欧洲经济发展圈内极有竞争力的一极。

荷兰在 1986 年开始调查和整理 1850 年到 1945 年间的产业遗产基础资料；法国 1986 年开始制定搜集文献史料及建档的长期计划；

26　朱文一，刘伯英 . 中国工业建筑遗产调查研究与保护（六）[M]. 北京：清华大学出版社，2016：419-425.

日本在 1980 年末期开始关心"文化财"中属于生产设施方面的工厂与建筑保存，着手开始进行普查。

随着世界各国的城市发展，工业遗产保护在全球范围内逐步开始更多地进入了研究者和大众的视野，20 世纪 90 年代，国际上对于工业遗产保护的研究越来越多。1996 年巴塞罗那国际建筑协会提出"模糊地段"[27]（Terrain Vague）再利用使工业遗存更新有了新突破。2003 年由联合国教科文组织正式批准《下塔吉尔宪章》[28]"The Nizhny Tagil Charter for the Industrial Heritage"，宪章针对工业遗产的"定义""价值""重要性""法定保护""维护和保护"六个方面进行论述，理论上肯定了产业建筑在能源利用和可持续发展及维持区域稳定等方面的可行性和重要性，并由各国开始执行其中的决议，着手工业遗产的登录，同时将工业遗迹列入历史文物建筑保护的范围内。该宪章是目前该研究领域在国际上的权威理论，意味着工业遗迹的保护有法可循。西方国家对工业遗存的研究由来已久，随着研究的推进，研究范围从对工业遗产的研究扩散到对所有工业遗存的关注，研究的方向也逐步向城市文化等相关领域扩展，形成多学科交叉的研究趋势。

2.2.2 国外工业遗存相关法规政策

20 世纪六七十年代，历经长时间的发展完善后，西方国家逐步顺次步入后工业时代，工业遗存保护与更新也已渐臻佳境。纵观整个工业遗存更新的发展进程，从工业遗产保护到工业遗存更新，从零星的社会研究为肇始，到引发社会各界人士广泛关注，再到以此推动宏观层面政策法规制定的历程，是整个社会意识形态的觉悟过程。以实践完善理论研究，以上位政策制定推动实践发展，工业遗存更新就在这样的进程中不断完善。而在这一进程中，法律政策充当着非常重要的角色。表 2-1 是国际上主要的工业遗产保护相关公

---

27 模糊地段是指废弃的工业集合、火车站、码头等。

28 The ICOMOS. The Nizhny Tagil Charter For The Industrial Heritage [EB/OL]. [2013-07-21].https://web.archive.org/web/20130126093839/http://www.ticcih.org/industrial_heritage.html.

约及宪章。

英国是最早步入工业化进程的国家，也是最早开启工业遗存更新保护研究的国家。在其工业遗存更新发展的进程中，政府及权威机构在广泛的理论研究及更新实践推动下颁布了一系列政策法令，见表 2-2。

表 2-1 工业遗产保护的主要国际公约

文件名称	年份	颁布组织	主要内容	备注
雅典宪章	1933 年	国际现代建筑协会	避免古迹区交通拥挤，改善附近居住环境	开始注意对古建筑（包括工业遗产）的保护
威尼斯宪章	1964 年	国际文物建筑工作者会议	对文物建筑地段环境、修复原则、使用现代技术保护方式做出规定	提出工业遗产在内的古迹历史环境的保护
保护世界文化和自然遗产公约	1972 年	联合国教科文组织	对古迹遗产进行鉴别、保护和干预，是工业遗产保护的纲领性文件	世界范围内进行宣传，对工业遗产进行统计
马丘比丘宪章	1977 年	国际建筑师协会	建议产业遗产保护应将保护与发展相结合，赋予旧建筑以新的生命力	扩充包括工业遗产等优秀建筑的文物内容
佛罗伦萨宪章	1981 年	国际古迹遗址理事会	强调产业遗产维护、保护、修复、重建的法律及行政措施	为工业遗产保护法律及行政措施提供依据
下塔吉尔宪章	2003 年	国际工业遗产保护委员会	提出涉及工业保护的一系列原则、规范和方法的指导性意见	是迄今为止工业遗产保护领域最为重要的国际宪章

表格来源：作者整理绘制

表 2-2 英国工业遗产相关政策法令

年份	政策法令	主要内容	备注
1882 年	古迹法	英国历史上第一个古迹保护法律	具有代表性和重大历史价值的工业建筑也在古迹范围内
1933 年	城市环境法	将包括工业遗产在内的建筑四周 500 m 范围内确定为保护区	扩大工业遗产保护范围，明确了保护区的概念
1944 年	城市规划法	授权环境组织部编制古建筑名单，是迄今为止受法律保护的古建筑、登录建筑名单的基础	提出登录建筑申报条件，其中具有历史重要性的工业建筑可申请
1953 年	历史建筑和古迹法	授权环境大臣全权负责古迹、登录建筑注册，为保护历史建筑及周围临近土地提供公共资助	为授权国家机关对工业遗产的保护工作提供法律依据
1962 年	地方政府历史建筑法	授权地方政府机构为登录建筑物的维修管理提供资助或贷款	为授权地方机关对工业建筑遗产保护的各个方面提供法律依据
1967 年	城乡文明法	对登录建筑加强法律保护并授权保护团体参加处置被列建筑拆毁、改建等问题的法律程序	提出对工业建筑群和工业遗产保护区的保护管理

表格来源：作者整理绘制

年份	政策法令	主要内容	备注
1968 年	城市规划法律正案	为重要保护区的改进提供资助，同时包括为保护区内某些未登录建筑的维修提供资助，实行规划控制	加强了社会团体、组织及大众对工业遗产保护的参与监督
1974 年	城市康乐法（城市文明法修正案）	将保护区内所有未登录建筑纳入城市规划控制之下，划定国家干涉保护区，加强对被忽视的登录建筑的保护措施	提出了有关没纳入登录建筑或文物的工业遗产建筑的保护措施
1979 年	古迹和考古区法	截止到 2005 年确定了 5 个考古区，19 000 多个古迹	深化工业建筑遗产普查、登记、管理的方式方法
1990 年	规划法（登录建筑和保护区）	对保护区和登录建筑的强制保护程序进行了限定，确定改建、拆除、开发等控制措施	具体规定了工业建筑保护的方法措施

德国工业革命的发生相对较晚，在一战之前被认为是西欧相对落后的工业国家，二战后至20世纪80年代末德国一直处于分裂状态，所以德国的都市更新法律法规以及政策有其相对的特殊性。现行德国城市更新法律政策文件中具有代表性的是1983年的《都市更新基本准则12条》[29]。20世纪70年代末都市更新后，德国各城市公民团体与政府间的冲突频发。为了缓解公民之间、公民与政府之间的矛盾，从长远公民利益角度出发，1983年柏林众议院将其认定为指导原则。

2.2.3 国外工业遗存更新发展脉络

1760年左右，第一次工业革命在英国发轫；1870年左右，第二次工业革命在德国兴起；1950年左右，美国推动了第三次工业革命。每一次工业革命都实现了生产效率的极大提升、生活方式的重大变革和产业结构的根本性调整，工业遗存的更新进程正是伴随着深刻的社会和产业变革展开，欧美国家率先进入后工业时代，开启了工业遗存更新的新篇章。

西方建筑遗产保护起源于19世纪欧洲建筑保护与修复运动，随着研究范围不断扩大，遗产保护类型不断拓宽，至20世纪中叶发展为较为完善的学科。随着西方诸多城市的工业化进程逐渐成熟，凝聚着工业发展历程的大量与工业生产相关的物质空间被遗留下来，这些物质空间正是孕育近代工业遗存保护更新的摇篮。作为第一次

---

29 12 Principles of Cautious Urban Renewal[EB/OL]. https://www.open-iba.de/geschichte/1979-1987-iba-berlin/12-grundsatze-der-behutsamen-stadterneuerung/

工业革命的引领者，英国率先走完工业化这一历程，也成为首先关注工业遗存保护的国家。早在 1950 年，就有民间组织机构开始对工业遗存进行调查研究，1955 年伯明翰大学瑞克斯教授发表《工业考古学》的文章呼吁各界应即刻保护工业革命时期的机械与纪念物。尽管这一时期工业遗产的保护对象仅停留在工业纪念物，但这仍是对工业遗产进行保护的首次嘹亮呼声。至 1978 年国际工业遗产保护委员会（TICCIH）成立，工业遗产保护开始由关注工业纪念物转向关注工业遗产。

1970 年至 1980 年代中后期，在发达国家如火如荼的城市复兴运动中，对工业遗存的保护更新是其中的重要部分，工业遗存保护更新迅速波及了所有完成或即将完成工业化的国家。作为近代工业发源地的英国，1986 年象征世界工业革命的第一座铁桥——英国铁桥峡谷被联合国教科文组织列入世界文化遗产名录，成为世界首例纳入世界文化遗产的工业遗存，标志着工业遗存更新迈向一个新征程。这一时期的工业遗存更新主要是以工业遗产保护为表征。

1970 年至 1990 年代，由于经济转型，传统工业持续衰退，大量的城市工业遗产产生。在此背景下，工业遗产的理论研究和实践都加速发展，逐渐形成比较完整的保护理念，并逐步引入生态环境、可持续发展等内容，使得工业遗产的研究方法向多角度、多学科领域发展。同时，各国都建立了保护协会或研究会，例如英国国家工业考古学会、瑞典工业遗产学会、法国国家工业遗产考古学会、日本工业考古学会等。1978 年国际工业遗产保护委员会（TICCIH）成立，成为世界上第一个致力于促进工业遗产保护的国际性组织。在这个阶段，出现了很多非常成功的实践，德国鲁尔区工业遗址保护更新是其中最享誉世界的案例。

1986 年，作为近代工业起源地的英国伦敦铁桥峡谷地区被联合国教科文组织列入世界文化遗产名录。法国、荷兰、日本、美国等国都开始着手进行全面普查。2000 年，在英国伦敦召开了第十一届工业纪念物保护国际会议，共有 20 多个国家和地区参加会议，反映了世界各国越来越重视对工业遗产的保护；随后，柏林国际建协二十一届大会将大会主题定为"资源建筑"（Resource Architecture），并引介了"鲁尔工业区再生"等一系列工业建筑改造的成功案例；2003 年 TICCIH 第十二届大会上通过了《关于工业遗产的下塔吉尔宪章》（The Nizhny Tagil Charter for the Industrial Heritage），此后，一大批工业遗产保护与利用项目开始在世界各地出现，它们的成功也使工业遗产保护和再利用得到更多承认和理解，推动了工业遗存更新在全世界范围的进一步发展。

2.2.4 国外工业遗存更新实践

近年来，随着世界经济结构调整进程的加快，可持续发展及资源有效利用成了当下发展的主题，工业遗存更新利用成了当下研究与实践的热点。在发达国家兴起的广泛工业遗存更新复兴运动中，工业遗产保护运动迅速波及所有经历过工业化的国家。

工业遗存保护更新的最早案例至今已经将近百年，欧美国家在这方面积累了丰富的经验。西方已对工业遗存更新做出了大量尝试，如将旧工业建筑改造成办公室、公寓、创意园区、LOFT、展览馆、博物馆、市民中心等多种类型空间，让工业遗存以更多样的方式重新焕发活力，融入城市生活，扮演新城市职能。

2.2.4.1 静态保护和博物馆式更新

工业遗存更新最初萌生于工业遗产的保护行动，工业遗产作为工业遗存的一部分率先进入大众研究视野。在工业遗存更新研究的初级阶段，遗存更新更偏向于工业遗产保护，是以静态保护为手段的博物馆式更新。此类更新方式的典型案例多为遗存价值较大的工业遗迹，接下来以美国西雅图煤气工厂公园、英国铁桥峡谷、德国北杜伊斯堡风景公园、南威尔士布莱纳文工业景观园、德国埃森关税同盟矿业区焦化厂遗址公园和德国劳齐茨工业能源之路为例，简述此类工业遗存更新概况。

（1）西雅图煤气工厂公园（Gas Work Park）（1970—1976 年）

西雅图煤气工厂公园（图 2-1）是世界范围内最早获得成功的
工业遗址改造公园。1906 年到 1956 年期间，该煤气厂是西雅图的
重污染源，后由于天然气供应方式的发展而被废弃。1970 年，景观
设计大师理查德·海格（Richard Haag）参与到工业设备的更新改造
工作中。他将厂房改造成为能够为人们提供适宜的餐饮、休息以及
游乐的空间，将机器刷上色彩缤纷的颜料后置入游戏室或融入景观
设计，并选择具有改善土壤能力的固氮植物等，以自然规律优化生
态系统。虽然理查德·海格在设计过程中对原有遗址做出了诸多更新，
但是他依然保留了相当一部分的工业设备，使之以雕塑等形式存在
于工业遗迹之中。这也是全球第一个以资源回收方式改造的公园，
用静态保护的策略强化了工业遗存的历史价值。

（2）铁桥峡谷（Ironbridge Gorge）（1986 年）

铁桥峡谷（图 2-2）是首个被划归为世界文化遗产的工业遗
产。铁桥峡谷不仅汇集了以采矿区、铸造厂、工厂和仓库为主的
生产区，还紧密排布着由巷道、轨道、运河和铁路等交织构成的运
输网络，体现了 18 世纪推动矿业和铁路工业区发展的所有要素，
即便将其称之为工业革命的象征也不为过。英国铁桥峡谷被收录为
世界文化遗产，这标志着工业遗存开始在人类文明的认知层面得到
重视和保护，工业遗存更新也由此开启了新篇章。坐落于曼彻斯特
（Manchester）南面什罗普郡（Shropshire）塞文河畔的铁桥峡谷的
亮相，也代表了工业遗存的保护更新在历史舞台的正式登场。它走
出的独特的私人信托支持下的系列博物馆微利用＋工业遗址公园的
静态保护模式，展现了社会发展过程中文明认识的多元化视角对工
业建筑的投射。

（3）德国北杜伊斯堡风景公园（North Duisburg Landscape

图 2-1 西雅图煤气工厂公园
上图来源：Google Earth
下图来源：https://pixabay.com/photos/gaswork-park-seattle-washington-4131306/

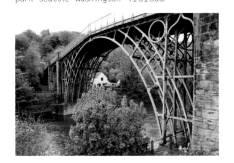

图 2-2 铁桥峡谷
资料来源：顾威拍摄

Park）（1989—2002 年）

德国北杜伊斯堡风景公园（图 2-3）是欧洲静态保护工业遗址公园的经典，它的前身是曾辉煌一时的杜伊斯堡蒂森钢铁厂（A. G. Tyssen）。1985 年，钢铁厂由于产业衰落被迫关闭。杜伊斯堡市政府于 1986 年启动了相应的改造计划。更新实施中，极具规模的厂房及设备设施作为德国重工业时代的纪念物被保留下来，修缮后作为公园中的点景物存在。在功能更新上，原生产废弃物部分被改造为公园娱乐设施，煤仓隔墙被改造成攀岩假山，基地废料被打造成金属露天舞台，高炉被改造成观景塔，洗煤炉被改造成水上救援中心。原景观生态系统也进行了保留和升级，公园的植被系统以原生杂草为主，在炼焦厂与铁轨两侧则以白桦树和柳树为主，与此同时一些适合在铁矿石地区生长的植物也被引入进来。现场的废弃材料通过再利用成为新景观的原料。在地表径流雨水收集技术处理上，巧妙引入了水循环利用系统，并最终通过高架输水桥的方式排入埃姆舍河。整个公园场景大开大合，气势恢宏，在衰败的宏大工业构筑物间细腻组织了参观者在园区的游走动线，蜿蜒曲折的人行步道、高低错落的储料区攀岩设施、忽明忽暗的设备照明以及诙谐的滑梯都有机地缝合了巨型遗存与参观者的尺度差别，让人们融入园区。夜晚五彩斑斓的灯光秀场更为仲夏之夜的遗址公园带来了无限生机。北杜伊斯堡风景公园将沧桑遗存和绝妙改造有机融合，一举奠定了其在工业遗址公园更新领域不可动摇的标杆位置。

（4）英国南威尔士布莱纳文工业景观园（Blaenzvon Industrial Landscape）（1970—2005 年）

英国南威尔士布莱纳文工业景观园（图 2-4）的保护利用模式与铁桥峡谷异曲同工。始建于 1787 年的布莱纳文镇是南威尔士地区非常重要的钢铁、煤炭生产地。逐渐集聚的教堂、学校和工人住房，于 19 世纪四五十年代形成了承载丰富城市功能的小镇，是本地区在

图 2-3 德国北杜伊斯堡风景公园
资料来源：作者拍摄

图 2-4 南威尔士布莱纳文工业景观园
资料来源：Wikipedia

钢铁和煤炭生产方面霸主地位的历史见证，也是它被列入世界文化
遗产名录的重要价值采纳基础。20世纪30年代石油能源取代煤炭
能源后，工厂的生产与竞争力日渐式微。20世纪70年代政府提出
了遗址保护提案。布莱纳文工业遗址保留了原有小镇的景观，以及
矿场、采石场、铁路运输系统、工人生活区等必要组成部分。目前
这些矿坑和厂房都已关闭，游客除了可以看到这些构筑物，也可以
以参观的形式进入并参观回味该铁工厂博物馆，矿坑（Big Pit）停工
后也成了能进入地下参观的深矿博物馆（National Coal Museum）。
总之，布莱纳文工业遗址不仅保留了强识别性的工业构筑物，也保
留了生产工艺流程和生活记忆，为到访观众提供了良好的互动条件，
切实证明了体验式博物馆微利用与工业遗址公园的静态保护是一种
行之有效的组合方式。

（5）德国埃森关税同盟矿业区焦化厂遗址公园（Essen Zeche
Zollverein）（1990—2000年）

以德国埃森关税同盟矿业区焦化厂遗址公园（图2-5）为代
表的博物馆式有机更新打造了强大的文化核心品牌（Intellectual
Property，简称IP），最终成功推动埃森在大鲁尔区（Regionalverbands
Ruhr，简称RVR）城市群中脱颖而出，实现从重工业向以工业文化
旅游为代表的第三产业转移。

关税同盟煤矿工业建筑群有较强的工业文明气息。它位于德国
埃森北部，曾一度被视为当时欧洲最现代的炼焦场，每天提炼一万t
焦炭。但是，由于钢铁危机的出现，煤矿需求大幅度减少，以至于该
炼焦场在1993年6月下旬就不再运作。2001年该炼焦场出现新的转机，
它被联合国教科文组织列为世界遗产，关税同盟发展责任有限公司也
随之成立。至此，该炼焦场的工业建筑群被再次利用，焕发新活力。

整个工业建筑群以保护为主，个性化的构筑，坚实敦厚的建筑
厂房，整齐的大烟囱、锅炉机房及钢架等等，构建出具有极大视觉

图2-5 德国埃森关税同盟矿业区焦化厂遗址公园
资料来源：作者拍摄

冲击力的景观形态。炼焦厂原有的工业生产功能被废弃，引入了部分新娱乐功能，被改造更新成工业文化体验区，并根据四季特色推出不同的体验方案，比如夏季主推泳池项目，冬季主推滑冰项目，吸引了大量的游客。同时，还有一些研究院、展览馆、餐厅、矿区旅游服务中心等机构也集聚在这里。从园区景观体系构成的基本元素出发，将自然景观有机地融入工业景观，既能对环境保护和园区功能置换产生影响，还能让人们感知不一样的工业文化。

（6）德国劳齐茨地区后矿业遗址公园（Lausitz Post-Mining Area）（2016年至今）

德国劳齐茨工业能源之路（图2-6）是典型的静态保护工业遗址公园。劳齐茨因褐煤的大规模开采而兴盛，也因为清洁能源的引入停止煤炭开采而衰败。因地理位置的原因，劳齐茨缺乏形成城市观光能达到的人流基数，能源公司选择将曾经的大型露天矿、型煤厂、焦化厂、阴燃和发电厂等大型的建构筑物界定为工业废墟的美学纪念碑，将大部分的原有建构整体静态保留或通过填埋变为大地景观，还给自然。为数不多的工业构筑物（如生物滤水塔）经过局部修缮，成为崭新的标识，作为景观公园新的地标识别点而存在。对于景观系统，在局部保留原有景观的基础上进行升级，原有的少量遗存被掩埋为绿化森林，用绿色洗涤处理原有土地的污染。总体来看，劳齐茨片区被整体规划为景观公园，从原有建构到景观的处理手法，都使用了保留建构和景观升级，是一种公园式静态保护。

2.2.4.2 适应更新与有机更新

随着工业化进程的推进，由于旧有工业区衰败产生的工业遗存总量激增，西方国家开始从原城市核心工业区振兴着手对更大范围的工业遗存进行更新。旧有工业区的发展主要依附的交通、港口等运输便捷地带，成了工业遗存更新的主要实践战场。

图2-6 德国劳齐茨工业能源之路
资料来源：作者拍摄

在没有清晰旗舰项目及核心产业定位的状况下，一些实践选择了渐进的适应性更新，以时间沉淀和遴选更新的恰当业态，瑞士温特图尔苏尔泽工业区和英国伯明翰布林德利区（Brindley Place）是这一类更新的代表。对于拥有适应城市内生需求的明细规划产业定位的项目，目标清晰准确的有机更新成为实践的主流，荷兰阿姆斯特丹港区东港、德国杜伊斯堡内港是这一类更新案例的代表。

（1）瑞士温特图尔苏尔泽工业区（Sulzer-Areal in Winterthur）（1989 年至今）

瑞士温特图尔苏尔泽工业区（图 2-7）因为城市经济能级和内生动能不足等原因，逐渐在更新中摸索筛选适合的产业导入，探索出一条具有温特图尔魅力的适应性更新之路。

瑞士温特图尔的苏尔泽厂区始建于 1834 年，最初是用于制造蒸汽机，隶属火车制造业，对土地无污染，对生态无破坏。20 世纪下半叶，火车机车制造业衰落，而整个片区位于温特图尔市中心，其中仓库场地块紧邻火车站，用地诉求日益增长。1992 年，苏尔泽公司（Sulzer Ltd.）举办了国际竞赛，让·努维尔（Jean Nouvel）提出的方案（Megalou）中标，但最终由于缺乏投资人于 2001 年宣布废除。之后，苏尔泽公司开始尝试引入新的功能，开始对仓库地块实行临时性使用策略来激活仓库土地，从 1992 年到 2003 年，数个地块的新建和重建工程逐渐完工，原来的制造厂房变为苏黎世应用科技大学（Zürcher Hochschule für Angewandte Wissenschaften，简称 ZHAW）建筑学校，原来的大型工业建筑（车站附近）变为音乐厅和演艺场所。当然，改造更新并非完全推翻原有的建筑和物质的空间结构。比如，在该时期的改造更新中就保留了一些与工业相关的火车车厢、车轮、铁轨等，这些具有历史气息的物体能够与新型城市视觉元素形成强烈的反差，成为独具特色的景观。在这些改造案例中，ZHAW 所在仓

图 2-7 瑞士温特图尔苏尔泽工业区
资料来源：作者拍摄

库地块绝佳的地理位置加上良好的运营，各租户联合组成仓库场协会寻找投资方，共同成立了日落基金会买下了仓库地块，现在是温特图尔市中心一处活跃的商业、创意文化与市民活动共同繁荣的城市空间，是首先被确定的核心业态。而另外四块地由苏尔泽地产公司接续开发，引入住宅、办公、商业等功能，在开发没有完成时，苏尔泽放弃了正在进行的更新，又转给了一家更为专业的地产公司，由其完成接下来的更新工作。

总的来看，温特图尔苏尔泽工业区的适应性更新通过临时性使用的策略持续了长达30年，并通过业主和租户联合反复试水，逐渐找到了合适的产业业态。让·努维尔大型商业方案实施失败后，在适应性策略的指引下，苏尔泽的更新逐步朝解决当下需求以及寻求最适合当地产业业态的方向发展，迎合当地的经济情况和周边居民的实际诉求，最终重塑了区域活力。

（2）英国伯明翰布林德利区（Brindley Place）（1993—2015年）

英国伯明翰布林德利区（图2-8）也选择了适应新更新的道路，在长达22年的更新后，该城市成功转型。18世纪后半叶，金属产品制造和贸易是支撑伯明翰市经济发展的主要行业。自1868年伯明翰运河开凿后，临近运河的布林德利区逐渐成为以金属制造为主的工业区。此后，布林德利地区开设了众多专业码头，并且增添了一大批船只和厂房。但好景不长，20世纪50年代，激烈的国际竞争压力使得金属贸易快速萎缩，布林德利地区大量的工厂和码头关闭，布林德利地区甚至伯明翰开始进入萧条破败期。

20世纪70年代，伯明翰市政府决定筹建国际会议中心（International Conversation Center，简称ICC），拟建于世纪广场西端，与布林德利区隔河相望。项目启动后几经市场动荡，提出过多个更新方案，港口也在发展中不断寻找定位。直至1993年，Argent公司

图2-8 英国伯明翰布林德利
资料来源：作者拍摄

全面接管布林德利开发公司，更新项目才走上正轨。次年，Argent公司通过设计竞赛征集布德利广场的整体设计方案，最终确定了积极的、能够自然地融入城市肌理中的新城区规划方案。在此次规划方案的指导下，以滨水综合区、布林德利广场及其周边标志性建筑、奥泽尔广场和最北边三角地的低层住宅区为主要更新主体的布林德利区完成了全产业链的升级。伯明翰引入投资管理等生产性服务业和城市旅游业，从原来只有专业码头、运河船只和工厂厂房，到后来变成拥有华美建筑群的现代都市。从大的规划结构来看，三条城市轴线链接多个广场成为重要的空间节点。滨水区的方案则继续保持上下分层的特点，河岸上布满邻里的商铺，河岸下往来船只穿梭不息，整个滨水都充满活力。针对景观的方案则凸显空间特点，例如眼睛状的咖啡屋、利用高差分隔的广场、艺术雕塑等，都能以个性化特征吸引人们的目光。针对住宅的方案则强调环境因素，住宅要与周边环境结合，实行内院式布局，在滨河附近的住宅则直接将台阶引入到水边。自 1930 年开始，伯明翰就在不断探索激活城市衰败的新道路，1993 年最终确定了全产业链定位，到 1995 年基本完成一期更新，从城市轴线进行空间把控，从宏观产业角度控制更新大方向，完成了适应性更新的整个进程。

（3）荷兰阿姆斯特丹港区东港（Eastern Dockland of Amsterdam）（1986 年至今）

荷兰阿姆斯特丹港区东港（图 2-9）自进入 20 世纪后，东港狭窄的运河和码头面临着新的难题，即蒸汽轮船和巨型货运的出现极大地提高了港口载量，而东港难以满足这种需求。无独有偶，东港附近两千米处的中央火车站也难以满足大型集装箱的运输。随着新规划的出台，商业航运港口逐渐从东港转移到了西港和鹿特丹港，东港进入低谷期。东港的衰败使得仓库、码头和货运场被废弃，这

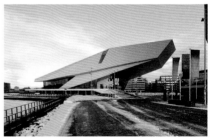

图 2-9 荷兰阿姆斯特丹港区东港
资料来源：作者拍摄

些场所吸引了一大批艺术家和年轻人造访。同时，在工业遗迹外围区域集聚了大量的棚屋、船屋和拖车，东港逐渐演变为低收入者甚至是流浪者的栖息地。20 世纪 70 年代后，东港混乱的聚居环境以及遭受严重破坏的工业遗迹，都迫使东港改造更新。1985 年，关于东港的改造，阿姆斯特丹市出台了相关文件，文件强调土地拍卖和公私合伙制。至此，东港港区的改造更新正式启动。

港口的更新计划重视住宅和社区，新的居住区的规划意向旨在容纳 45 000 名新居民，分为三个阶段。第一阶段：从 KNSM 岛开始，将部分仓储建筑进行改造再利用，主要是将其改建成适合多类群体居住的多类型住宅。同时，针对那些不适合改造的仓库进行拆除，在其土地上新建更多的多类型住宅。到 20 世纪 80 年代末和 90 年代初，增建能够包容多类社会群体共同聚居且具有差异化的混合社区（Mixed Neighborhood）。第二阶段：开发 JAVA 岛的住宅。在制定规划方案时，首要考虑的问题就是如何实现住宅的多样性和差异化，同时还在东港运河两侧设计了以市场为导向的楼宇（包括商业楼宇和住宅楼宇）。第三阶段：开发博尼奥斯波伦堡岛（Boren & Sporenburg）的住宅，其风格与 JAVA 岛相似，与 KNSM 岛社会住宅总量相比减少了近 30%，且岛上 70% 是市场性住宅，主要为中高收入人群服务，该岛不再是具有差异化的混合社区。阿姆斯特丹东港改造成功地使废弃城市棕地重新焕发生机，这依赖于土地拍卖、多类型住宅、公私合伙制等多项城市更新策略的相互配合，港区的成功更新也给阿姆斯特丹市带来了新的活力。

（4）德国杜伊斯堡内港（Duisburg Inner Port）（1992 年至今）

20 世纪 50 年代以前，杜伊斯堡内港（图 2-10）都是鲁尔工业区的木材与粮食运输中心，具有相当高的交通地位和经济地位。到了 20 世纪 70 年代，随着钢铁、粮食、煤矿等行业进入低迷期，杜

图 2-10 德国杜伊斯堡内港
资料来源：作者拍摄

伊斯堡内港的经济地位急剧下滑，逐渐演变为工业废弃地。因内港地处市中心，杜伊斯堡选择进行结构调整和政策创新重振衰败的港口工业区，试图将内港改造更新为集聚高品质、高标准、高科技的文化娱乐区。20 世纪 80 年代末，内港被列入柏林国际建筑展览会（Internationale Bauausstellung，简称 IBA）的四个旗舰开发项目之一，由北威州政府进行资金资助，并在埃姆歇公园国际建筑展的战略指导下进行更新。

杜伊斯堡内港区功能分区并不十分明确清晰，更多的是凸显出功能多样性和混合性等特点，比如住宅区、办公区、休闲娱乐等各个功能之间并没有明显的分区，而是丰富而生动地结合在一起。内港航道主要采用轴线设计，通过大坝公路将航道两岸连接起来，并将最开阔的地区作为内港的核心空间节点。公共空间系统设计由水上空间、绿地系统和步行散步道系统组成。地块采用由街区单元组成的网格状结构，这些单元之间相距 150 m 左右，由四通八达的道路连接成网络，步行十分便利。内港交通网设计层次分明：有航运的功能，开辟游船码头；有可提拉的悬索桥，方便货船通行；还有节能环保的步行通道、自行车通道和公共汽车通道。在处理原有的工业污染土地方面，内港采用了生态循环理念和高新科技进行水体保护、治理和净化。由于开发区域较大，需要对各个部分进行独立开发，这就给每个设计师提供了极大的设计空间。杜伊斯堡内港的更新实践既保持了内港原有的空间形态，又提高了各功能区配置的合理性，整体上实现了有效的城市有机更新，并带动了周边旧工业区全面焕发活力。

2.2.4.3 城市复兴

2000 年后，后工业社会更加深刻地影响了城市发展的走向和产业更迭，这一阶段的城市更新普遍采取了更为积极的城市介入手段，以期用精彩的城市更新重塑具有吸引力的城市空间，为大量转型后的第三产业提供空间保证。同时，更加宏观的规划视角在区域更新计划的制订中也更关心区域转型与城市发展的整体联动，打造了一批以区域更新激发城市整体长效发展的城市复兴案例。

（1）美国伯利恒高炉艺术文化园区（Bethlehem SteelStacks Arts + Cultural Campus）（2000—2011年）

美国伯利恒钢铁公园（图2-11）虽然和西雅图煤气工厂公园及北杜伊斯堡风景公园一样同属于工业遗址公园式的更新模式，但相对后者代表的遗址公园1.0版本而言，伯利恒选取了更加激进的手段塑造了一个参与度更高、更具活力和产业附着力、更具城市嘉年华气息的遗址公园2.0升级版。

1857年，伯利恒钢铁厂建立于宾夕法尼亚里海山谷（Lehigh Valley）里海河畔；1995年，经营百年的伯利恒钢铁厂由于激烈的国际竞争和政府的撤资而倒闭；20世纪末，美国环保局和宾州环保部签订了清理协议后，美国"棕地转换计划"正式启动。[30] 2000年，伯利恒重建局建造了伯利恒艺术文化园区。

伯利恒钢铁厂大部分的历史建筑采用静态保护和局部修缮，例如，储矿车间和研磨车间被分别改造成为游客中心和节庆活动中心，高炉则被保留作为新建广场的背景。被用作高传送带的高架栈桥（Hoover-Mason Trestle，简称HMT），在钢铁厂全盛时期也会被用于载送矿石车，以便矿石被快速地运输到高炉位置。现代设计对栈桥进行了改造，在旧结构内新增了一层高架栈道，该栈道直接将金沙伯利恒酒店的入口与游客中心连接起来，并且充分利用和打造

图2-11 美国伯利恒钢铁公园
资料来源：上图 Flickr，下图 Wikipedia

---

30 Sands Bethworks by SWA Group [EB/OL]. https://www.open-iba.de/geschichte/1979–1987-iba-berlin/12-grundsatze-der-behutsamen-stadterneuerung/

新栈道的两侧空间，形成具有特色的线性公园。此外，更新改造中
对所有物质遗存进行原样保存，呈现了工厂的历史和工艺线索，参
观者在空中栈桥游走和驻足就如同行进在企业的历史长卷中。这种
设计为单纯奇观式空间体验增加了富于教育意义的历史叙事。故事
线的展现由设计公司与里海大学（Lehigh University）根据历史档案
合作完成，在考虑体验性的同时体现了较高的史学专业度。除了栈
桥公园（Hoover-Mason）浸入式的工业历史体验，占地 9.5 英亩的
Levitt 展馆和露天剧场以高炉为背景开展大量艺术活动，自 2011 年
开放以来，有超过百万人参与了 1 750 多场音乐表演、电影放映和
相关庆祝活动。

　　总的来说，伯利恒钢铁厂尊重历史生产模式，将原有建构保留
升级，成功改造为集公园、娱乐和文化中心于一体的场所，与南部
新城新建社区及商业实现了无缝连接，提升了伯利恒市和里海山谷
地区的城市活力和凝聚力。

　　（2）英国伦敦国王十字 King's Cross（1996 年至今）

　　伦敦国王十字（图 2-12）是 21 世纪英国最重要的城市复兴实践，
虽然规模不算宏大，却对伦敦的城市发展版图产生了极大的影响。
国王十字是维多利亚时期的工业腹地，到了 19 世纪中叶，铁路的成
功使用使其成为英国最重要的工业中心。大量的运输在这里集聚，
所以沿线也兴建了大量的谷仓。第二次世界大战后，公路运输取代
铁路运输，整个地区开始衰败，多数建筑物被废弃。到了 20 世纪后
期，艺术家和文艺团体在这里聚集，但是中产阶级出走后，高犯罪
率、低就业率等社会矛盾大量滋生。为了这个原有枢纽中心的活力，
国王十字联合体制定了复兴国王十字区的七年计划。

　　从总体城市设计来看，在两座具有历史风貌的火车站同时置入
居住、医疗、教育和商务等综合性和多元化的城市功能，用多个媒

图 2-12 英国伦敦国王十字
资料来源：作者拍摄

介引爆街区活力，用全产业链巩固片区发展。"欧洲之星"（Eurostar）的终点站设置在几乎已经不再使用的单跨最大的建筑圣潘克拉斯火车站（St Pancras Railway Station），盘活了旧建筑，同时在这个新车站和国王十字车站之间营造拱顶广场，用城市广场织补两个车站之间的空白。新建路网上，公交线路贯通，连接各个街区，这个以公共交通为导向开发（Transit-Oriented Development，简称 TOD）的定位为国王十字街区带来了大量的人流。同时 1996 年，伦敦政府提出规划战略"中心城区边缘机遇区"（Central Area Margin Key Opportunities），至此，国王十字开始进入了更新的高潮。圣潘克拉斯火车站的更新工作于 2001 年最先启动，主要进行重新利用、复原和新建。2011 年，中央圣马丁设计学院（Central Saint Martins）宣布迁址国王十字街区摄政运河（Regent's Canal）北片区的谷仓广场。2013 年，谷歌（Google）公司宣布在潘克拉斯广场购置土地兴建英国总部。整个更新第一阶段已经基本完成，新的人流和产业还在不断涌入。从 TOD 站点的更新辐射整个国王十字片区的整体发展，进而带动整个城市的发展，这是经典的都市针灸型城市复兴。

国王十字因陆运升级而迎来更新，一些传统重要港口城市也在航路运输能力落后和造船等制造业衰退的大背景下迎来了一轮重要的城市复兴进程，如德国汉堡港、比利时安特卫普港和澳大利亚墨尔本港都是其中的典型案例。

（3）德国汉堡港城区（Hamburg Hafen City）（2000 年至今）

德国汉堡港城区（图 2-13）在汉堡的老港口，是城市的发源地，也是城市发展航运、贸易和工业的中心。19 世纪是港口的鼎盛时期，进入 20 世纪后，老港口地区逐渐衰落。其原因大体可归结为城市结构和产业结构调整及新集装箱码头的出现带来的致命竞争。但汉堡的老港口得以获得新生，原因在于其正好处于城市战略发展布局的

图 2-13 德国汉堡港城区
资料来源：作者拍摄

重要节点位置。2000 年，德国汉堡市政府正式批准了港城区项目，德国汉堡港城区由此诞生。

在原有码头功能逐渐衰退导致地区衰败的背景下，港城区项目的主要目标是将易北河口港口区改造成为宜居、商业、休闲等多元化城市综合区。同时，改造中很好地保留了 19 世纪劳工阶级的生活空间样貌。港口新城规划路网较好地契合了原有路网结构和肌理，还增设了联系办公楼宇的纯步行空中步行系统。在针对 2000 年版的总体规划升级调整中，政府加强了建设大型公共建筑的投入，如分别坐落于港口新城西端、中端和北端的国际海事博物馆（International Maritimes Museum Hamburg）、科学中心和易北爱乐厅（Elbphilharmonie Concert Hall），这些公共建筑对港口新城有着巨大的宣传推动作用。整个更新的目标是打造一块宜居、宜业的都市新区，有效缝合原有老城区与港区新城，推动城市中心东移。港区内聚集了现代制造业、生产服务业以及综合服务设施，将居住、生产、商务、休闲、旅游和服务等多样化城市功能相结合。从产业升级来看，原有的传统的海洋运输业升级为海洋的上游产业如航运融资、海事保险等，在原有产业基础上升级成完整的产业链，完成了城市复兴式的更新进程。

（4）澳大利亚墨尔本港（Melbourne Docklands）（2000 年至今）

墨尔本港（图 2-14）曾经具有重要的军事地位，尤其在 20 世纪两次世界大战中是澳大利亚海军的基地，很多战舰都从 Docklands 港口出发或返回。20 世纪 20 年代，该港口经历了最繁忙的时期。20 世纪中叶，该港口进入了低谷时期。这是因为 Docklands 具有浅水港特性，很难实现大型集装箱运输。2000 年，为了激活这片脏乱不堪、被人遗忘的废弃工业码头，政府部门开启了对 Docklands 地区的整改规划，以激发新活力和新面貌。

在新规划里，Docklands 的整改目标为：到 2025 年，将其改造

图 2-14　澳大利亚墨尔本港
资料来源：上图 https://images.app.goo.gl/pfsZA6Q7xd8t1v3W6，下图 https://images.app.goo.gl/WBDaRk4xQ5ABGmKH7

成为具有可持续性发展的新区,容纳2万居民,并能够提供6万个就业岗位。不仅如此,该新区每年都能够接待上百万游客。新规划使得曾经整个墨尔本地区最繁忙的港口升级为拥有居民区、娱乐区、商务区和水上运动的社区。一期和二期开发位于纽奎港东(New Quay)。咖啡餐饮为主的裙楼和位于其上的屋顶花园成为高耸塔楼的活性基座。目前,Docklands是迄今为止世界上最大的城市滨水改造项目之一,政府部门正通过地块细分、混合使用、功能多样性等城市复兴策略,将Docklands打造成一个宜居宜业,令人向往的旅游胜地和充满活力的更新标杆。

(5)比利时安特卫普港区(Antwerpen)(2002年至今)

比利时安特卫普港区(图2-15)是在16世纪中后期逐渐发展起来的,它坐落于老城与斯凯尔特河(Scheldt)交汇的高地处,具有得天独厚的区位优势。但安特卫普港区的经济发展模式单一,且缺乏支柱产业,导致港区因为区位优势带来的繁荣景象很快就衰落下来,其海运优势也逐渐为鹿特丹所替代。直到20世纪上半叶,安特卫普经历了两次世界大战的摧残,城市经济陷入低迷。因此,安特卫普制定了"十年计划"(Antwerp Ten Years Plan)(1956—1965年)以实现经济复苏。"十年计划"主要是针对旧港口区进行改造更新,目标之一是实现大规模扩展,之二是实现现代化更新。20世纪90年代,佛兰德(Flanders)地区增加资金投入并获得欧盟的支持,启用更大的干预措施来重新开发城市。

1989年,安特卫普为了进一步振兴和更新老城区和码头区,开展了主题为"河上之城"(City on the River)的城市设计竞赛。2002年,安特卫普启动了胰岛区(Het Eilandje)的更新计划,该计划的核心思想是以胰岛区为"桥梁"链接新港区和老城区,以文化驱动地区复兴为指导思想,对胰岛区的历史建筑进行改造——既要将其改造成为文化类建筑,又要保留其原有肌理和遗产,还要在胰岛区建造

图2-15 比利时安特卫普港区
资料来源:作者拍摄

出一定规模的居民楼和商业楼宇等建筑，使得胰岛区成为由老城区迈向新港区的历史文化轴线。改造过程具体分两个阶段实施：第一阶段针对历史建筑进行相关的修缮和再利用，并新建溪流博物馆；第二阶段主要是新建一个基础设施完善且具有极高活力的文化生活区。安特卫普的城市复兴策略既使得废弃码头资源利用最大化，又充分保护了历史建筑遗产，还极大限度地发挥了文化类建筑的独特优势。在改造更新后，成功地实现了安特卫普工业衰退的转型。安特卫普城市复兴的成功经验也为其他城市或地区的复兴实践提供了借鉴范本。

（6）卢森堡贝尔瓦科学城项目（City of Science & Blast Furnaces in Belval）（2000 年至今）

在大面积水陆交通衰落与再更新的复兴案例之外，传统钢铁类重工业在产业被淘汰后也在国家战略引导下坚决地选择了城市复兴之路，卢森堡贝尔瓦科学城项目（图 2-16）就是这方面的代表。

卢森堡曾经拥有世界第一的钢铁集团，且钢铁量常年稳居世界第一，贝尔瓦（Belval）钢铁厂是阿尔泽特河畔埃施（Esch sur Alzette）的第三个钢铁厂。20 世纪下半叶，钢铁厂衰败，人口流失，钢铁工业的萧条使得城市的发展滞后。工业的衰落使得卢森堡支柱产业断裂，当地需要一条的新的支柱产业来重新支撑南部经济的发展。同时卢森堡只有一所国家大学，很多学生不得不到国外就读才能完成本科教育，教育资源的不足严重影响了国家发展。为了重振南部经济，卢森堡政府决定设立科技城项目，地处比利时、法国和卢森堡三国交界处，已经停产的贝尔瓦钢铁厂正是实施该计划最佳的选择地。

在这些内在需求的推动下，现在卢森堡新城的产业以创业基地（孵化器）、科创基地和大学为主要产业链，文化和商业为辅助。引入同时拥有国际线和国内线的高铁站，带来了大量人流。原有

图 2-16 卢森堡贝尔瓦科学城项目
资料来源：作者拍摄

的大量的工业遗存被强制保留并进行改造：前高炉管理大楼（Le bâtiment de direction）被翻新成办公场所，现为开发公司（Agora）的总部；前工业大厅（La Massenoire）被改造成一个游客接待处和信息中心；A、B两个高炉的前高炉平台被改造成城市客厅，有咖啡厅、酒吧和餐厅；前连接高炉的高架通道（Le Highway）被改造成空中交通通廊连接新的建筑；前高炉工人的衣帽间和工作室（Les vestiaires et ateliers）被改造成企业孵化器等等。从主导产业的衰落到建立新的支柱产业，卢森堡的更新从内在的需求出发，为解决主要矛盾而进行全新的定位，最后在国家政策资金的有力支持下，完成了第一阶段的更新，正在由钢铁强国向科技强国复兴转型。

2.3 国内工业遗存更新研究发展与实践

我国对于工业遗存的研究起步较晚，这与我国工业发展的特殊历史成因有着密切关联。鸦片战争后，资本强制输入下的贸易引发早期工业萌芽，这一时期的工业投资发展主要以对华经济掠夺和多方面控制为目的，兴建了一批以船舶修造为主的港口工业、原料加工产业、社会公用事业及军工等类型的近代工业。1895年后清政府被迫允许外国在华设厂，国外资本在诸多工业部门占据垄断地位，与此同时，华侨和买办也投身民族工业，以富强求富为目的，私营、官商合营模式下的民族工业得以发展。时至民国，南京临时政府施行兴办实业政策，民族资本迅速随之崛起，我国近代工业得到进一步发展，初步形成了以港口城市为重点的规模完善的工业生产体系。随后战时工业发展"靠山进洞"，逐步向内陆迁移，推动了国内二、三线城市的工业化进程。截至新中国成立前，我国的工业化道路是伴随着帝国主义的侵略、压迫与掠夺曲折发展的，中国的近现代工业发展是一部心酸的苦难史。民族主义观念上的感情羁绊一度使我们对工业文化发展史存有情感偏差，对工业遗产缺乏较为客观的认识。新中国成立后，国内工业发展几经曲折，直至改革开放后才真正意义走向工业大发展。在经历30年的快速粗放式工业化发展后，我国逐渐步入"退二进三"的发展进程，大量工业停产搬迁，遗留下大量工业弃置地,成为城市从增量发展转向存量再开发的着力点。

2.3.1 国内工业遗存更新研究综述

近年来,随着经济结构调整,存量发展也成了当下国内城市发展的主题,工业遗存高效再利用成了研究热点。我国在经历了较长时间粗放式发展后逐步进入了"退二进三"的城市发展进程,城市发展空间趋于饱和。新增用地有限与城市发展的矛盾使国内一线城市不得不从扩张式发展转向内生式更新,从"规模外延扩张"过渡到"品质内涵提升"。大量工业停产或搬迁遗留下大量工业弃置地,成为当下城市存量开发的焦点。

国内关于工业遗存更新研究较早的是 1999 年陆邵明《是废墟,还是景观?——城市码头工业区开发与设计研究》,此文从都市景观改造与再利用的角度对城市码头、滨水区进行研究。同年吴良镛先生在国际建筑师协会(International Union of Architects,简称 UIA)北京大会上,从城市"保护与发展"的角度出发提出了"广义建筑学"和城市"有机更新"的概念[31],是国内较早期关于工业遗存更新的研究。此时王建国先生也从规划层面积极投身工业遗存更新及历史地段改造的探索,2001 年王建国、戎俊强《关于产业类历史建筑和地段的保护性再利用》对城市更新中产业类历史建筑和地段的保护性再利用的概念和意义进行了讨论,阐述了保护性再利用的主要途径,分析了保护与再利用的关系。但由于千禧年前后国内对工业遗存更新的关注度较低,整体研究尚未有大的突破。

国内学界达成共识的工业更新研究起点元年是 2006 年,以《无锡建议——注重经济高速发展时期的工业遗产保护》(简称《无锡建议》)的发布为标志。在此次中国工业遗产保护论坛中,国家文物局、国际古迹遗址理事会、江苏省文物局共同提出了我国首个倡导工业遗产保护的纲领性文件,通过该文件第一次系统界定了工业遗存的范围及其拥有的价值,正式冠以"遗产"的称谓,并将工业

31　北京宪章 [J]. 新建筑,1999(04):5-9.

遗产定义为"具有历史学、社会学、建筑学和科技、审美价值的工业文化遗存。包括工厂车间、磨坊、仓库、店铺等工业建筑物，矿山、相关加工冶炼场地、能源生产和传输及使用场所、交通设施、工业生产相关的社会活动场所相关的工业设备，以及工艺流程、数据记录、企业档案等物质和非物质文产"，对进一步强化工业遗存的范围、概念、保护内容以及实施途径和面临的时代威胁等方面都进行了详细的论述。随后，各专业领域从不同的角度出发积极展开工业建筑遗产保护和再利用的相关研究，我国工业遗产领域学术研究活动进入蓬勃发展的阶段，工业遗存更新也得到了空前的重视。同年5月，国家文物局下发的《关于加强工业遗产保护的通知》推动了国家层面的工业遗产保护工作，我国的工业遗产自此正式被纳入文物普查范围。

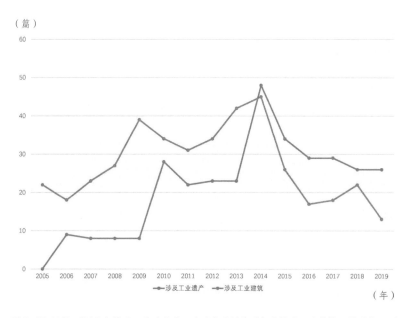

图2-17 2005—2019年关于工业建筑及工业遗产更新的研究数量（工业建筑＋新建筑＋时代建筑＋建筑师＋建筑学报）折线图
图片来源：作者改绘

在《下塔吉尔宪章》和《无锡建议》两个历史性文件的影响下，诸多学者开始站在国际工业遗产保护与管理的国际化视角下，在理论与实践的双象限中不断探索，探讨我国保护与再利用的相关问题。截至 2019 年，我国针对工业遗存保护再利用的研究主要是以建筑科学技术、景观、规划、工业旅游、文化产业和遗产保护六个方面为主。研究层次由一线城市向二、三线城市普及，并结合我国三线城市特殊历史条件下的工业发展和资源利用，展开了相当丰富的调查研究。工业遗存研究的区域面积也不断扩大，逐步由研究单体建筑向研究工业遗存片区甚至工业廊道发展，研究涉及的文化、经济、产业的相关问题更为丰富。（图 2-17）

纵观国内现有的关于工业遗存更新策略的研究内容，主要可分为宏观、中观、微观三个层级。宏观层面的实践主要以城市整体规划（控规）为主；中观层面的实践以市域工业遗存更新为研究对象，主要对特定城市活动区域进行研究，寻求区域工业遗存的同质性，建构较为独立的地方性遗存保护更新体系；微观层面是从遗存本身出发，通过对工业遗存现状研究及价值评价，从类型学角度出发，对国内现有遗存更新进行梳理研究，包括遗存保护、物理更新、空间设计、业态再生等内容。

左琰在《德国柏林工业建筑遗产的保护与再生》一书中论述了在百年工业兴衰中柏林工业建筑从繁荣、衰败到再生的曲折发展，通过对城市历史、建筑发展轨迹及大量遗存的实证研究，探究工业遗存保护发展的主要因素，并总结了柏林在建筑保护法规、文物管理政策、建筑保护技术和低能耗改造措施等各方面的成功经验，为中国工业城市的保护和再生实践提供借鉴和指导。王建国院士在《后工业时代产业建筑遗产保护更新》中提出了工业遗产价值评定的相关标准，对产业类建筑保护更新的策略、技术手段、综合效益等进行系统分类，并进行针对性的总结，对我国相关更新案例进行深入研究并提出具体的更新改造设计手法，构建了产业建筑保护理论及方法。刘伯英在《城市工业用地更新与工业遗产保护》一书中，研究国外（特别是英、德等国）工业遗存保护更新进程，对工业遗产的定义、研究方法、价值认定、保护管理等内容进行了高度总结阐述，进而提出工业遗存在区域、城市、地段三个层次的更新，强调通过城市规划、产业规划、文化规划和社会规划实现工业遗存物质环境更新、经济更新、文化更新和社会更新的多维度更新，最终实现城市整体复兴。针对市域层面的遗存更新研究目前已涉及全国各地，如天津、青岛、沈阳、洛阳、重庆等曾是在我国工业发展进程中占据重要地位的城市，随着对工业遗存更新的存量挖掘，除这些重点研究对象外，二线工业城市也逐渐进入研究视野。微观层面的遗存更新本就是建筑学的研究范畴。

随着学术研究的关注度不断提升，大量硕博论文也对工业遗存保护更新的实施策略进行了学术探究。纵观国内工业遗存更新研究现状，关于遗存更新的策略研究主要分为两个方向：一是从建筑维度出发，以建筑美学为基础对工业遗存内、外部空间设计策略进行总结和梳理；二是从更为宏观的城市规划治理维度出发，对遗存更新进行全过程的策略更新研究。

从建筑维度出发，以建筑视角对建筑内、外部空间设计角度进行总结和系统梳理研究更新策略是国内当前工业遗存更新研究的主要方向之一。以城市地域特征为切入点研究区域工业遗存特色，进而有针对性地对更新策略进行总结是建筑学研究领域的主要方向之一。如天津大学文雪在《城市工业遗存适应性更新设计策略研究》中以"适应性更新"为切入点，从城市宏观尺度更新的文化追溯及功能置换、中观层面的建筑外部公共空间设计策略、微观层面的建筑空间界面及景观设计方法三个层次对国内外大量遗存更新实践进行分析归纳，总结遗存更新在建筑设计层面的实践策略及设计手法。汪珛在《新常态背景下南京工业遗产再利用方法研究》中整理概括了南京市工业遗存现状特征，总结了国内外工业遗存更新成功案例的五种模式，结合工业遗存更新发展动因，从整体格局、工业建筑、外部空间等方面对新常态下南京市工业遗存再利用的设计方法和实施提出了相关建议。在市域范围研究中，还有众多以建筑单体改造设计为着手点的更新实践与研究探索，在此不一一详述。

在建筑维度之外，有众多专家学者是从更为宏观的城市规划管理维度出发，以城市规划视角对更新设计策略进行总结和系统梳理，注重通过工业遗存区域更新撬动城市全面复兴。重庆大学许东风在《重庆工业遗产保护利用与城市振兴》中梳理了重庆工业遗存的发展脉络及特征，以工业技术为核心构建了"工业城市——典型企业——建筑遗产"三个层次从整体到局部、从宏观到中观及至微观的递进式评价方法，提出了重庆市工业遗产保护理论的七个保护步骤，强调了城市控规在落实更新保护中的重要性，针对性地提出重庆工业遗存保护更新的基本原则、工作思路、理论导则、工作机制和操作程序，并建立了地方工业遗存更新理论框架体系。从工业遗存价值评价与保护制度完善、保护规划编制及实施、工业遗存更新方法等方面对遗存更新策略做出阐述，对重庆市工业遗存保护更新有一定指导意义。该研究偏向遗产保护内容，对更新策略所述较少，未形成系统性的更新流程对照关系。西安建筑科技大学陈旭在《旧工业建筑群再生利用理论与实证研究》中从实践操作角度出发，在政策管理、安全管理、建造技术及造价管理层面对工业遗存更新进行系统研究，并对西安老钢厂进行更新策略实证。该研究侧重工程实施落地，对上位规划、操作主体及业态发展等内容的实践表述不足。重庆大学周挺在《城市发展与工业遗存空间转型》中通过对现有遗存更新的转型特征、建筑形态、环境特征等遗存更新相关问题进行归纳总结，从功能、场地、形象、连贯、文化角度出发建立"五要素"策略框架，从宏观上提出了重庆工业遗存转型策略。该研究侧重上位规划策略内容，对更新改造实操手法所述较少，且囿于重庆市的地域局限性，策略框架不具普适性。天津大学沈瑾在《资源型工业城市转型发展的规划策略研究——基于唐山的理论与实践》中总结了工业城市在更新转型中面临的七个主要问题（经济结构、城市空间、自然生态、社会结构、城市文化特色、公共交通、城市安全），并从规划技术和规划管理两个层面，以唐山市城市更新转型为落脚点，针对性地探讨了资源型工业城市向宜居城市转型的规划策略。该研究紧密结合实践，具有较强的落地实操性，但研究主要偏向宏观规划治理层面，对中观市域设计及微观建筑设计层面所述内容较少，在更新策略中没有形成密切的操作关联性。还有众多学者的相关研究成果在此不做详述。

较之国外，我国对工业遗存的研究及实践只有二十年左右的时间，工业遗存保护与再利用的理论发展和学术研究仍处于起步和探索阶段，目前国内相关理论主要是借鉴国外先进的理论基础，发展尚不够成熟，在一些方面还存在盲点，如针对全国性的工业遗存更新法制环境及其与更新实践的关系研究较少，相关更新策略研究往往在规划和建筑两极维度间有所偏重而多维度的综合研究尚显不足，对于更新实践具有指导意义的更新实施技术路线及流程缺乏系统研究等，这些方面仍需要进一步深入探索。

2.3.2 国内工业遗存更新发展脉络

2.3.2.1 中国工业遗存更新的探索阶段（1995—2005年）

我国的工业遗存更新起步较晚，1990 年代中后期，中国开始逐渐从计划经济向市场经济转轨，福利分房制逐渐被地产开发取代，市场的活力如春潮般涌动，大量新兴建造以彻底拆除旧有建筑为代价，城市建成区域或工业厂矿等工业遗存的有机更新正恰如其时地出现在千禧年前后的中国城市中。

经历新中国成立后多年曲折发展，中国有大量增量发展空间，城市发展容量较大，公众对于城市工业遗存再开发的价值认知有限，加之工业遗存的纯静态保护资金投入产出关系难以平衡，在增量开发的大时代背景下，大量较早期的工业遗存价值未得到较为全面客观的认定。此时兴盛于 20 世纪的传统产业逐渐衰退，中国城市正式迈入以更新再开发为主的发展阶段。在此过程中，产业类历史建筑与地段暴露出一系列社会问题，城市面临产业布局结构的重塑和转型升级，"退二进三""退二优三"成为城市发展的主题，工业产业用地整治是这一阶段的靶心。仅以上海为例，1997 年《上海市土地利用总体规划》中规定，城市更新的重点主要是中心城区 66.2 km² 的工业用地置换，至 2010 年中心城区内保留和发展三分之一无污染的城市型工业及高新技术产业，三分之一的工厂就地改为第三产业用地，三分之一的工厂通过置换向近郊或远郊的工业集中点转移[32]。在这一过程中，多数工业遗存面临较为紧迫的更新改造压力，在城市管理者急功近利的思想下，工业遗存经受了粗制开发和自然损毁的双重压迫，破坏较为严重，以极快的速度消逝。

直至 2000 年前后，国内关于工业遗存更新的研究逐渐开始兴起，初期的研究内容主要关注城市滨水区改造开发研究，此类项目多采取"自上而下"的整体运作方式，如针对许多城市传统的滨水码头区、工业区和仓储用地的改造，还有一些有识之士，特别是艺术界专业人士对传统产业建筑改造再利用的关注等，主要是从两个方面所开展的研究。研究主要集中于对工业建筑、城市更新、工业旅游等的浅层介绍研究，案例研究集中于对国外工业区的研究，尤其是德国鲁尔工业区的保护与开发模式，通过对国外优秀更新案例的研究对中国工业遗存更新提出经验、建议等。

总体看，这一阶段人们在工业遗存更新中比较关注的依旧是历史文化价值较高的建筑，一般性工业建筑在这一阶段的认知中还属于边缘地带，物质空间遗留尚被认为是经济衰退的产物，在增量开发时代背景下的更新改造中是首先被拆除的对象。因此，这一时期的工业遗存更新研究主要停留在原生性再利用层面，对于静态保护甚至存量再生关注较少。

2.3.2.2 中国工业遗存更新的发展阶段（2006—2015年）

2006 年"无锡会议"的召开标志我国工业遗产保护走上新的历史进程，这一年也被学术界认为是国内工业遗产保护元年，无锡会议之后学术界对工业遗产的研究百花齐放，呈现多层次、多领域、多学科的交叉融合。同年，国家文物局发布的《关于加强工业遗产

32　王建国,蒋楠.后工业时代中国产业类历史建筑遗产保护性再利用[J].建筑学报,2006（08）: 8-11.

保护的通知》中指出工业遗产是文化遗产的一部分，我国工业遗存第一次进入全国文保之列，黄崖洞兵工厂旧址、中东铁路建筑群等九处工业遗存入选我国第六批全国文物保护单位，此后各界对待工业遗存的认知态度进入了崭新阶段。

在《无锡建议》的影响下，2007—2010年前后我国工业遗存研究逐渐进入炽热化阶段，研究内容主要集中于工业遗存更新实践方式、再利用模式等方面的深化研究，研究领域包括工业景观设计、遗产廊道构建、创意产业发展等。2010年以后，由于国家对工业遗产的重视程度提高，政府层面对工业遗产的保护和再利用工作继续深入和细化，公众对工业遗存的认知主要停留在文物价值较高的工业遗产层面，基于彼时中国的国情和社会认知水平，受国际工业遗产保护研究的影响，国内工业遗产保护还处于一个"小马过河"的试探阶段，学术界对于工业遗存的保护研究逐渐增多，国家层面由文物保护为主的遗产保护逐渐开始向工业遗产保护靠拢。

由于建成区面积比重不断提高，我国城市建设已逐渐从大拆大建、拆旧建新的城市改造阶段过渡到以功能环境重塑、产业重构、文化传承、民生改善为重点的有机更新阶段，一线城市纷纷开展城市更新与存量优化的创新尝试。同时期，国内城市化进程的加速发展助推了大量内生的土地开发需求，我国的工业遗存更新实践逐步展开。2014年国务院发布《关于推进城区老工业区搬迁改造的指导意见》，意味着我国城市发展正式进入"退二进三"进程，大量遗存的工业弃置地使老城区成为城市"衰败区"，这也直接成为工业遗存更新发展的内动力。同时，我国的土地属性也使得工业遗存蕴含巨大的潜在价值，种种因素决定了工业遗存更新面临的是一条艰难复杂的道路。由于最初的工业遗存更新实践缺少足够的政策支持与引导，更新尚不成熟，主要是以"自下而上"的更新方式为主，初期的更新实践主要停留在对物质空间的更新，工业遗存更新内容呈现出几个较为固化的更新方向，比如向文化博览、创意办公、娱乐商业、景观公园等。

2.3.2.3 中国工业遗存更新的繁荣阶段（2016年至今）

当前中国经济步入后工业化时代，城市可持续发展理念已深入人心。工业遗存再利用呈现出保护与更新两分的局面。一方面，国家层面出台相关条例着手对重要工业遗产进行审核保护，促进高价值工业遗存遗产化；另一方面，存量开发的背景下一般性工业遗存逐渐成为开发重点。

　　从遗产化角度来看，工业遗产具有重要历史价值，它们见证了工业活动对历史和今天所产生的深刻影响。工业遗产是人类所创造并需要长久保存和广泛交流的文明成果，是人类文化遗产中与其他内容相比毫不逊色的组成部分。据不完全统计，全国尚存工业遗产主要形成于几个时期：清末洋务运动和民国民族工业时期、新中国成立后至 20 世纪 60 年代、20 世纪 70 年代至 80 年代初期，其中新中国成立后至改革开放前的工业遗产占比约三分之二。为加强工业遗产的保护和利用，2016 年工信部以促进工业文化发展为目的推出《关于推进工业文化发展的指导意见》和《关于开展国家工业遗产认定试点申报工作的通知》文件，在全国范围内开始国家工业遗产的审核申报试验，这是国家层面首次单独对工业遗产进行实质性的保护推动，标志着工业遗产保护走上一个新台阶。随后为推动工业遗产保护利用，发展工业文化，工业和信息化部印发的《国家工业遗产管理暂行办法》从认定程序、保护管理、利用发展、监督检查等方面，对开展国家工业遗产保护利用及相关管理工作进行了明确规定。2017 年最终确定了第一批工业遗产认定名单，从辽宁、山东、江苏、浙江、湖北、江西、陕西和重庆等首批 8 个试点省市 41 个申报项目中筛选出了鞍山钢铁厂、旅顺船坞、本溪湖煤铁厂、宝鸡申新纱厂、温州矾矿、菱湖丝厂、汉阳铁厂等 11 个具有历史、人文价值，能够传承中国工业精神、促进工业文化产业创新发展的工业遗产，推荐为首批国家工业遗产[33]。随后国家不断推进工业遗产的保护认定工作，截至目前已有 53 个工业遗产入选国家工业遗产名录，第三批工业遗产的认定工作也已正式启动。但由于我国工业遗产数量繁多，

33　中华人民共和国工业和信息化部：第一批国家工业遗产拟认定名单公示[EB/OL].（2018-11-11）.http://www.miit.gov.cn/n1146295/n1146592/n3917132/n4061597/c5950027/content.html.

保存现状复杂，随着工业转型升级和城市化进程的加快，许多老厂矿停产搬迁，一批重要工业遗产面临被拆除而消失的风险。

从一般性工业遗存更新角度来看，2017年京政办发布的《关于保护利用老旧厂房拓展文化空间的指导意见》掀起了利用工业遗存发展文创产业的浪潮，与此同时，上海、深圳、广州等城市也踊跃参与到工业遗存更新的潮流中。在城市过程引导下，政府出台了一系列政策协助工业企业进行存量开发，工业遗存更新正式从区域活化走向城市复兴。

表 2-1 国内各城市工业遗存空间体量概况统计

序号	城市	空间体量
1	北京	北京腾退老旧厂房 242 个，占地面积共计 2 517.8 万 m^2，其中待利用面积占 70.64%，达到 1 778.48 万 m^2
2	上海	上海已有 96 个项目约 629 万 m^2 存量工业用地纳入盘活转型计划，其中未完成转型方案或转型手续的占 30.68%，达到 193 万 m^2
3	天津	天津全市登记在册的工业遗产有 130 余处
4	重庆	重庆市确定 96 处工业遗产名录（含仓储），其中主城区 45 处，其他区县 51 处，时间跨度自 1891 年到 1982 年
5	广州	根据"三旧"改造标图建库成果统计，广州低效用地图斑达到 588.96 km^2，其中旧厂占到 188.03 km^2
6	深圳	全市大约有 3 亿 m^2 的老旧工业厂房，其中，使用期 30 年的约 2 亿 m^2，20 年的约 1 亿 m^2
7	杭州	杭州已明确老城区工业遗产 90 多处，集中分布在半山、拱宸桥、祥符桥小河、古荡留下、望江门外、中村和龙山七个区域
8	成都	成都公布 27 处近现代工业遗产项目，分为保留（5 处）、再利用（8 处）、待保护（11 处）、已保护（3 处）4 种类型
9	武汉	武汉现存 95 处工业遗存，遴选出 27 处第一批武汉市工业遗产、38 处第二批武汉市工业遗产，并依据价值、重要性分为三个保护级别
10	济南	全市 92 处工业遗产纳入济南历史文化名城文化遗产法定保护体系，其中 9 处优秀工业遗产建筑、19 处比较重要工业遗产建筑、64 处一般工业遗产建筑

表格来源：据赛迪顾问《城市更新系列 2019 中国工业遗存再利用路径与典型案例白皮书》数据绘制

2.3.3 国内工业遗存更新实践

千禧年后，我国以一线城市为代表的众多城市实现大规模产业转型并逐步进入后工业化时期。据不完全统计，我国有近 30 亿 m² 的存量空间，工业遗存更新实践逐渐受到政府及社会各界的重视，并逐步在全国范围内得以开展（图 2-18）。对于中国大部分城市来说，从扩张式发展转向内生式的城市更新，从"规模外延扩张"过渡到"品质内涵提升"，已经是必然道路。

图 2-18 大白楼
资料来源：康成明拍摄

2.3.3.1 静态保护和博物馆式更新

由于历史原因，我国较早期建成的一批工业遗存建设主体由殖民、官办和民族资本组成，这些遗存中很大一部分经历了新中国成立后的资本清算再整合，管理归属几经变更，功能也随之产生变化。此外由于缺乏保护措施，国内对工业遗存更新保护研究较为深入时，这些建筑多数已遭到不同程度的不可逆破坏。早期的遗存更新主要以再利用为主，仅少数遗存是作为文化遗产进行保护，静态博物馆式更新在我国早期工业遗存更新中较少出现。

基于彼时的中国国情和社会认知水平，公众还普遍很难接受工业遗存被纯静态保护而不加以利用，即便时至今日，对遗存的更新更多还是停留在强调"再利用"层面。因此，在国内很少有能和德国杜伊斯堡风景公园或劳齐茨工业区相比肩的静态保护案例。鞍山钢铁厂工业遗产建筑群和上海 1933 老场坊是较为接近工业遗存静态保护的案例，也因为城市能级、业态运管水平差异呈现出了不同的更新状态。

（1）鞍山钢铁厂工业遗产建筑群（2018 年至今）

鞍山钢铁厂工业遗产建筑群包含的 16 处工业遗产，已入选国家工业和信息化部认定的首批国家工业遗产名单。鞍钢的工业遗产分布广泛，涉及城市各个区域，点状分布，线形连接，规模较大，特色突出。其中，有大孤山铁矿集群（包括大孤山白楼、红楼居民区和大孤山铁矿）、老台町名人故居区（包括舒群、公木、于敏、罗丹等旧居）、三大典型保护遗址（雷锋纪念馆、孟泰纪念馆和王崇伦万能工具胎诞生地）等等。形成了集采矿、选矿、烧结、冶炼、机械制造、工业英模人物为一体的工业遗产群，拥有高炉、水塔、机械、设备及厂房建筑这一系列非常完整的产业链条。厂区始建于1918年，最初为昭和制钢所，现存工业遗产群主要建设于1918年至1956年之间，见证了新中国的成立与发展，也是中华人民共和国成立后第一个恢复建设的大型钢铁联合企业和最早建成的钢铁生产基地。现存遗产建筑群主要由昭和制钢所本社事务所旧址、昭和制钢所1号高炉旧址、昭和制钢所迎宾馆旧址、井井寮旧址、东山宾馆建筑群、烧结总厂二烧车间厂、昭和制钢所研究所旧址、昭和制钢所运输系统办公楼旧址、昭和制钢所大病院旧址、鞍山满铁医院、大型厂万能生产线、老式石灰竖窑、北部备煤作业区门型吊车、401号电力机车、2 300 mm三辊劳特式轧机、建设者（XK51）机车车头构成。其中，昭和制钢所本社事务所、烧结总厂二烧车间旧址、昭和制钢所迎宾馆旧址等为国家级重点文物保护建筑。

昭和制钢所本社事务所旧址始建于1933年，由日本政府批准正式营业，为当时的办公楼。同年，溥仪到昭和制钢所视察时到访此处。1946年国民党占领鞍山后接管昭和制钢所本社事务所，将其更名为"大白楼"（图2-18），用作机关办公楼。新中国成立后交由中国人民解放军接管，鞍山钢铁公司在大白楼前宣布中华人民共和国成立后的第一个大型钢铁企业正式开工。1930年，昭和制钢所迎宾馆建设落成，1949年鞍山钢铁厂开工时，多位国家领导人均在此居住过，此处现已改为鞍山钢铁厂老干办，供老干部活动使用。井井寮（图2-19）由东京建筑会社建造，于1920年建成，最初是日本职员宿舍，

图2-19 烧结总厂二烧车间旧址
资料来源：康成明拍摄

新中国成立后，用作鞍山钢铁公司第一职工宿舍；20 世纪 90 年代，改为商业出租使用至今。烧结总厂二烧车间旧址（图 2-19）现为鞍钢集团博物馆。

鞍山钢铁厂遗产建筑群中 4 个省级保护单位建筑外立面及内部格局基本保持完好，其余少部分建筑外立面有所改变，仅一栋少部分设备的保护除锈工作不足。作为第一批国家工业建筑遗产，此处是目前国内工业遗产保存较为完整的静态式保护案例。

（2）上海 1933 老场坊（2004—2006 年）

上海 1933 老场坊（图 2-20）位于上海虹口区沙泾路，是 1933 年购地建设的上海工部局宰牲场，也是当时远东地区规模最大、最现代化的宰牲场。新中国成立后宰牲场先后被改为食品加工厂、制药厂，直至 2002 年完全停产，建筑空置。老场坊建筑由英国著名建筑师巴尔弗思（Balfours）设计，采用古罗马巴西利卡（Basilica）风格和 1930 年代盛行的艺术装饰风格（Art Deco）结合，是目前唯一保存下来了类似形制的宰牲场。2004 年的更新采用"保护性再利用"的指导思想，关键的建筑外立面保留，内部结构也未进行大改，尽可能恢复建筑历史原貌，建筑空间设计保留原有建筑的气质。建筑功能转型为一个时尚创意空间，首层及低区空间为奢侈品中心、知识产权交易体验中心和家居品牌生活体验馆，高区则有人文历史博物馆和较多设计创意产业公司进驻，同时还有配套的餐饮、酒吧、咖啡厅等，顶层加建玻璃天幕后成为上海独具特色的环形影视拍摄基地。

项目招商设定了不引进大型餐饮的原则，以避免大宗人流给老建筑带来过大的交通压力，顶层秀场和拍摄基地则单独设置了门厅和独立垂直交通，避免干扰老建筑主体空间的使用。老场坊的更新继承了原有的结构体系和空间关系，比较好地保存了原有的历史遗

图 2-20 上海 1933 老场坊
资料来源：作者拍摄

迹风貌，新注入的功能又让建筑重新焕发了新生，堪称是静态保护和博物馆式更新的佳作。

2.3.3.2 适应更新与有机更新并存

吴良镛先生从城市"保护与发展"的角度出发，于 1999 年在国际建筑师协会（UIA）北京大会上提出了"广义建筑学"和城市"有机更新"的概念。而城市建成区域或工业遗存的有机更新正恰如其时地出现在千禧年前后的中国城市中。

与相对总量较少的静态保护相比，适应性更新与有机更新是中国工业遗存的更新主体。这一类城市内生需求为主导的更新中，项目的区域位置特质成了其商业运行是否成功的重要影响因子。项目特定的地理位置意味着其或拥有较为成熟的区域配套，或拥有便捷的交通条件，或契合高知人口聚集度和产业空间需求，这些要素为其成功运营埋下了伏笔。

1990 年代后期是一个"拆"字当头的年代，在全国商品房逐步替代福利房带来的第一波城市建造热潮中，上海田子坊和北京 798 创意园，一南一北两个项目则顽强展现了城市内生的更新动能。由于更新之初的空间和产业诉求均不甚明晰，两个项目都经历了内生需求变化带来的功能不断迭代发展，呈现了"摸着石头过河"的适应性更新特征。

2000 年后，国内开始大量涌现有机更新案例，最具代表性的分别是上海红坊创意园区、八号桥创意园区和深圳华侨城北部园区 OCT-LOFT。这三个案例得益于项目前期制定的明晰的规划、产业定位以及城市区域对于文化创意业态的空间渴求，在后续的商业运营中都取得了成功，为全国同期有机更新实践树立了优秀的标杆。

（1）北京 798 创意园（1996 年至今）

1957 年，北京 798 艺术区还是位于北京东北部的七星华电科技集团有限责任公司厂区，俗称"718 大院"，它是我国第一个五年计划期间国家 156 项重点工程之一，也是当时的东德援助我国建设的最大项目，其厂房为典型的包豪斯风格。20 世纪 90 年代，中央美院隋建国教授及其创作团队进驻 798 开展艺术创作，其后大量

图 2-21 北京 798 创意园
资料来源：作者拍摄

艺术家，尤以架上创作画家为主，陆续将他们的个人工作室搬进了798。空间位置上 798 临近机场、东四环和中央美院，交通相对便利且租金水平较低，大量利好助推了艺术家的迅速集聚，逐渐形成了蜚声世界的 "SOHO 式艺术聚落"（图 2-21）。2007—2010 年国内艺术品价格飙升，798 艺术区迎来了爆发式增长。高额的租金直接把第一批进驻的盈利能力较弱的艺术家淘汰至距离中心城区更远的宋庄画家村，798 艺术区升级为以经济回报率更高的艺术品经济、画廊、艺术品交易中心和各种商业配套功能为主要业态的文化创意艺术特区。2014 年后，为顺应北京 "四个中心" 的新一轮总体规划定位，多个国际文化及交往中心的进驻又为 798 艺术区带来了第三次产业升级。总体来看，798 是一个自下而上推动更新并结合自上而下业态植入的适应性更新项目，业态不断调整，区域功能逐渐丰富，内部不断进行自我更新和功能迭代。

（2）上海田子坊（1998 年至今）

上海田子坊（图 2-22）是在同一时期与北京 798 遥相呼应的适应性更新的案例。新中国成立后，里弄工厂兴起，在泰康路街道，上海人民针厂、上海食品机械厂、上海钟塑配件厂、上海新兴皮革厂、上海纸杯厂、上海华美无线电厂等都是曾在这片里弄中生产经营的 "里弄工厂" 的代表，其中不少旧厂房、旧仓库保留至今。1978 年改革开放，上海从工业主导型转向工业与金融、贸易、运输等第三产业并重发展的新阶段，大量工业面临转型。

20 世纪 90 年代，这些在里弄中被静默废弃的工厂因上海市中心城区产业结构调整迎来转机。泰康路街道致力于发展成为文化艺术街区，该区街道办事处通过低价出租空置厂房的方式吸引艺术家入驻。1998 年春，艺术家陈逸飞率先入驻田子坊并设立工作室，为田子坊这一品牌的发展奠定了基础。此后，随着黄永玉、王劼音、尔冬强、郑袆等艺术家以及其他艺术人士的相继入驻和不断集聚，街区底层出现零售和餐厅等商业业态，而上层则大多保留原有住房。这种自下而上的更新逐渐形成一个折中混合的艺术空间与复兴区域，具有难以复制的特殊美感。它定位为国际化创意文化社区，老建筑

图 2-22 上海田子坊
资料来源：作者拍摄

图2-23 上海红坊创意园区
资料来源：水石设计

与新文化的融合营造出一个城市创造性的产业聚集地。田子坊也因此成为上海的一个热门旅游区和城市新地标。

与上述两案例同时期的 M50 创意园区也是类似艺术家自发聚集的适应性更新代表，其后陆续出现的上海红坊创意园区、上海八号桥创意园、深圳华侨城北部园区 OCT-LOFT 则是在清晰空间和业态规划指导下的第一代有机更新代表案例。

（3）上海红坊创意园区（2006—2017 年）

上海红坊创意园区（图2-23）的前身是上海第十钢铁厂。1996年，"十钢"改制转型，更名上海十钢有限公司，隶属宝钢集团，停产后的园区经历了从 20 世纪 90 年代末以 798、M50 为代表的完全自然野生状态更新到有规划、有政府推动的改革创新，最终转型更新为涉及文化资产投资、文化资产管理和文化生活三大领域的文化创意园。红坊总建筑面积近两万平方米，其中商务办公面积约占六成，其余四成为展览、美术馆、画廊、酒吧、咖啡、西餐厅等休闲场所及手工作坊。从总体规划来看，红坊不仅是上海城市雕塑艺术中心和 On

Stage 演出场地，也是位于淮海西路的一个集设计、艺术、时尚为一体的创意园区。红坊完成了它的有机更新进程，成为一个"包含艺术、设计、办公和休闲娱乐的综合性、国际化的文化艺术园区"，虽然由于租赁到期，现在的红坊已经被拆除，但是作为最早完成更新的成功更新项目之一，上海红坊这一更新模式已被国内多个城市的工业遗存更新项目所复制。

（4）上海八号桥创意园（2004—2005 年，一期）

上海八号桥创意园（图 2-24）是上海市经委首批正式挂牌的 18 家创业产业集聚区之一，其前身是上海汽车制动器厂老厂房，总面积约 15 000 ㎡，项目改造始于 2004 年 3 月，也是上海老厂房改造的早期项目之一。

起初，八号桥创办人黄瀚泓和团队寻求有特色的创意办公环境而不可得，在发现建国路八号这一城市核心地段的停产厂房后下决心自己动手改造一处不一样的办公园区，最终日本 HMA 建筑设计事务所（HMA Architects & Designers）操刀完成了厂区的更新设计。这个不大的园区通过建筑丰富的色彩和材料肌理获得了丰富多元的立面表情，而众多空中步行连廊在方便建筑之间互联互通的同时也引导出了"八号桥"的案名雅号。这个清晰创意产业气质导向的项目一经推出，应者云集，大量设计类、咨询类和策划类企业在此聚集，八号桥的业态比例中核心产业创意产业与配套服务产业基本达成八二开的比例，其中创意产业涵盖了建筑规划、室内景观设计、媒体广告设计、工艺产品设计、服装设计、影视传媒、动漫游戏等各个门类，几乎是创意产业链条的集大成，形成了独特的创意生态。可以看到，在十几年前还没有朋友圈粉丝经济的时代，八号桥的成功不单是靠风貌颜值而获得成功，更是一个从城市发展内需出发，准确敏锐地捕集了创意类企业个性化办公的市场需求，解决了城市

图 2-24 上海八号桥创意园
资料来源：作者拍摄

区域内的功能需求，从而完成了一个出色的有机更新进程。

（5）深圳华侨城北部园区 OCT-LOFT（2004—2010 年）

深圳华侨城北部园区 OCT-LOFT（图 2-25）作为深圳第一批最成功的工业遗存更新案例，是深圳有机更新的代表。华侨城（Overseas Chinese Town，简称 OCT）的前身为沙河实业工业园区，是一片建于 20 世纪 80 年代的工业厂房，也是深圳最早的工业建筑之一。20 世纪末，深圳的传统加工制造业产业逐步面临升级，大量相关产业厂房被空置。华侨城充分利用土地资源，结合既有厂房的改造再利用，打造绿色花园式生态社区。

华侨城的更新实践按区域展开，南区以展厅、工作室、咖啡厅、餐厅、书店以及特色商业店铺为主，北区以办公、商业店铺、工作室、展厅等为主。在改造中，尽量保留了该旧工业区的工业元素。对旧工业建筑和场地规划进行整体的修复和改造，通过既有建筑内部夹层、外部扩建等手段扩充使用空间，通过延续既有厂房的材料和空间特征保持其工业性风格，并通过新的艺术介入为本身特色并不鲜明的厂房注入新的活力，从而使新旧建筑空间品质提升，成为有机整体。华侨城的更新是国内较早完成的规模较大的城市更新项目之一，它引领了整个深圳的工业区更新，并且推动拟定了《深圳城市更新办法》，给深圳的城市更新树立了指导性的更新方向。

2.3.3.3 从有机更新迈向城市复兴

2006 年，我国工业遗存第一次进入全国文保之列，黄崖洞兵工厂旧址、中东铁路建筑群等九处工业遗存入选我国第六批全国文物保护单位，标志着我国对待工业遗存的认知态度进入了崭新阶段。同时期，国内城市化进程加快，大量内生的土地需求也助推我国的工业遗存更新实践逐步进入了一个加速期。

上海老码头经历了艰苦的起步期，在周边城市配套基本成熟后

图 2-25 深圳华侨城北部园区 OCT-LOFT
资料来源：作者拍摄

步入了良性运行期。北京 751D·Park 时尚设计广场、北京方家胡同、北京新华 1949、上海哥伦比亚公园（Columbia Circle）都在相关政府和上级企业的牵头和推动下提出了精准定位，空间成功再生和产业活化并举，取得了非常好的运营效果。北京天宁寺热电厂也采取了类似政府牵头、产业介入的更新手段，成果有待观察。

（1）上海老码头（2007 年一期，2010 年二期）

上海老码头（图 2-26）是上海滨水空间商业需求驱动工业遗存有机更新的案例。码头地处上海市黄浦区外马路，历史前身为上海油脂厂和十六铺码头仓库，后转型为创意办公、特色酒吧、休闲会所、个性零售等。20 世纪 30 年代后逐渐形成的十六铺曾经是中国乃至东亚最大的码头。伴随着开埠后的十里洋场经济繁荣，大量水产和南北货运在此集散，成为誉满沪上的十六铺码头。新中国成立后，十六铺码头作为上海港主要客运码头的角色持续了五十年，应城市整体规划要求 2006 年起开始逐步搬迁，至 2010 年彻底迁出。

图 2-26 上海老码头
资料来源：作者拍摄

老码头前期定位对标卢湾区新天地，试图将文化艺术注入现代商业、休闲产业。引入工业风特色酒店、个性零售、艺术画廊、小型艺术展厅等艺术类业态，以及酒吧、会所、餐厅等配套商业和创意办公。虽然项目所在十六铺区域紧邻城市主干道中山南路，但直接接驳道路外马路通达性不佳，且项目一期于世博会前开业时周边配套状况不佳，致使项目较长时间一直经营困难。这样的状况直到十六铺客运港、游艇码头和董家渡区域中央商务区逐渐建设落成才得以改善。通过这一系列有机更新的策略，老码头实现了城市性完善、商业能级放大、时间主题协调一致的目标，尤其水舍作为上海首家工业遗存更新的工业风特色酒店，是沪上滨江时尚聚会的一大亮点。

（2）北京 751D·Park 时尚设计广场（2006 年至今）

紧跟 798 的步伐，北京 751D·Park 时尚设计广场（图 2-27）

图 2-27 北京 751D·Park
资料来源：作者拍摄

的崛起进一步强化了大山子地区的文化 IP。751 的前身是于 1954 年问世的 751 煤气制造厂，是我国第一个五年计划期间国家 156 项重点工程之一。1960 年前后，军工厂重组，原有的 751 厂独立经营并转为民用。2003 年，为顺应北京市整体产业结构调整的需求，751 原煤气制造产业关停。2006 年，在企业原领导班子张军元及其团队的带领下，751 寻求破局变革之路，经原北京市工业促进局牵线，与中国服装设计师协会合作，导入时尚 IP 对园区进行改造更新。751 工厂大部分户外工业设施得以保留。最具特色的是园区北部两座巨大的煤气罐，这一组尺度宏大的无柱空间被量身定做改造成北京国际时装周的秀场空间和顶级品牌发布会的场地。751 园区的更新借鉴了 798 园区的老工业厂房新利用的新思路，用文化产业来解决城市的内在需求和产业升级。

（3）北京方家胡同（2008—2009 年）

北京方家胡同（图 2-28）是类似上海田子坊的胡同工厂代表，从 1949 年新中国成立后北平机器总厂在此设厂，到 1953 年第一机床厂设立，到机床厂迁走之后改作北京机床研究所办公区，方家胡同的厂区经历了从生产到办公的功能转变。时至今日，该区域内仍保留着近半个世纪来先后建成的车间、锅炉房、礼堂和办公楼等各种功能性建筑，与周边的胡同建筑共同呈现了一种丰富的复杂生态样貌。随着社会整体消费升级，人们对于消费目的地的体验性越来越看重，促使当地政府部门及开发商寻求更有特色的消费空间形态。配合北京市东城区对胡同内的系统改造，将原为中国机床厂厂房的园区打造为"胡同里的创意工厂"，主打文化品牌。

因为项目区位极佳，且胡同和工厂肌理混搭，极具老北京城市特征，颇得文化及创意类公司的青睐。这种城市内生需求式更新产生的集聚效应带动了艺术表演团队、艺术画廊、艺术中心、文化沙龙和演绎小剧场等文化演艺产业链和建筑室内设计、平面视觉艺术设计、新媒体设计等一系列创意设计产业链条，进而形成一座"跨

图 2-28 北京方家胡同
资料来源：作者拍摄

界艺术、分享未来"的新城市跨界艺术创意港。原机床厂最大车间被改建为小剧场，这里最早是北京现代舞团的排练厅，现已成为东城区文化地标剧场；原机床厂冷库被改造成主题餐厅；原机床厂车间被改造成 LOFT 办公空间，聚集了大量创意企业，有星汇天姬、灵犀坊等。这个有机更新进程将年轻活力带入胡同内部，在完成胡同或工业遗存建筑更新的同时，打造了主题鲜明的消费目的地。

（4）北京新华 1949（2010—2011 年）

北京新华 1949（图 2-29）属于较典型的一次性定位、整体规划、有机更新的案例代表。随着北京印刷集团的主辅业分离，腾退出的原有厂区进入更新周期，结合集团自身固有的文化基因和大量市场调研的数据推演，项目定位为"文化金融创新产业集聚区"，在车公庄这一地理位置极佳的区域把"新华 1949"建设成为北京文化金融创新产业地标。这个区别于一般文创园区的准确细分定位让项目获得了极大成功，大量文化金融产业入驻企业园区并创造了可观的利税回报。以开心麻花剧场为代表的文化生态与金融产业结合共生的更新模式在这个地区得到了市场的认可，完成了整个有机更新产业升级的过程。

（5）北京天宁寺热电厂（2014—2016 年，一期）

北京天宁寺热电厂（图 2-30）是城市大型基础设施腾退后有机更新的代表。这个 20 世纪 80 年代占据了原天宁寺大部分土地的热电厂曾经由于拥有北京市最高烟囱而极具标志性，但产业与内城定位大相径庭，最终在 2009 年由北京市政府牵头推动其产业转型，并正式关停厂区运行。厂区引入了文化艺术、新闻出版、广播电视、电影制作、艺术品交易、都市旅游、休闲娱乐以及其他餐饮配套等辅助服务业态，定位为具有国际水准、产业高端、行业领先、业态丰富的综合性文化创意产业园区。当然，这次以文化为核心的更新是否真正成功，还需要时间的检验。

（6）上海哥伦比亚公园（Columbia Circle，上生新所）（2016—

图 2-29 北京新华 1949
资料来源：作者拍摄

图 2-30 北京天宁寺热电厂改造
资料来源：作者拍摄

2018 年，一期）

上海哥伦比亚公园（图 2-31）是典型的内生型城市文化型有机更新，项目 2018 年一期一建成就迅速蹿红，成为沪上新晋网红打卡圣地，这和长宁区番禺路的良好空间区位以及哥伦比亚总会的深厚文化积淀是密不可分的。

哥伦比亚公园是 20 世纪 20 年代为美籍精英社区设计的哥伦比亚乡村俱乐部，当下高楼鳞次栉比的番禺路在百年前还是一派郊野气象，建筑师哈沙德（Elliott Hazzard）设计了海军俱乐部会所、健身房和上海第一座也是目前唯一一座英制度量单位的户外游泳池。1930 年，上海"大时代"时期最杰出的匈牙利建筑师邬达克（László Hudec）也选择毗邻乡村俱乐部设计建造了一处充满折中主义风格的住宅，后因官司问题转赠有恩于他的孙中山先生之子孙科所有。

新中国成立后，这片区域划归上海生物制品研究所所有。从一处仅仅面向美籍精英的封闭式俱乐部转变为研究各种尖端疫苗的封闭研究所，这片区域近百年间几乎从未向市民开放。2016 年，在上生所上级单位国药集团的批准下，这个封闭园区主动腾退既有厂房，向城市开放，以积极的历史观进行城市再生。

项目以新文化、新媒体和新金融作为更新产业导入的"三驾马车"，辅以关联的艺术、文化、娱乐、餐饮等相关配套，全面改变曾经哥伦比亚公园和上生所遗留的历史文化和科研生产建筑。一期开放后产业升级效应尚未清晰呈现，作为城市客厅和文化符号载体的社会性功能就已赫然凸显，有望真正实现 7×24 小时的城市活力社区，不但可以改变旧有的封闭面貌，还将极大提升周边区域的城市公共空间整体品质，全面推动社群生活和文化品质。

"文化＋工业"，这是哥伦比亚公园和上生所为这块土地赋予的内在基因，项目也通过文化导向型有机更新，带动了整个区域的发展，与地处同区域的幸福里共同架构起了番禺路的城市更新文化街区，目前项目的二期更新仍在进行中。

（7）上海 2010 世博会世博园区（2007 年至今）

前述六个案例是裹挟在高速城市化进程中的城市内生需求推动

图 2-31 上海哥伦比亚公园
资料来源：作者拍摄

中国 2010 年上海世博会规划总平面图

图 2-32 上海 2010 世博会世博园区
左图：http://www.cila.cn/news/69638.html，2019-
10-10
右图：作者拍摄

的有机更新，文化或商业诉求作为抓手是其更新的基本面。

2010 年的上海世博会（Expo 2010 Shanghai China）（图 2-32）
在国内第一次开创了"城市大型公共事件导向"作为核心驱动力引
擎的大规模城市工业遗存更新运动。

通过世博概念的综合土地整理，规划将 5.28 km² 范围内黄浦江
沿线两个巨型传统制造业企业（浦东钢铁有限公司和江南造船厂）
分别搬迁至宝山罗店和吴淞口外，同时一些相关中小型企业一并腾
退，释放了大量城市宝贵的滨水空间。继北京夏季奥运会后成功召
开的上海世博会，使得上海这座中国最富活力的城市吸引了全世界
关注的目光。众多主题深刻、形态各异的国家馆、主题馆、企业馆
营造了一场城市空间的盛宴，这其中位于上海浦西城市最佳实践区
的两个街坊探讨的城市更新如何为城市发展助力赋能更为世博的城
市主题做出了完美的"上海注脚"。

世博会较大幅度地提升了区域的城市公共设施配套和公共交通
能力，提升了土地利用价值，为后世博时期的土地再利用再开发做
好了物质准备。目前世博区域的更新仍在继续，整个产业链已经引
入大半，世博会作为经典城市大事件推动更新的案例，在重新激活

土地价值的同时，辐射了周边区域。正是通过世博期间清退大量滨水工业企业，扫除城市与滨水间的物理空间障碍，才使得其后实施的上海黄浦江两岸贯通工程成了可能，极大提振了上海塑造顶级滨水城市的整体发展进程。

上海世博会以世界级的城市大型公共事件为导向，全面推动了涉世博区域的城市更新，并引领了上海中心城区的重要产业及空间升级，堪称一场伟大的城市复兴。

与上海世博会的大型公共事件导向的更新引擎相对应，城市大型文化事件导向的更新引擎也是众多城市以工业遗存更新推动城市复兴的重要选择。深港双年展展场选址从华侨城北部园区OCT到蛇口大成面粉厂，上海城市空间艺术季选址从上海当代艺术博物馆到民生码头八万吨粮仓再到上海船厂杨浦滨江，这些都是工业遗存更新驱动城市复兴的成功案例，北京首钢园区更新更是近年国内结合了这两类更新引擎驱动实现城市复兴的顶尖标杆。

（8）深圳蛇口大成面粉厂（2015—2016年）

深港双年展在2005年第一届创办的时候只是一个艺术、设计圈内的小型展览，随着十余年的不断积累蓄力和城市文化认知度逐渐走高，2015年的深港双年展呈现出了鲜明的社会学转向。展览选取蛇口大成面粉厂作为主要展场，以城市化进程中对于更新这一议题的关注，倡导以城市艺术推动社会进步和城市更新。

深圳蛇口大成面粉厂（图2-33）是在深圳特区创立之初蛇口工业区引进的第一家外资独资企业。1980年深圳蛇口大成面粉厂正式开办，8号仓作为招商港务为与大成面粉厂相配套的仓储建筑。2010年，随着蛇口的产业升级转型，大成面粉厂逐渐结束运营。2015年，大成面粉厂被选为深港双年展的主展场。2016年，8号仓正式开始拆除。原有的大成面粉厂转型为文化中心，成为以休闲、展览、学术三重功能为一体的现代空间，包括办公、休闲、学术、商业、展览等。原建筑框架是柱帽加无梁楼盖的经典建筑构造，在改造中予以保留。

图2-33 深圳蛇口大成面粉厂
资料来源：南沙原创

筒仓作为特色鲜明的建筑遗存代表，在改造中保留并强化其空间原有特质。在其中创建独特的公众参观流线，嫁接小体量新建筑，融入新功能，激活工业片区活力。作为第五届以"城市原点"为主题的深港双城双年展主展场，深圳蛇口大成面粉厂的这次有机更新成功地激活了这片原有工业区。

2017 年深港双年展选取深圳南头古城，立足城中村改造，探索全球化背景下"城市共生"（Cities，Grow in Difference）的发展模式这一深刻的社会话题。

（9）上海民生码头八万吨粮仓（2016—2017 年）

与深港双年展遥相呼应，起步较晚的上海城市空间艺术季 SUSAS 在 2015 年第一届也提出了"城市更新"的主题，引起起了广泛的社会反响。2017 年第二届上海城市空间艺术季（图 2-34）以"连接 this CONNECTION：共享未来的公共空间"为主题，把对城市关注的目光从城市区域投放到城市整体，聚焦黄浦江两岸贯通，以期通过滨水空间品质提升推动城市整体空间品质提升。艺术季选址上海民生路八万吨粮仓作为主要展场，吸引了更大的城市关注。

上海民生码头八万吨粮仓所在的民生码头的前身是瑞记洋油栈码头，1924 年，它成为远东最先进的码头；1956 年，更名为民生码头；1975 年建成四万吨筒仓；为应对码头吞吐储藏压力，20 世纪 90 年代初扩建八万吨筒仓。但 1995 年才完工并投入使用的筒仓在短短十年之后就因为贮藏方式过时而被淘汰空置，筒仓建筑也失去了其原有的功能。

作为浦江两岸贯通工程的重要组成一环，浦东东外滩滨江最大的工业建构筑物集群——民生码头筒仓区亟须通过转型及功能升级融入新的城市滨江生活。上海城市空间艺术季和浦东区政府最终采用了大胆而富有创意的定位，采用"临时性利用"（Temporary Use）的适应性更新模式推动民生码头的转型，整合八万吨筒仓及相邻 257 库，作为艺术季的主展馆。

图 2-34 2017 SUSAS 上海民生码头八万吨粮仓和 2019 SUSAS 上海船厂老船坞
资料来源：作者拍摄

以艺术点亮城市生活，八万吨筒仓通过弱介入的方式，除增加外挂折尺型观光扶梯解决快速通行的功能诉求外，基本保持了筒仓的原真状态，内部隔层设置的连续展厅空间亦忠实反映了筒仓的内部结构和工业美。媒体演艺、展览展示、休闲社交、酒店商业都被妥妥帖帖融合在巨大的筒仓之中。

黄埔滨江还从未有过这样有机结合的多样生活的共同载体，艺术创意与生活日常成了筒仓装载的两种城市状态。这里既是艺术家们创作呈现的平台，也是城市教化和市民生活的场所。上海城市空间艺术季自上而下地推动了粮仓的更新进程，创造性地将城市滨江景观功能和丰富市民生活相结合，形成上海新的文化热点，同时也成为浦东东外滩区域城市空间品质、文化活力提升的重要支点项目。

2019 年第三届上海城市空间艺术季选址原上海船厂旧址（包括船坞和毛麻仓库）作为艺术季的主展展场和展馆，杨浦区滨江南段 5.5 km 滨水公共空间及沿线历史建筑也参与合作举办本届空间艺术季，以艺术活力带动区域振兴。2019 年 SUSAS 使空间艺术季首次从室内展走向室外空间，实现了将公共艺术作品与城市空间本身的艺术魅力相结合的愿景，极大改变了杨浦滨江的城市面貌，全面推动了该区域的城市复兴。

这种艺术介入（Art Intervenes）作为典型文化型有机更新的方式，全面提升了工业遗存更新的城市认知度和公众参与度。两大艺术盛会带来的海量公众参与和极高的社会关注度，也推动着沪深两地城市更新进程不断加速前行。

（10）北京首钢工业园区（2013 年至今）

城市空间艺术季和深港双年展这类典型的大型城市文化艺术事件成了沪深两地工业遗存更新的有力推手，北京首钢工业园区（图 2-35）作为全国老工业区改造转型的一号项目，则是以主题为"2022 年冬季奥运会的城市大型公共事件"和主题为"2019 百年首钢"的城市大型文化事件推动的老工业区转型更新，引领了区域的城市复兴。

2015 年 12 月，2022 年冬奥组委宣布落户北京首钢，以奥运大事件为导向的超强核心 IP 成了首钢老工业园区更新发展的重要助推

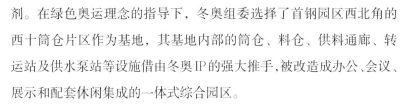

图 2-35　北京首钢工业园区更新规划鸟瞰（左）
及百年首钢城市复兴论坛（上）
资料来源：筑境设计及作者拍摄

剂。在绿色奥运理念的指导下，冬奥组委选择了首钢园区西北角的西十筒仓片区作为基地，其基地内部的筒仓、料仓、供料通廊、转运站及供水泵站等设施借由冬奥 IP 的强大推手，被改造成办公、会议、展示和配套休闲集成的一体式综合园区。

此外，返矿仓和空压机房被改造为工舍酒店，压差发电控制室被改造为星巴克冬奥会园区店，精煤车间被改造为体育总局冬训中心，运煤车站被改造为冰球馆，自备电厂被改造为香格里拉酒店，铁狮门六工汇 7000 风机房及二泵站被改造为商业 Mall，五一剧场被改造为黑匣子剧场，一系列工业遗存均以崭新的业态功能面向城市，既有产业全面升级。炼铁三号高炉及秀池被改造为首钢博物馆，成为"2019 百年首钢"系列庆典的活动主会场，既以大型文化事件助推了更新进程，又成为企业最佳的对外文化展示窗口，更成了承载"首钢人"情感的精神家园。

结合焦化厂中央遗址公园改造加建的中国服贸会首钢展区充分结合中央绿轴的阶段性弹性使用，在土壤治理周期引入过渡功能，为区域更新持续赋能。

"2022 年北京冬奥会""2019 年首钢百年"和"中国服贸会 CIFTIS"的 IP 均充分发挥了其在时间向度上的牵引力，使得首钢园区正式驶上了从工业性到城市性转变的快车道。两组更新引擎协同工作极大提升了项目曝光度和城市美誉度，改变了城市区域的传统认知和在全市经济版图上的权重，加快推动了首钢园区的开发转型及产业落地。项目更新顺应国家及城市产业结构调整战略，通过工业遗存空间再生和产业活化，全面提升区域竞争力，惠及首钢园区、石景山区和北京西部主城发展，达成了塑造首都城市复兴新地标的目标，这也是以北、上、深为代表的中国一线城市工业遗存更新进入了一个崭新的城市复兴时期的重要标志。

2.4 小结

我国和欧美国家进入工业革命的时间有较大差别，进入后工业化社会的时间也存在差别。但从总体上看，在工业遗存更新领域，都经历了从对于工业遗存的静态保护式更新，到在一定内生动能推动下的摸索尝试型的适应性更新，再到内生动能推动清晰空间及产业规划主导下的有机更新，进而迈入国家或城市战略引导下产业结构调整催生核心产业落地的城市复兴的趋势，尤其是千禧年之后各国工业遗存更新呈现出一种异曲同工、殊途同归的发展态势。另一方面，对比国内外工业遗存更新主体，也呈现了从政府主导到企业主导，再到政企合作完成长效更新转移的趋势，多样的主体构成共同塑造了多样并举、百花齐放的更新局面。

从工业遗存更新的模式转变来看，每种更新模式的选择均与不同国家以城市发展阶段、经济总量及城市发展态势、城市人口和产业需求等几个维度为表征的城市能级差有关，即决定更新模式的因素在于城市的"经济活跃度、人口密集度、土地渴求度和产业落实度"。虽然存在因精明收缩而产生城市人口规模下降却未丧失其城市经济活跃度的城市案例，但总体来讲，城市经济的活跃度与其经济的持续增长和人口聚集度呈正比存在。高度发达的城市经济意味着更好的就业机会、发展前景和收入预期，因此，高能级高经济活跃度的城市通常因其超高的城市磁力吸引大量就业人口的导入，从而造成稠密建成区域的土地资源紧缺。经济活跃度依托城市经济功能的不断完善和产业结构的持续优化升级，二者间存在着清晰的关联促进关系。因而，经济增长催生的产业结构调整优化和新产业人口的聚集迁移，都会对城市用地提出新的需求，进而对城市空间格局产生影响。产业发展给城市带来人口聚集，产业升级带来人口置换。与新兴产业配套的城市生活也拉动相关商业、办公、教育、服务、娱乐等完整的产业链条的衍生集聚，并在进一步增强土地人口聚集黏性的同时为土地利用渴求度提出了人口需求的预设。

对于多数城市土地资源相对宽松的欧美，只有在如伦敦这样经济充满活力的超一线城市，其工业遗存更新才需肩负解决土地资源稀缺问题的社会责任，其余多以适应性更新、有机更新解决遗存在地的城市内生需求为主要目的，在人口密度和经济动能不足的城市则更倾向于选择遗址公园式静态保护更新。这与我国当前工业遗存更新中存在的地域差异相似。

在我国的一线城市中，产业结构调整升级和城市服务水平提升对于空间的需求与城市土地供应渐趋减少间的矛盾不断凸显。威廉·阿朗索（William Alonso）（1966）的级差地租（Differential Rent）理论[34]也揭示出传统价值洼地的既有工业遗存土地进行产业升级后必将迎来巨大的附加值跃升和土地红利爆发，此类项目的更新可以有效解决土地利用的矛盾，这是当下国内以北、上、广、深为代表的一线城市大规模对工业遗存用地进行积极更新的动因。对大量二、三线城市而言，土地供需矛盾并不突出，缺乏更新的动能支持，较少有大规模工业遗存更新的成功案例。

从工业遗存更新的法制环境研究来看，国内的立法与实践交互出现，相关法律法规的制定和政策的颁布往往由项目带动，这种边实践边立法的方式与西方国家早期城市化进程中法律法规的产生方式极为相似。

34　各类空间经济要素为追求最大化城市土地级差收益而产生向心集聚效应，从而导致城市中心周围的地价上升，郊区地价相对较低。附加值较低的产业则会向外围集聚，而附加值较高的产业会向城市中心集聚，使得各类用地布局形成显著的区位特征。

第 3 章 · 工业遗存更新策略研究

本章核心研究与工业遗存更新相关的策略，具体从工业遗存更新的价值评估与信息采集、复兴引擎、空间再生、空间公共性再造、产业活化、社会融合、可持续发展和法律制度环境等八个维度阐述。其中法制环境、价值评估、复兴引擎属于更新宏观运行环境建设范畴；空间再生、公共性再造专注于既有工业遗存的物理空间建设范畴；产业活化、可持续发展、社会融合则强调空间更新再生后的产业导入及衍生的运营策略范畴。

3.1 工业遗存价值评估与信息采集

3.1.1 工业遗存价值评估

工业遗存更新的第一要素就是要承认工业革命中极大推动人类生产效率提升的工业建构筑物除了具有生产职能外，也具有较强的文化、历史、美学和社会价值。

目前大多数工业遗存都是第一、二次工业革命的产物，它们曾是新生产力、新技术和新思维的物化代表。然而在后工业革命的浪潮下，它们逐渐褪去曾经的华丽外衣而被认为是落后、过剩和淘汰的同义词。在工业遗存更新领域的价值认知发展经历了从无到有的历程，早期价值认知普遍认定其毫无价值应该被彻底清除，其后逐步转变为肯定其作为人类文明进程中的重要组成部分兼具物质和文化价值而应被谨慎保留。[35] 世纪之交，理查德·罗杰斯（Richard Rogers）指出的"在已开发的土地（棕地）上重建和再利用已建成的建构筑物一定会比在未建设的土地（绿地）上建设更有意义"[36] 就清晰表达了对于工业遗存价值认定转变后的社会学肯定。

对于工业遗产的研究源于英国。基于工业考古逻辑，英国学者提出的建筑评定体系包含三方面内容：一是对历史价值的识别，对历史文献、生产档案以及相关器械和产品等文物进行保护（如档案馆）；二是对历史环境的保护，历史环境既包含建筑，也包括景观、地形、

---

35 薄宏涛. 工业遗存的"重生"与城市更新[EB/OL]. [2018-08-08]. http://www.sohu.com/a/245867614_569315.

36 Rogers L. Towards an Urban Renaissance[M]. New York: Routledge, 1999.

植被、铁轨、输送管路、原料堆场、工艺标志及色彩、雕塑等整体风貌系统;三是对历史场景的重建,通过对重要遗存建筑即场所的保护及更新再现集体记忆的物质锚点,以获得体验式的展现。[37]《下塔吉尔宪章》定义工业遗存的价值为历史价值、科学技术价值、社会价值和审美价值,这也是目前国内外一致认同的价值构成。在此基础之上,各国家、地区学者结合各地工业遗产特征又有不同的侧重及增补。英国对工业遗产的研究与保护相对成熟,因此,英国的工业遗产评价认定标准具有重要的借鉴意义。英国工业遗产的纲领性文件《保护准则:历史环境可持续管理的政策与导则》将工业遗产认定和保护分为多个类型和体系,其中有在册古迹(Scheduling Monuments)和登录建筑(Listing Buildings)是国家层面最主要的两大体系(图3-1)。前者主要针对考古遗址、自然或自然与人工共同构成的景观,后者主要针对历史建筑和构筑物。两类保护体系都公布有详细的认定标准,包括总体认定标准和针对不同类型遗产分别提出的认定导则。

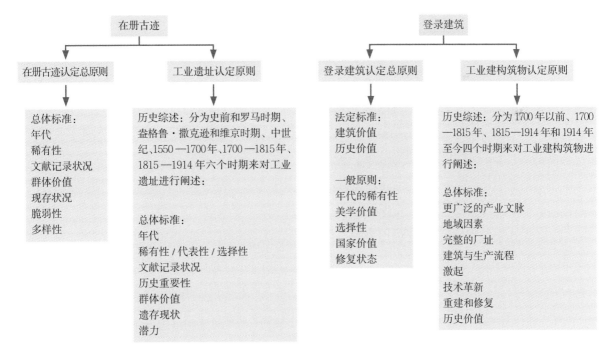

图3-1 英国工业遗产价值评价标准认定原则
图片来源:作者根据相关文献资料归纳整理绘制

37　朱晓明. 当代英国建筑遗产保护 [M]. 上海:同济大学出版社,2007.

以国外工业遗存评价体系为基石，我国工业遗存的价值研究认定也取得了巨大进展。目前，国内价值评估主要有三个体系。

首先是国家层面以工业遗产价值认定为目的，国家工业和信息化部下发的《国家工业遗产管理暂行办法》中给出的价值认定程序包括五个条件，重点在于认定工业遗存自身的历史价值，和工业考古逻辑的标准类似。具体条件为：一、在中国历史或行业历史上有标志性意义，见证了本行业在世界或中国的发端、对中国历史或世界历史有重要影响、与中国社会变革或重要历史事件及人物密切相关；二、工业生产技术重大变革具有代表性，反应某行业、地域或某个历史时期的技术创新、技术突破，对后续科技发展产生重要影响；三、具备丰富的工业文化内涵，对当时社会和经济文化发展有较强影响力，反映了同时期社会风貌，在社会公众中拥有广泛认可；四、其规划、设计、工程代表特定历史时期或地域的风貌特色，对工业美学产生重要影响；五、具备良好的保护和利用工作基础。[38]

其次是中国文物学会工业遗产委员会、中国建筑学会工业建筑遗产学术委员会、中国历史文化名城委员会工业遗产学部、天津大学徐苏彬教授提出的《中国工业遗产价值评价导则（试行）》给出了价值评定的十二条标准：年代、历史重要性、工业设备与技术、建筑设计与建造技术、文化与情感认同精神激励、推动地方社会发展、重建修复及保护状况、地域产业链厂区及生产线完整性、代表性及稀缺性、脆弱性、文献记录状况和潜在价值。在工业考古逻辑的基础价值评定体系上增加了文化情感认同精神激励和推动地方社会发展等评价维度。

再次是东南大学王建国院士、蒋楠讲师提出的"工业遗产综合价值评价指标体系"给出了价值评定有八个价值向度：历史价值、文化价值、社会价值、艺术价值、技术价值、经济价值、环境价值和使用价值。[39]在工业考古逻辑的价值评定体系上突出增加了经济和

---

38 《国家工业遗产管理暂行办法》解读 [EB/OL]. [2018-11-20]. http://www.miit.gov.cn/n1146295/n1652858/n1653018/c6502796/content.html.

39 王建国，蒋楠. 后工业时代中国产业类历史建筑遗产保护性再利用 [J]. 建筑学报，2006（8）：8-11.

使用两个重要评价维度，这也是当下中国工业遗存更新领域社会普遍非常关注的两类价值。

基于以上条文内容，国内学术界自 2006 年以来逐渐深入研究工业遗产相关内容，关于工业遗产的价值构成也都是在国内法规条例约束下对国际相关内容进行研究学习。学术界目前对工业遗产价值构成普遍认为包括历史价值、科学技术价值、社会价值、艺术审美价值与经济价值。但由于区域差异性导致各地的工业遗产价值评价体系不尽相同，笔者整理了目前国内学术界对各城市工业遗产价值构成的分级（表 3-1）。

表 3-1 各城市工业遗产价值评价指标汇总

城市	价值要素	价值要素内涵	城市	价值要素	价值要素内涵
北京	历史价值	历史久远度	天津	历史价值	历史久远
		与历史事件、历史人物的关系			与重大历史事件或伟大历史人物的联系
	科学技术价值	行业开创性和工艺先进性		技术价值	生产工艺的开创性、唯一性和濒危性
		工程技术		建筑价值	具备典型或独特的建筑风格和美学价值
	社会文化价值	社会情感			建筑结构的独特性和先进性
		企业文化		景观价值	建筑与结构具备独特的工业景观特征
	艺术审美价值	建筑工程美学		社会价值	凝聚了深远的社会影响与特殊的社会情感
		产业风貌特征			独特的企业文化
	经济利用价值	结构利用		利用价值	建筑结构具有可利用性
		空间利用			建筑空间具有可利用性
重庆	历史价值	年代久远	南京	历史价值	历史久远
		与历史事件、历史人物相关			和历史人物、事件的关系
	科学价值	行业开创性		科学价值	行业开创性
		工程技术水平			工程技术先进性
	社会价值	社会情感		社会价值	社会责任及情感
		企业文化			企业文化内涵
	艺术价值	建筑工程美学		艺术价值	建筑及工程美学
		产业风貌特征			风貌特征
	经济价值	结构利用		经济价值	结构利用
		空间利用			空间利用
	补充	独特性、稀缺性、真实性、完整性		补充	保存状况

续表 3-1

城市	价值要素	价值要素内涵	城市	价值要素	价值要素内涵
上海	历史价值	城市层面	武汉	历史价值	年代久远度
		社区企业层面			风貌完整度
		建筑本体层面		社会价值	影响力度
	艺术价值价值	建筑造型的地域特征			精神价值
		空间形态的艺术性		科学价值	开创性
		细部装饰和装修水平		艺术价值	时代审美特征
	科学价值	结构技术			设计建造水平
		材料特征		附加价值	稀有工业资源
		施工艺术与工艺			稀有景观
		连续性	青岛	生产建筑价值指标	历史价值
		地区风貌			科技价值
	经济价值	区位优势性			艺术价值
		功能改变的适应性		民用建筑价值指标	历史价值
		功能改变的经济性			科技价值
	社会价值	社会文化情感			艺术价值

数据来源：依据各地工业遗产专家的研究整理，其中北京市工业遗产价值指标依据刘伯英、李匡、王建国的研究；上海市工业遗产价值评价指标参考同济大学黄琪的研究，天津市工业遗产价值评价指标参考天津大学中国工业遗产课题组的研究内容；重庆市工业遗产价值评价指标参考李和平和许东风等的研究；南京市工业遗产价值评价指标参考邓春太及南京地方政府机关的研究；武汉市工业遗产价值评价指标参考武汉国土规划局及田燕和齐奕、丁甲宇等人的研究；青岛市工业遗产价值评价指标参考初妍、闫觅等人的研究。

综合上述专家学者的研究，本章后续工业遗存价值评估将主要从历史价值（代表性、重要性）、社会价值（城市贡献、文化情感认同）、工艺价值（工艺特殊性、工艺完整性）、美学价值（厂区保存状况、建构筑物特征）、实用价值（空间保持状态、再利用可行性）和土地价值（交通及市政条件、级差地价状态、土地溢出价值）六个向度展开阐述。

3.1.2 工业遗存信息采集

3.1.2.1 特征数据采集

特征数据采集主要是指具有工业生产典型特征信息的资料采集，包括生产工业流程、生产技术等信息。这些特征信息对于工业建筑的群体布局和单体空间以及各种构筑物的建设具有决定性作用。

比如钢铁企业炼铁厂作为钢铁工艺流程中的重要组成部分，系统非常复杂，概括来说包括九大系统（图 3-2）：原燃料贮运及上料系统、炉顶系统、炉体系统、风口平台出铁场系统、热风炉系统、粗煤气系统、制粉喷煤系统、炉渣处理系统、煤气除尘系统组成。整个炼铁厂布局是完全遵循上述工艺展开的，以生产效率最高为核心原则，而非建筑学的轴线、空间、节点等。这样的逻辑是工业遗存更新实践中必须要重视的核心要素。

在工艺优先的工业设计流程中，工艺的正确与完整性是第一位的。因此，保护遗存的标准也不应局限于视觉审美仅对一些有特色的建构筑物实施保护，而应相对完整地保存区域的工艺体系及该体系下的群体布局关系。工艺完整性和重要建构筑物的保护同等重要的原则，其逻辑可类比历史文化街区的整体肌理保护和重点建筑保护同等重要的原则。

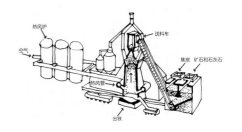

图 3-2 炼铁系统工艺简图
资料来源：作者根据首钢设计院总工艺设计师姚轼课件改绘

3.1.2.2 详尽掌握资料

以工业考古的工作方法获取原始图纸资料，如法方援建滇越铁路（图 3-3），沙俄强行建设的中东铁路，均可通过原设计公司查找到原始图纸。类似案例包括苏联专家主导设计的洛阳第一拖拉机厂和由当时的东德专家援建的北京华北无线电联合器材厂（718 联合厂）。国内钢铁企业设计建设分为两类：一类是以首钢为代表的国有设计建造知识产权，另一类是以宝钢为代表的引进生产线进口技术主导建设。第一类，因为设计单位基本都是原冶金部下辖系统

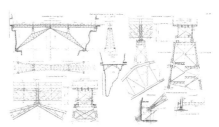

图 3-3 滇越铁路人字形铁桥图纸及图签
资料来源：《滇越铁路》（Le Chemin de fer du Yunnan）法国铁路公司编.法国巴黎出版 1910 年出版 图号 Pl. 39

的企业设计院,比如首钢为首钢设计院、鞍钢为鞍钢设计院(图3-4),因此相对容易查找到相关原始设计图纸。

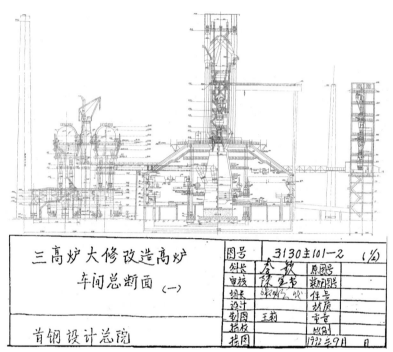

图 3-4 三高炉图纸及图签
资料来源:首钢设计院图档室

3.1.2.3 充分踏勘基地

工业遗存因其在生产状态下大量适应工艺的不确定性,存在加建、改建及维修等,往往与原设计图纸有较大出入,因此充分踏勘建立三维认知非常重要。除以技术手段获取数字模型之外,设计人员的大量现场踏勘也不可或缺,民用设计出身的建筑师必须以大量踏勘来建构对一个相对陌生领域的空间认知,为接续的设计工作做基础准备。同时设计人员的现场踏勘认知也是定位增补工业遗存名录、确定详细测绘范围的重要技术支持。

3.1.2.4 精细测绘现状

工业遗存的历时性、复杂性、多变性决定了精细的现场测绘图纸是设计基础资料获取的重要手段,同时鉴于工业遗存往往具有复杂巨系统的特质,建构筑物的三维特征要求有精细的现状测绘,尤以三维数字扫描呈现数据的整体和局部关系为佳。必要情况下，测绘部门手工测绘也是一个不可或缺甚至具有唯一性的环节，以便达成补充相关数据的目的（图3-5）。

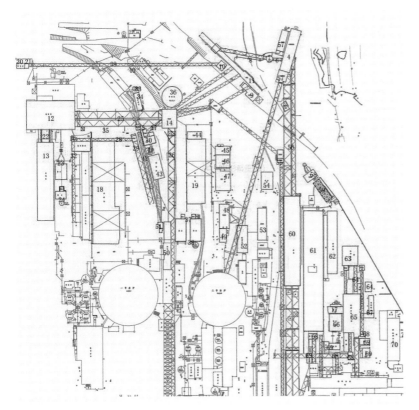

图 3-5 金安桥片区测绘文件
资料来源：中冶建筑研究总院国家工业建构筑物质量安全监督检验中心

3.1.2.5　准确鉴定结构

现场结构鉴定报告（图3-6）是工业遗存更新中消隐及加固设计的重要先导依据。结构鉴定根据精度差异可分为遗存整体安全性鉴定和特定建筑、构配件详细结构安全鉴定。

工业遗存施工分为两类，一类是实施先导性结构安全消隐，去除会给未来留存或施工带来安全隐患的部位，另一类是根据改造设计成果实施改造及加固。两者都有赖于准确而专业的结构安全鉴定报告提供的参数作为技术判断依据，但前者作为遗存更新的特有工序，其工作量大小和隐患消除的精确性对富于经验的鉴定成果有着

报告编号：TC-GJ1-T-2018-055

**首钢精煤车间（编号11）排架柱
检测报告**

**中冶建筑研究总院有限公司
国家工业建构筑物质量安全监督检验中心**
2018 年 10 月 22 日

中冶建筑研究总院有限公司

检 测 报 告

报告编号：TC-GJ1-T-2018-055　　　　　　第 1 页 共 2 页

工程名称	首钢冬奥广场精煤车间排架柱（编号11）检测报告		
委托单位	北京首奥置业有限公司		
检测地点	北京市石景山区	检测日期	2016.11.02-2016.11.20
检验项目	结构布置、外观损伤、混凝土强度、保护层厚度等		
检测方法或依据标准	（1）《建筑结构检测技术标准》(GB/T50344-2004)； （2）《混凝土结构现场检测技术标准》(GB/T50784-2013)； （3）《混凝土结构工程施工质量验收规范》(GB50204-2015)； （4）《混凝土结构设计规范》(GB 50010-2010)（2015年版）； （5）《回弹法检测混凝土抗压强度技术规程》(JGJ/T23-2011)； （6）《钢筋保护层厚度和钢筋直径检测技术规程》(DB11/T 365-2016)； （7）《混凝土中钢筋检测技术规程》(JGJ/T152-2008)； （8）《建筑变形测量规范》(JGJ8-2016)； （9）相关的其他规范、标准、技术规程和本项目委托合同； （10）委托方提供的已有设计及竣工图纸等资料。		
使用仪器	混凝土回弹仪（DISTO™A5，编号 AQ1-4-5），激光测距仪（DISTO™A5，编号 AQ1-4-5），一体式钢筋检测仪（ZBL-R600，编号 JG2-21-2），游标卡尺（0-150）mm，编号 JG2-32-2），钢卷尺（5m，编号 AQ1-4-5）		
检测结论（详细内容见报告正文）	依据现行相关标准规范，对首钢精煤车间排架柱进行现场检查、检测、分析，得出检测结论如下： (1) 排架柱布置及构件尺寸检查结果表明：排架柱布置满足原设计和国家规范的要求。		

图 3-6 结构鉴定报告文件
资料来源：中冶建筑研究总院国家工业建构筑物质量安全监督检验中心

极高的依赖性。

3.2 工业遗存更新的引擎

3.2.1 工业遗存的空间生产模式转型

新马克思主义旗帜性人物大卫·哈维（David Harvey）在《资本主义之下的城市过程》（The Urban Process under Capitalism）[40]一文中提出了"城市过程"（Urban Process）的概念。城市过程是城市整体进程中复杂性机制和效应的总称，在宏观尺度上，城市过程表现为城市化和逆城市化。在微观尺度上则表现为不同的空间生产模式。

"空间生产"是法国社会学家、哲学家亨利·列斐伏尔（Henri Lefebvre）于 1974 年在其《空间的生产》（The Production of Space）一书中提出的概念。与传统地理学不同，"空间生产"理论不再将空间作为"载体或容器"，而是认为空间是被生产出来的，是社会实践的产物。列斐伏尔进一步提出了一种由社会主导的生产方式，由空间中的生产——空间内部的物质或社会的生产，转变为空间的生产。空间本身的生产即是生产的直接对象，资本主义社会通过空间关系不断生产和再生产重新获得新的生存空间。[41]

在肯定社会物质性的基础上，空间生产理论将空间引入社会关系和生产关系的研究中。根据空间生产理论，生产及空间的组织方式带来了劳动分工的地域差异，由此产生空间结构的不同，反映了一定社会的生产方式及生产关系。由于空间生产理论的出现，空间认识论逐渐转型，空间不再是单纯的几何集聚体，而是被看作包括了人类复杂社会关系的集合，人文地理学家因此开始思考空间组织是"体现于更宽泛结构如社会的各种生产关系里的一整套关系的表述"[42]。尤其在市场主导的城市开发方式中，空间是重要的资本化要素。福柯（Michel Foucault）在哈维理论的基础上进一步解释了空间和治理的

40 Harvey David. The urban process under capitalism: framework for analysis [J]. International Journal of Urban Regional Research, 1978 (1-3): 101-131.

41 杨芬，丁杨. 亨利·列斐伏尔的空间生产思想探究 [J]. 西南民族大学学报（人文社科版），2016, 37（10）：183-187.

42 彭大鹏. 权力：社会空间的视角 [D]. 武汉：华中师范大学，2008.

关系，认为空间是统治和管理手段中最重要的一环，是一种有效的治理技术，将空间应用于政治可产生巨大的实际政治效应[43]。

空间生产过程的地方性是遗存更新过程中的重要力量，在全球化语境下，遗存背后的地方性特色成为遗存的重要价值来源。但无论是全球性（现代性）抑或地方性（传统性），遗存更新的过程通常需要借助这两种相对的城市过程力量的引导才得以推进。根据二者的相互关系，可以分为大事件导向、文化导向和邻里导向三种模式，其中大事件导向由全球化力量主导，邻里导向由地方性力量主导，而文化导向则可以视作两种力量的结合。

3.2.2　工业遗存更新的差异化引擎

新的全球化格局下，经济、技术和组织要素的变革使得全球城市替代了国家，成为全球化竞争的主体[44]。全球城市的崛起，意味着城市面对更大的空间尺度的机遇和风险，也需要更高层级的战略支撑。因此城市竞争开始突破资源开发利用的"硬件"竞争，治理、文化和自然环境等"软性"要素在城市竞争中的地位越来越重要[45]。

3.2.2.1　以大事件为导向的工业遗存更新

地理学研究中，大事件通常被定义为重大（通常是国际性和国家性）的一次性或周期性活动。这些活动与事件的核心价值在于其独特性、重要地位以及创造利益和吸引注意力的能力，有助于提高城市作为短期或长期旅游目的地的吸引力和盈利能力[46]，并且通常与需要长期负债建设和长期规划使用的设施建设相关[47]。正如简·雅各布斯（Jane Jacobs）所言："事件是促成历史建筑及空间再利用得以

43　汪民安. 空间生产的政治经济学 [J]. 国外理论动态，2006（1）：46-52.

44　彼得·霍尔，罗震东，耿磊. 全球视角下的中国城市增长 [J]. 国际城市规划，2009，23（1）：9-15.

45　ESPON. 2006. ESPON Project 1.2.3: Identication of Spatially Relevant Aspects of the InformationSociety. Final Report.[EB/OL]. http://www.espon.eu/mmp/online/website/content/projects/259/649/index_EN.html.

46　Roche M. Mega-events and urban policy[J]. Annals of Tourism Research, 1994, 21(1): 1-19.

47　Jago L K, Shaw R N. Special events: a conceptual and definitional framework[J]. Festival Management and Event Tourism, 1998, 5(1/2): 21-32.

发生的催化剂和潜在动力。"[48] 这里的事件不仅仅包含学术意义上所指的具备重大影响力的大事件，也包括城市级别的重大开发与更新项目。

既有研究中对于大事件的定义，既包括奥运会、世博会、亚运会、世界经济论坛、国际组织峰会等国际级重大事件，也包括国家级和区域性具有影响力的会议、会展和节庆活动。总体来看，大事件具有五个突出的特点，包括事件的重要性和独特性、巨大投资的需要、城市持续转变的影响力、大量游客的引流、国际媒体广泛报道等[49]。大事件对城市更新具有积极作用。以奥运会为例，巴塞罗那奥运会、悉尼奥运会、北京奥运会、伦敦奥运会等大事件均在其发生前后为其所在城市或辐射影响区域带来了大规模的更新机遇，其中包含了对旧工业遗存的更新计划。

作为大事件引导下的工业遗存更新典型案例之一，上海世博园区及辐射区域在 2010 年上海世博会这一大事件发生前后进行了华丽蜕变，这一黄浦滨江工业片区在政府操刀下进行了大规模的工业遗存更新计划。上海世博会主场地位于黄埔滨江地段，曾是上海近代民族工业发展的集聚区。此届世博会打破了往届新建场馆的传统，创造性地对既有工业遗存片区进行了更新与改造。其中城市未来馆由 1897 年成立的南市电灯厂（1955 年更名为南市发电厂）改造而成，B2 案例联合馆以及日本产业馆则由江南造船厂厂房（前身为 1865 年创立的江南制造总局，1959 年更名为江南造船厂）更新改造而成。这两座工业遗存分别在世博会结束后转变为上海当代艺术博物馆与斯凯孚（SKF）总部办公楼。伦敦也借奥运之机，将城市东区改造成为英国最受瞩目的现代艺术新区，保证了东西区平衡、健康发展。

大事件是可引导工业遗存更新的动力引擎，但由于"引擎"的"一

48 雅各布斯 . 美国大城市的死与生 [M]. 金衡山，译 . 南京：译林出版社，2006.

49 张京祥，罗小龙，殷洁，等 . 大事件营销与城市的空间生产与尺度跃迁 [J]. 城市问题，2011（1）：19-23.

次性"特征也使大量为大事件"定制"建设或服务的建筑需要在"后"大事件时期面临二次转型和再利用，从为重大事件服务向为城市日常服务转变。因此，基于大事件的工业遗存更新除了满足即时需求外，还需前瞻性地将"后"大事件时期的二次功能置换兼容性考虑在内。

对于缺少承接外部事件机遇的城市而言，可以参考类似汉堡港口新城的模式。汉堡港口新城再开发本质是城市对自身结构的重建，将位于城市中心地段、割裂现有城市的内港转变为城市新中心，并借由政府长期持续投入最终取得较为理想的更新结果。这种通过对外溢效应的城市级大事件的运作来实现对大规模工业遗存的整体性更新与再开发的手段更有普适性。

3.2.2.2 以文化为导向的工业遗存更新

1950 年以后，随着制造业的迁移、城市交通的改善和郊区化以及新城运动的兴起，众多西方城市普遍出现了内城衰败以及经济滞涨等问题，内城沦为环境品质恶劣的低收入移民集聚区，进而衍生出一系列社会问题。在这种背景下，以文化为导向的工业遗存更新模式于 20 世纪 70 年代应运而生。以文化为导向的更新模式是将文化作为复兴的催化剂与引擎，借此在城市中建立广泛社会经济综合目标的新机制，并将经济学的方法应用于投资、杠杆、就业、直接和间接收入效应、社会和空间定位等政策分析中[50]。

由于全球化、去工业化导致经济结构转型调整，城市间竞争从工业领域转向了消费、娱乐、文化领域，对许多正在衰落的工业城市和城市中的工业空间而言，在城市形象和宜居性方面还有很大的提升空间。挖掘工业城市潜力，开发工业文化旅游成了遗存更新的新方向，将衰落工业城市重新包装为旅游消费中心，城市观光（Urban Tourism）一词应运而生。在许多文化主导的城市更新实践中，伯明翰的布林德利广场（Brindley Place）（图 3-7）、利物浦的阿尔伯特码头（Albert Dock）和谢菲尔德（Sheffield）的文化产业地区被认为

50　黄鹤. 文化政策主导下的城市更新——西方城市运用文化资源促进城市发展的相关经验和启示[J]. 国际城市规划，2006，21（1）：34-39.

是以文化为策略进行城市更新的先行者[51]，并引发了世界范围内的模仿热潮。

以文化为导向的工业遗存更新更准确的表述是文化产业导向的更新，文化本质上承担着消费和产业的象征性符号作用。根据让·鲍德里亚（Jean Baudrillard）的理论[52]，后现代社会（鲍德里亚称之为"消费社会"，Consuming Society）语境下，物的消费对人产生了支配和异化，从追求实用价值的行为转变为表达物质意义（Substance Significance）的虚拟行为："要成为消费的对象，物品必须成为符号。"符号消费（Symbol Consumption）绝不仅仅是物或商品的消耗或使用，也是"标新立异""与众不同"的消耗或使用。在由符号消费模式引发的消费文化中，符号本身是有价值的，符号价值即构成这一消费文化的核心。在工业遗存更新中，符号消费使得具有工业特质的物质空间及非物质遗存再生活化成为可能。

工业遗存去功能后，首先面临的是建筑、设备、机械等物质要素原使用价值的消失或转变，取得代之的是具有工业遗存特征的符号价值的凸显。工业遗存更新的过程就是将历史符号与现代符号融合的过程。符号化的操作模式使得空间复制成为可能，具有历史意义的老旧工业遗存成为特定的历史象征符号，与充满现代时尚符号的产业相结合，更容易引起当下市民在历史与现代、老旧与时尚之间的情感共鸣[53]，这是延续文脉和场所空间的必要条件。

由于工业产业生产具有一定的相似性，在进行此类符号化更新模式时也隐藏着一些弊病，对同类符号的拼贴与模仿操作容易形成雷同的空间、相似的场所感受和建筑风格，工业遗存更新容易沦为千篇一律的"雷同城市主义"（Urbanism of Universal Equivalence）[54]。比如

图 3-7 伯明翰布林德利广场
资料来源：作者拍摄

51　Comedia. Releasing the cultural potential of our core cities [EB/OL]. [2018-08-08]. http://www.comedia.org.uk.

52　孔明安. 从物的消费到符号消费——鲍德里亚的消费文化理论研究 [J]. 哲学研究，2002（11）：68-74.

53　千思佳. 符号学视野下工业遗产的活化利用研究 [D]. 西安：西北大学，2015.

54　Sorkin M. See you in Disneyland[J]. Variations on a theme park: The new American city and the end of public space, 1992(7): 205-232.

3-8 波士顿滨水区 Rowes Wharf 的巨型拱门
资料来源：孙云青拍摄

由美国房地产开发商詹姆斯·劳斯（James Rouse）在波士顿废弃滨水区商业（图 3-8）开展的更新项目就是典型的符号化的节庆市集（Festival Marketplaces）商业开发模式，其中包括主题公园娱乐表演、休闲购物、街头剧场和其他服务设施在内的一整套较为固化的商业模型[55]。

因此，以文化为导向的工业遗存更新是具有两面性的。对于遗存现状基础较差的工业建筑来说，通过对工业遗存符号的精准再现实现一种复制和跃迁是较为快速的更新方式，但也存在着与其他工业遗存雷同的特色危机，导致自身辨识性和在地吸引力下降。因此，文化导向的遗存更新需要在普适性的符号审美认同（大文化）与场地本身的特色与风貌（小文化）中取得一种融合与平衡。

3.2.2.3 以邻里为导向的工业遗存

以大事件或文化为导向的更新模式通常被用于具有重要区位价值或固有历史价值的工业遗存，通过政府倾力打造和长期持续投资将其转化为城市新的活力场所或文化空间。但对于大量历史价值一般、不具备代表性的工业地段，其基本更新手法依然是整体拆除后

55　Hall P. The turbulent eighth decade: Challenges to American city planning[J]. Journal of the American Planning Association, 1989, 55(3): 275-282.

图 3-9 西安大华纱厂改造及周边社区
资料来源：华东建筑设计研究总院

重建新的城市社区。这类城市社区的更新模式与传统邻里开发模式（Traditional Neighborhood Development，简称 TND）基本一致，都是以完善的基础设施配套合理的邻里单元（Neighborhood Unit）空间尺度以及景观以形成小尺度街区。例如，国内大量纺织城片区，原本是纺织工业聚集区，随着纺织产业进入衰败的产业周期，生产功能逐步外迁，因此除保留少量具有特殊历史价值和历史记忆的厂房外，大量年代较近的厂房都被拆除并按城市社区进行住宅开发。（图 3-9）

传统城市街区的建造模式可追溯到卡米洛·西特（Camillo Sitte）提出的遵循经典城市建构原则，即重拾中世纪生长型城市营造空间的邻里模式。西特将中世纪欧洲自由生长的有机城市概括为三点：自由灵活的要素、相互协调的要素和空间的要素。即建筑不能受死板教条的格式束缚、建筑形式应相互呼应、要像设计房间一样设计城市广场。这些要点我们可以简单地理解为对人性化尺度、建筑多样性、空间交往性和功能混合性的高度重视，而事实上，这些要点正是使一个城市保持活力、富有亲切感的源泉动力。

1975 年罗伯特·克里尔（Robert Krier）以卡米洛·西特理念为基石发表的《城市空间》（Urban Space），基于缜密的类型学分析对传统的欧洲城市空间要素进行了归纳（图 3-10），并提出以此为基点进行诸多城市片区改造和城市设计工作。这种典型的城市设计理念具有浓厚的欧洲古典主义特色，克里尔的理论迅速在实践层面结出果实，其在波兹坦城（Potsdam）设计的科奇斯丁菲尔德新城（Kirchsteigfeld）（图 3-11）成为克里尔实践理论的代表。这个项目成功再现了中世纪特有的适当密度的城市空间形态和人性尺度。通过功能的混合使用和中心广场的塑造，他创造了一座充满活力的新城镇，成了欧洲新城建设的典范。

在此基础上，克莱胡斯（Josef Paul Kleinhues）提出了"批判地

图 3-10 克里尔研究城市街角处理集成
资料来源：Rob Krier. Urban Space-[M]. New York: Rizzoli, 1993: 66.

重构"（Kritische Rekonstruktion）思想。该思想主要指：一、城市结构的重构，中心思想是"小城模式"，区域实现多功能混合；二、建设用地以街坊为单元，集中设置交通并改善配套设施；三、通过城市修补（Stadtreparatur）以插建和织补的方式恢复再现传统周边式布局街坊及由街坊界定形成的连续性街道空间；四、尊重历史形成的街道格局和限定街道广场的建筑边界；五、统一控制檐口高度 22 m，脊高 30 m；六、鼓励住宅单体多样化[56]。（图 3-12）

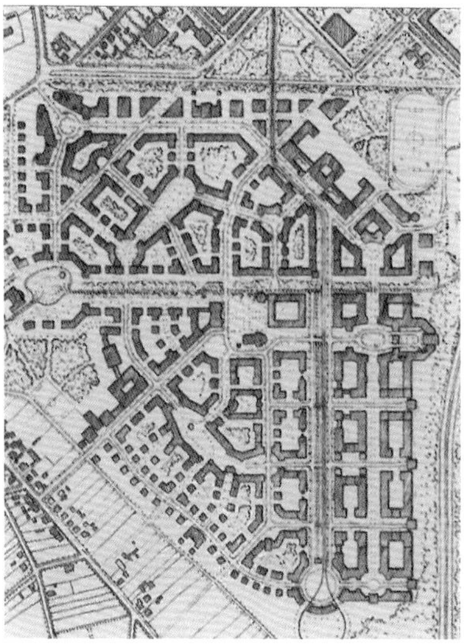

　　以传统邻里单元为主导的更新思想强调了对地方传统的尊重。基于工业遗存更新的开发项目，在满足城市功能实现的前提下，文化层面尽可能保留工业区的符号和特色，物质空间提升的同时保存工业区的历史记忆和特色等非物质元素，延续工业历史文脉；空间层面则应注重邻里单元空间尺度及小尺度街区建构，形成宜居的人性化尺度社区。上述要点均需在 TND 模式为导向的工业遗存更新设计中关注，近年呈现的国王十字和汉堡港城更新实践都遵循了上述原则。

　　国王十字街区唯一的土地持有者和由英国地产商 Argent、伦敦欧陆铁路公司（London and Continental Railways，简称 LCR）、DHL（Dalsey, Hillblom and Lynn）三方组成的开发合伙公司（King's Cross Central Limited Partnership，简称 KCCLP）立志将该区域打造成一个色彩丰富、历史厚重、文化多样、富有活力的"微缩伦敦"，该片区将成为集商业、居住、旅游等多种用途为一体的安全理想的综合区。开发者为了解决高密度问题，改变传统单一功能的街区式模式

图 3-11 Kirchsteigfeld 城总平面图
资料来源：Rob Krier. Urban Space-[M].
New York: Rizzoli, 1993: 67.

图 3-12 克莱胡斯所做南蒂尔加滕、南弗雷德里希城规划
资料来源：Rob Krier, Christoph Kohl. The Making of a town: Postdam Kirchsteigfeld[M]. UK: Andreas Papadakis Publisher, 1999:9.

56 李振宇，邓丰，刘智伟. 柏林住宅：从 IBA 到新世纪 [M]. 北京：中国电力出版社，2007.

而采用混合开发模式[57]，试图建立一个个的单个区域，每个区域都有自身不同的特质，又在一定程度上做到功能混合。[58] 从圣潘克拉斯火车站、国王十字火车站经林荫大道跨过摄政运河抵达谷仓广场的既有街区的肌理和习惯性通径被有效保存，很好延续了既有城市文脉，也为各混合开发区域间的联动提供了绝佳的支持性公共空间系统。街区模式符合传统伦敦的肌理特征，文化多样性和复合度极高，充分汇聚了人气，成为区域复兴的催化剂。

汉堡港城区域（图3-13）以具有欧洲传统特征的城市与建筑风貌为规划方向，并以成为经济繁荣、社会公善、文化多元活跃的生态城市为发展目标进行规划和建设。[59] 截至2018年，西部区域已经完成建造并已经投入使用，其中标志性的易北爱乐厅已成为汉堡新的地标建筑。2025年港城将有效实现人口导入、产业集聚和相对的职住平衡，实现较为完善的办公、居住、零售、餐饮、文化、休闲一体的综合发展目标，提供大量公园、广场以及总计10.5 km的新的滨水林荫道作为公共空间。通过全面开发，港口新城成功地将一个曾经具有重要地位但已衰败的港区转变成为全新的核心区域，它不仅将汉堡市的范围扩展至易北河边，同时创造出新的都市风格并在城市中心为公众创造了一个新的滨水环境。历史悠久的仓库城位于汉堡内城和港口新城之间，并于2015年被列入联合国教科文组织公布的世界文化遗产名录中，它链接了这个兴建中的区域并使该片

图3-13 汉堡港城总平面
资料来源：作者据 https://baijiahao.baidu.com/s?id=1704973867237217077&wfr=spider&for=pc 资料改绘

---

57 伦敦国王十字街的城市更新样本 [EB/OL]. [2018-01-25]. http://www.ssupcc.com/horizon_nr.asp?id=80.

58 李红娟. 基于紧凑城市发展的土地利用政策研究 [D]. 济南：山东大学，2017.

59 德国汉堡港口城改造规划分析 [EB/OL]. [2018-12-12]. http://jz.docin.com/p-853145237.html.

区成为一个整体的多功能综合区。[60]

　　天津万科水晶城（图 3-14）是全国第一个面对工业遗存采取较为谨慎的规划、试图留住部分工业记忆的纯商品开发项目。万科天津在原天津玻璃厂改造建设过程中保留了 600 多棵大树、既有道路和吊装车间、货运铁轨等一系列遗存，一定程度上表达了以 TND 模式为导向的更新模式。与水晶城同时期建设的天津万通上游国际（图 3-15、图 3-16）在面对城市密集建成区域九河下梢三岔河口的百年城市肌理格局历史遗存时，也没有选择常见的推平再造、南北行列布局的常规地产模式，而是采用了顺应原有现状路网格局、以低层高密度混合街区再现肌理、高层植入街区达成容积率的组合手法。MVRDV 的这一设计在实现开发诉求的同时尽力保持历史肌理，重塑了邻里空间，践行了 TND 优先的思路。

图 3-14 天津万科水晶城保留厂房及厂区肌理
资料来源：作者据 Google Earth 改绘

图 3-15 天津泰达城万通上游国际肌理及生成逻辑图
资料来源：作者据 Google Earth 改绘

3.3 工业遗存更新的空间再生

　　亨利·奇里亚尼（Henri Ciriani）的"城市片段"（Urban Segment）理论认为对空间尺度的控制是城市环境空间表达的有效途径。建筑的空间尺度表达主要有宏观（城市尺度）、中观（建筑尺度）、微观（单体尺度）三个层面，对于工业遗存更新来说，在空间更新上主要以城市尺度和建筑尺度为主。首先是基于城市尺度下对遗存更新的思考，由于建筑是城市环境的组成部分，而工业遗存最初在规划布局上是以生产功能及空间需求至上为建设指导思想的，大空间、大尺度是工业建筑的普遍特征，这导致其在落成过程中与有序的城市肌理相背驰。因此在工业遗存更新时，需要从城市尺度出发对既有肌理进行矫正，使其能在"去功能"后与城市结构较好地融合。

图 3-16 天津泰达项目现状照片
资料来源：作者拍摄

60　林兰. 德国汉堡城市转型的产业－空间－制度协同演化研究[J]. 世界地理研究，2016（4）：73-82.

其次，城市空间尺度的表达是以建筑为基本单元的肌理组合。建筑尺度与人的行为密切相关，因此在工业遗存更新中，从建筑尺度出发对原发性的巨型工业空间尺度进行有效过渡，在其"去工业化"之后能从"人本主义"出发使其更好地为人的功能诉求服务。

3.3.1 城市尺度下的空间再生

3.3.1.1 都市针灸，点状更新

都市针灸（Urban Acupuncture）的概念最初源自西班牙建筑师和城市学家马拉勒斯（Manuelde Sola Morales）。马拉勒斯认为针灸是一种小尺度的城市更新，这里的小尺度更新是相对城市区域大尺度更新而存在的，这种小尺度更新除更新规模相对较小之外，还拥有相对较短的实现周期，能够较快呈现更新后的社会效应。针灸式疗法在更新的实效上强调通过自身更新激发并带动周边地区的城市更新。[61] 美国学者韦恩·奥图（Wayne Atton）和唐·洛干（Donn Logan）提出的城市触媒（Urban Catalysts）[62] 理论也与针灸理论类似，强调更新进程中"点"带动"面"的触发和催化作用。都市针灸疗法实践有两类，一类以城市开放空间和公共空间作为抓手，另一类则以重要公共建筑作为支点。

巴塞罗那在20世纪90年代以城市公共空间作为"都市针灸"（图3-17）的着力点，改造更新了市域范围近百个广场，如新建安妮·弗兰克广场（Anne Frank）和改建太阳门广场（Placa del Sol）。通过此类投入小、周期短、见效快的"微易更新"树立了民众，特别是私人投资者的信心。这些焕然一新的公共空间也成了进一步催化周

图3-17 巴塞罗那的小尺度公共空间都市针灸（太阳门广场）
资料来源：作者拍摄

---

61 孙倩,李文,胡伸军.公共中心引导的城市针灸[J].中外建筑,2010(12)：100-101.

62 金广君，刘代云，邱志勇.论城市触媒的内涵与作用——深圳市宝安新中心区城市设计方案解析[J].城市建筑，2004（1）：79-83.

边地区发展的触媒，促进更大范围的城市更新。

　　除公共空间的激活之外，重要公共建筑同样可作为更新进程中都市针灸疗法的核心支点，针灸式激活城市的毕尔巴鄂博物馆（Guggenheim Museum Bilbao）（图 3-18）就是最具代表性的。

　　自 1989 年以来，毕尔巴鄂已经开始实施以艺术、文化、贸易和旅游设施建设为主导的综合性城市复兴计划，目标是将毕尔巴鄂建设成一个国际商贸文化和旅游中心。首先，根据城市情况调整其教育产业，梳理大学、专业培训单位、培训与就业、研究生培训和人力资源业务政策之间的关系解决人才引入问题；其次，以大型公共文化建筑为激活触媒，兴建了毕尔巴鄂博物馆来提升城市的影响力；再次，完善域内交通，开发物理通信和智能通信，推进毕尔巴鄂港口设施、新机场、地铁多站联运系统。在更新进程中，毕尔巴鄂博物馆作为核心触媒公共建筑，引领了整个更新进程。弗兰克·盖里（Frank Owen Gehry）的设计一经亮相，立刻以无与伦比的空间造型惊艳了世界。尽管毕尔巴鄂连西班牙国内东西向高铁都不通达，博物馆还是每年吸引约 500 万慕名而来的游客，为这座工业城市提供了强大的更新动力。

图 3-18 毕尔巴鄂博物馆
资料来源：作者拍摄

　　德国的奥伯豪森煤气罐博物馆（Gasometer Oberhausen）（图 3-19）也是一座起到针灸疗法作用的建筑。这座始建于 1920 年代的欧洲最大圆形煤气罐建筑作为鲁尔大工业区工业遗产之路（Route Industriekultur）25 个锚点建筑之一，成为区域的空间标志物。煤气罐内部改造的博物馆提供的欧洲顶级展览不断更替，为建筑带来了大量慕名而来的游客，提升了当地的知名度。毗邻煤气罐设有一个带拓展设施的儿童森林攀爬公园和巨大的森特罗购物中心（CentrO），这三大功能模块共同构成一个综合性城市功能设施，集购物娱乐、展览观光、运动休闲于一体，充分提升了周边地区居民的物质及精

图 3-19 奥伯豪森煤气罐博物馆
资料来源：作者拍摄

神生活质量，激活了社群。

都市针灸概念同样适用于九榆树地区（Nine Elms）整体城市更新中的英国伦敦巴特西电厂（Battersea Power Station）（图3-20、图3-21）。巴特西电厂是欧洲最大的红砖电厂，位于泰特现代美术馆（Tate Modern）的河对岸。与泰特的纯文化特性不同，巴特西电厂将提供57%的居住、43%的商业综合功能。公共公园、水上巴士（The Circus）码头、与地铁延长的北线站（Northern Line）相连的商业街（High Street）将依托这栋建筑出现，其内部功能包括电影院、会展中心、艺术中心、公寓和屋顶联排别墅，堪称一个完整的小社会。这座曾出现在大量影视作品里[63]的标志性建筑已然成了英国的历史和文化符号象征，矗立在泰晤士河边，全面激活九榆树地区的转型更新。[64]

国王十字区域的更新是基于欧洲战略的高铁计划展开TOD式都市针灸。1995年英国上议院通过的"海峡隧道干线法案"（Channel Tunnel Rail Link，简称CTRL）确定将连接巴黎的欧洲之星（Eurostar）终点站设在国王十字的圣潘克拉斯火车站，这极大激活了街区的复苏。1996年伦敦政府提出的"中心城区边缘机遇区"概念，又将国王十字街区明确为最亟待开发区域，如引信般触发了整个街区的复兴。TOD针灸和大事件的叠加效应，使得国王十字的复兴由点及面全面展开。[65]（图3-22）国王十字车站的扩建工程以其内广场直径巨大的伞状结构一跃成为该街区的新地标，为街区带来持续人流和

图3-20 伦敦巴特西电厂改造模型
资料来源：作者拍摄

图3-21 伦敦巴特西电厂改造施工现场
资料来源：作者拍摄

图3-22 国王十字车站内部伞形结构
资料来源：作者拍摄

63　巴特西电厂形象曾先后在英国著名摇滚乐队平克·弗洛伊德（Pink Floyd）披头士乐队（The Beatles）专辑封面上、《蝙蝠侠》（Batman）、《国王的演讲》（The King's Speech）等经典电影里和英剧《神探夏洛克》（Sherlock）里出现。

64　英国旧城改造成功项目——伦敦巴特西的前世今生 [EB/OL]. [2017-11-16]. http://www.sohu.com/a/204650933_720180.

65　伦敦国王十字街的城市更新样本 [EB/OL]. [2018-01-25]. http://www.ssupcc.com/horizon_nr.asp?id=80.

空间活力。商业嗅觉敏锐的公司如科技巨头谷歌更是十分看好这片区域未来的发展潜力，计划将其英国总部搬至潘克拉斯广场，已购置一栋办公楼入驻并买下旁边一块地兴建总部，[66] 谷歌的落位也引得科技、文化甚至奢侈品大牌如同井喷般入驻，为街区的持续活力助力。加之摄政运河北片区的旧谷仓更新为中央圣马丁设计学院，多元的人群和丰富的产业将持续活化整个街区并辐射周边。

　　贝尔瓦科学城是基于"环欧协同发展战略"[67] 的卢森堡国家教育复兴计划的产物。贝尔瓦创办的国家大学是科学城的核心所在，是卢森堡南部磁极，巩固和吸纳人口，提高片区人员活动黏度，为地处市郊的片区复兴积蓄能量。[68] 贝尔瓦科学城将针灸锚点建筑设置在贝尔瓦地区的精神图腾炼铁高炉，高炉附属建筑中植入匹配国家科技兴国战略的科技产业孵化器（图 3-23），作为贝尔瓦地区发展的强大助推器。通过重振南部经济来平衡国家整体发展，巩固其在三国交界处的区位优势，汇拢因钢铁产业衰落而流失的人口。[69] 先以国家战略背书，后引入卢森堡国家大学并将邻近高铁站的一处厂房更新为剧院，多产业的落位和人流的引入让已经沉寂多时的贝尔瓦地区开始复苏。

　　汉堡港城的开发计划为 25 年，分为 10 个片区先后动工，并且

66　路微. 谷歌英国伦敦国王十字区新总部投资规模或超 10 亿英镑 [J]. 华东科技，2016（12）：11.

67　卢森堡提出的环欧发展愿景为依托贝尔瓦科学城发展全面促进卢森堡南部与法国、比利时、德国的经贸和科教往来，全面提升其国家科教实力，推动其后工业时代下的产业转型。

68　SANDRA HEISS.LUXEMBOURG Reconversion d'une friche sidérurgique à Belval[EB/OL]. [2003-09-21]. https://www.lemoniteur.fr/article/luxembourg-reconversion-d-une-friche-siderurgique-a-belval.421154/.

69　李雨停. 长春市南关区空间演化及其对人居环境影响研究 [D]. 长春：东北师范大学，2007.

图 3-23 贝尔瓦科学城高炉孵化器
资料来源：作者拍摄

图 3-24 易北爱乐厅呈现的新旧对比
资料来源：作者拍摄

在时间和空间对位上选择了易北爱乐厅、过海社区和国际海事博物馆三处触媒建筑的针灸式更新来引爆整个片区的持续更新活力。易北爱乐厅（图 3-24）是在汉堡码头原有仓库 A 的基础上加建而成，其底部维持了原砖墙结构，上层新建部分则由形似浪花的玻璃幕墙组成，该设计巧妙地将现代与古典结合，在强烈对比之下凸显出汉堡这座具有独特魅力的航海之都。爱乐厅不仅仅是德国文化的全新地标及现代音乐厅代表，更为城市规划建设树立了高旗帜标杆。目前来看汉堡港城是欧洲最大的城市改扩建项目，伴随易北爱乐厅建成，该区域不仅成为当地居民休闲娱乐的重要场所，更吸引了世界各地游客慕名前来。[70] 相信即将建设的过海社区和国际海事博物馆会同易北爱乐厅一起实现多点针灸，为汉堡城市中心重回港口助力。

温特图尔既有机车制造业基地的苏尔泽片区虽然不似钢铁厂有高炉等极具工艺美学的建构筑物，但仍有大量的历史保护建筑。根据原有建筑的特性将大型空间改造为学校教学空间、图书馆和影院；狭长的建筑被改造为艺术家工作室及旅馆和公寓等居住空间。[71] 其中典

---

70 汉堡全新地标——易北爱乐音乐厅 [EB/OL]. [2018-04-12]. http://www.globalblue.cn/destinations/germany/hamburg/elbphilharmonie-in-hamburg.

71 王建国，彭韵洁，张慧，等 . 瑞士产业历史建筑及地段的适应性再利用 [J]. 世界建筑，2006（5）：26-29.

型针灸项目为由原 180 号锅炉厂房改造的 ZHAW 建筑系馆、由 87 号楼改造的 ZHAW 图书馆和由塔前锅炉房 Kesselhaus vor Kesselturm 改造的影院综合体。ZHAW 建筑系馆作为仓库场地区第一座工业建筑改造的案例，成了后续历史工业厂房改造的标杆（图 3-25）。[72] 自 1996 年开始，180 号楼在临时性使用的同时经历一系列翻新和改造，并于 2007 年正式成为 ZHAW 建筑系校舍。作为成功的再利用案例，2002 年末温特图尔市政府批准将该建筑的使用年限延长十年。此外，87 号楼改造成 ZHAW 学校图书馆[73]，使用时间和功能的弹性设置，这正是温特图尔开创的适应式更新的典型策略。塔前锅炉房曾经是苏尔泽的能源中心，是片区受到最严格保护的历史建筑之一。建筑的整个立面、煤筒仓和建筑的内部结构都被要求强制保留（图 3-26）。改造过程保留了锅炉房的原始工业痕迹，并置入全新影院商业综合体功能，该影城包括 6 个放映厅，提供超过 1 000 个观影座位。三栋建筑作为温特图尔漫长的适应性更新中的锚点建筑，柔和地带动了区域的整体更新。

3.3.1.2 都市链接，线状更新

链接本意是指在电子计算机程序的各模块之间传递参数和控制命令，并把它们组成一个可执行的整体的过程。在工业遗存更新的语境下，都市链接是指通过对既有遗存进行有效整合更新，在特定空间背景中对区域内有价值的工业遗存进行梳理，通过多点联系使

图 3-25 ZHAW 建筑系校舍
资料来源：作者拍摄

图 3-26 塔前锅炉房改造前后对比图
资料来源：作者翻拍于温特图尔城市展厅宣传画

72　180 号厂房建于 1924 年，原为锅炉生产厂房。1992 年开始，ZHAW 建筑系开始利用闲置的厂房空间作为约 300 名学生的工作坊。120 m 长、25 m 宽、14 m 通高的大空间非常适合建筑系学生的课程研习需求。学生们在此上课，做课程作业，每个人拥有自己的工作台，还有全天 24 h 自由进出的权利。

73　Roderick Hönig. Bücherhalle im Industriedenkmal[EB/OL]. [2018-10-18]. http://www.piotrowski-architekten.ch/projektdetail.php?prid=72#.

碎片化的城市结构肌理得以缝合，化零为整，变小段落为大文章。通过都市链接完成物质空间再整合，并依托链接点的辐射效应创造适宜有活力的城市生活需要依附的城市毛细空间，达到城市肌体修复和更新的目的。

1910—1913 年，美国园林之父奥姆斯特德（Frederick Law Olmsted）依托查尔斯河（Charles River）将从波士顿公园（Boston Common）到福兰克林公园（Franklin Park）绵延 16 km 的公园和滨河绿带串接成完整的城市景观系统，营造出了著名的波士顿"翡翠项链"（Emerald Necklace）（图 3-27）。借鉴同样的链接手法，上海的徐家汇源（图 3-28）整合了徐家汇天主堂、徐家汇观象台、徐家汇藏书楼、徐光启纪念馆、明代民居南春华堂、徐家汇公学旧址、百代公司旧址等一系列历史遗存建筑进行跨越物理空间的链接整合，打造了全国第一个 4A 级开放式城市景区。景区联票作为虚拟空间的指引，人行道上的地标作为实体指引，游人可按图索骥，逐一拜访各座历史建筑，有效提升了游人可读可游的区域遗存的丰富度和可参与度。

美国纽约曼哈顿高线公园（The High Line Park）和德国大鲁尔区"工业遗产之路"是都市链接在工业遗产更新领域的典型案例。

高线公园（图 3-29）在链接手法指导下呈现了以线带面的城市更新。手表专卖店店主汉蒙（Robert Hammond）和旅游作家大卫（John David）发起成立的非营利组织高架公园之友（Friends of the High Lind）获得芙斯汀堡家族基金会（Diane von Furstenberg Family Foundation）的捐赠后启动了对于原有货运高架线路的修缮和保护更新。[74] 保留了大量关于铁道地景回忆及社区生活故事的高架铁道被改造成城市的开放线性公园，成为下曼哈顿一个最具活力的城市聚

图 3-27 波士顿"翡翠项链"总图关系
资料来源：绿链公园管理局（Emerald Necklace Conservancy）www.emeraldnecklace.org.

图 3-28 徐家汇源总图关系
资料来源：作者自绘

图 3-29 高线公园总图关系
资料来源：作者自绘

---

74 张文豪. 最佳长案例：三个纽约客与一个公园的诞生 [EB/OL]. [2018-04-06]. https://news.fang.com/open/28160153.html.

集地。高线公园的建设分为三个阶段分步实施，总计串接了 34 个街道[75]，许多原本不相联系的建筑纷纷在高线上增开步行出口以对接公园上的多样城市生活和城市活力人群，公园也如项链一般链接推动了整个区域更新。

1989 年，国际建筑展（IBA）启动了埃姆舍国际建筑展览公园计划（IBA Emscherpark）（图 3-30），把老工业建筑、废弃的钢厂和煤矿转变为文化和知识街区，把博物馆、剧院、音乐厅、文化创意产业及创新科技园聚集在一个交通便利的区域性的大型国家景观公园内。

大鲁尔区还规划了一条"工业遗产之路"（图 3-31），覆盖整个地区，贯穿区域内所有工业旅游景点的游览线路。它链接了 15 个工业城市、25 个重要工业景点、14 个全景观景点和 13 个典型的工人村。[76]"工业遗产之路"用物理线路串接了点状植入的更新触媒建构筑物，在 250 km[2] 范围内架构了工业遗产体验网络，全面推进相关城市产业转型和城市更新。2010 年，鲁尔区主要城市埃森被指定为欧洲文化之都（European Capital of Culture，ECoC），是对"工业遗产之路"都市链接理念的最佳肯定。

3.3.1.3 都市织补，面状更新

都市织补顾名思义就是梳理既有遗存肌理逻辑，并以此指导对肌理破碎、缺失和断裂区域进行补白，从而呈现出总体逻辑清晰的新旧肌理融合状态，具体操作和克莱胡斯（Josef Paul Kleinhues）倡导的城市修补（Stadt flicken）十分类似。织补往兼具针灸和链接的特征，织补过程选定的支点项目在区域率先实施点状针灸式激活，

图 3-30 埃姆舍国际建筑展览公园计划总图关系
资料来源：作者翻拍于威斯特法伦博物馆 Museum Zeche Zollern

图 3-31 "工业遗产之路"旅游导览总图关系
资料来源：作者翻拍于威斯特法伦博物馆 Museum Zeche Zollern

75　简圣贤 . 都市新景观 纽约高线公园 [J]. 风景园林，2011（04）：97-102.
76　刘抚英 . 德国鲁尔区工业遗产保护与再利用对策考察研究 [EB/OL].
　　[2012-12-25]. http://blog.sina.com.cn/s/blog_53d63a3f0100dhhr.html.

再通过链接串接支点形成重要的公共空间、支撑业态和都市生活，形成线性活力走廊，最终由点及线、由线到面，在线状框架下对遗存肌理进行织补，缝合城市创口，重塑区域活力。[77]

英国利物浦阿尔伯特码头区（Albert Dock）（图 3-32）区域范围服务业的发展以文化为核心，带动城市存量更新和衰败城区的复兴，是城市都市织补的经典案例。利物浦滨水区域的更新历经三个阶段。前两个阶段，更多的重心放在文化和旅游业，以政府投资或者政府牵头的多方投资为主；第三阶段以私人投资为主，加强纯商务和住宅开发，时间跨度三十余年。第一阶段在 1980 年到 1997 年，是自上而下的滨水区物质环境改造，主要是文化旅游功能置入，采用都市针灸的手段。更新的触媒建构筑物陆续在因航运和造船业衰败而失去活力的阿尔伯特码头区点状植入，如默西塞德海事博物馆（Merseyside Maritime Museum，1986）、泰特利物浦美术馆（TATE Liverpool，1988）、披头士博物馆（Beatles Story Museum，1990）等文化建筑，在滨水区域形成了坚实的更新锚点。第二阶段是 1997 年到 2012 年，城市竞争推动了滨水形象打造。1999 年，成立更新机构利物浦愿景（Liverpool Vision），2002 年颁布更新策略框架（The Strategic Regeneration Framework），全面提升滨水区的城市景观形象和基础设施，链接各主要更新点和遗存，保持城市街区肌理，提供持续更新的城市架构。随后，更新取得了阶段性的成果，2008 年，利物浦成为欧洲文化之都（ECoC 2008）。第三阶段是从 2012 年到现在，以私人投资主导的滨水商务区建设逐渐填充进过往 30 年逐渐形成的城市更新架构中，完成了都市织补。这一阶段以市场为主导，大量商务居住功能置入：更新计划将区域分成五个组团，并分时段

图 3-32 利物浦阿尔伯特码头区
资料来源：Wikimedia

77　柯林·罗，弗瑞德·科特. 拼贴城市 [M]. 童明，译. 北京：中国建筑工业出版社，2003.

陆续开发，预计建设 9 000 多个住宅单位、7 万 m² 的酒店和会议空间、30 万 m² 的商务空间和一系列公共空间。可以看出，该项目的实施标志着利物浦滨水区在文化旅游的基础上显著增强了商务聚集和高端居住的功能，把城市生活和活力重新带回滨水区。从第一阶段到第三阶段，从 1980 年到现在，利物浦的更新经历了由政府主导到市场主导，从原来的废弃的港口到现在土地价值稳定增值人口不断涌入整个更新进程不断升级。[78]

22@Barcelona 项目位于巴塞罗那圣马丁的波里诺地区（Poblenou）（图 3-33）。一百多年来，加泰罗尼亚的曼彻斯特——波里诺工业区，这片巴塞罗那最大的工业区，是城市经济发展的主要推动力。其工业属性控制下的城市肌理与巴塞罗那其他地区的都市肌理截然不同，空间上也被铁路和城市其他区域完全割裂开来。

随着 22@Barcelona 项目的启动，该地区的社会活力与经济活力得以恢复。转型始于 1992 年奥运会周期，环路的建设将波里诺区与城区、码头和机场连接起来，将海滩地区转变为城市用地并建设奥运村，现已成为巴塞罗那海岸线上的第一个住宅区。

1999 年，对角线大街的最后一条延伸线建成，通过城市尺度的都市链接，波里诺区与巴塞罗那市中心被有机缝合到了一起。对角线大街紧密链接了该市的几大文化活力中心，包括城市未来文化与行政中心的加泰罗尼亚光辉广场（Plaça de les Glòries Catalanes）、欧洲最具色彩表现力的超高层建筑阿格巴塔（Torre Agbar）、南欧最大的会展中心之一巴塞罗那国际会议中心（Centre de Convencions Internacional de Barcelona，简称 CCIB）等一系列锚点建筑（图 3-34），最终将城市的活力与滨海建立对话联结，将断裂的城市肌理进行了

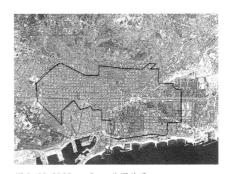

图 3-33　22@Barcelona 总图关系
资料来源：作者根据 http://wemedia.ifeng.com/63628589/wemedia.shtml 改绘

图 3-34　对角线大街空间关系
资料来源：作者根据 https://www.digitaling.com/articles/10110.html 改绘

78　英国城市设计与城市复兴（五）历程与争论——利物浦滨水区更新回顾[EB/OL]. [2018-02-08]. http://www.yidianzixun.com/article/0IJn1xq0.

有效链接并架构起了城市中心到滨海区的完整空间轴线。围绕城市轴线进行大量区块改造、增建和插建，两种城市肌理以织补的方式得到了有效缝合和融合，旧工业区转变为优质的城市与环境空间，知识与创新产业融为一体，完美达到了区域融合的更新效果。

与之类似，英国国王十字街区的两座车站、谷歌（Google）总部和中央圣马丁设计学院（Central Saint Martins）在片区内形成多点针灸，而这几处点状更新也以人员的活动为纽带相互链接共同发力，车站和六条地铁线路已构成伦敦地区最大的交通枢纽，为该片区源源不断引入国内外的客流。以谷歌为代表的科创产业和以中央圣马丁设计学院为代表的教育产业，为人员活动黏度提供大量附着点，巩固和强化了都市链接，进而衍生出商业、娱乐、居住等业态以更强的能量场为整个街区持续供力，从而完成区域的城市织补。

汉堡港城的易北爱乐厅、过海社区和国际海事博物馆三座重要锚点建筑分属港城规划中的三块不同片区，先后针灸触发小范围的城市更新。三者在空间上的对位关系被规划精确设定，相互链接串联建构起了港城的基础空间格局框架，在此框架下以契合老城尺度的肌理进行织补，令整个港城的更新发展与既有老城区完美地有机融合。

3.3.2 单体尺度下的空间再生

大量以功能至上理念主导建设的工业遗存建构筑物，不同工艺主导的生产空间的特殊性决定了更新中其空间再生模式有较大差异性。空间更新过程中，首先需要依据既有工业遗存的自身尺度和空间特征结合新植入的功能需求，量体裁衣，以尺度缝合的手段，使建筑空间更加宜人；其次，需和建筑的价值评估相结合，对不同价值维度的工业遗存更新要做到特征鲜明、尊重原真、介入适度；再次，应对差异化开发强度下的空间诉求，在满足容积率诉求的同时，更新需妥帖处理好新旧关系，避免更新式破坏。

3.3.2.1 缝合与叠置

以小尺度建筑介入地块激活，以更新带动周边地块织补更新，是一种"微缝合"的策略。巴塞罗那圣卡特琳娜市场（Santa Caterina Market）（图 3-35）以巨大的屋顶覆盖在 1845 年开始使用的帕拉迪奥式（Palladian）老市场立面上，在屋面之下三组文化积层被包裹，博物馆的植入从文化层面补全了街区历史的拼图。五彩斑斓瓷砖覆盖的屋顶向城市的象征安东尼奥·高迪（Antonio Gaudi）致敬，而屋顶之下是一个模糊的开放街区，与之相连的住宅组团也采取了这种开放的姿态，让触媒建筑的活力渗透到周边街区，重新缝合了社群生活场景。

汉堡港城的易北爱乐厅通过"叠置式"的垂直织补，在昔日港口的象征——仓库 A 之上冠以浪峰般起伏的玻璃屋顶，仿佛一块巨大水晶，承托在 37 m 的红砖底座之上，寓意着这座城市的过去、现在和未来。垂直织补后，整座建筑高达 110 m，如一艘晶莹剔透的远洋船，静静地停泊在港口对面。该建筑新颖奇特的轮廓线条与城市平坦的天际线相互辉映。[79]

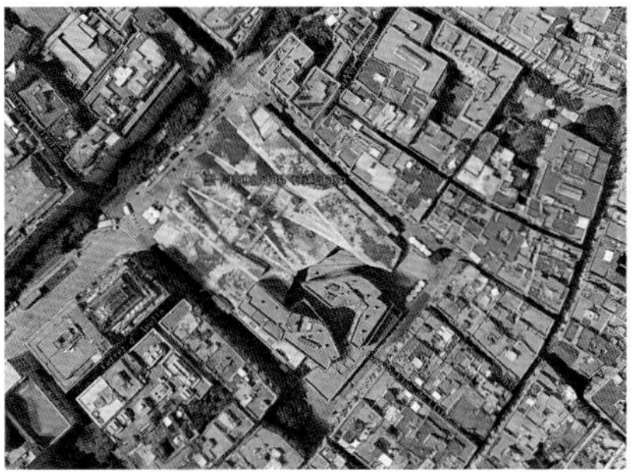

温特图尔天车住宅（Kranbahn Building）项目（图 3-36）于 2004 年由 Moka 建筑公司开始实施，Moka 建筑公司在 1896 年建成的铸造厂厂房上对其进行加建，使其成为住宅和商业综合体。天车住宅垂直叠置增加了居住的容量并在天车后侧水平缝合了两座现状工业遗存。旧有的铸造厂房首层被改造为办公和商业空间，上方新增夹层加建 15 个面积不同的功能（Loft）单元，保留原始的钢结构和大面积玻璃窗。一侧 28 m 长的新增建筑中包括底层的商店、工作

图 3-35 巴塞罗那圣卡特琳娜市场
资料来源：作者据 Google Earth 自绘

图 3-36 温特图尔天车住宅
资料来源：作者拍摄

79　易北爱乐厅[EB/OL]. [2017-12-05]. https://www.chanel.com/zh_CN/fashion/news/2017/12/the-elbphilharmonie.html.

室、餐馆和办公等商业空间以及上部的 80 个住宅单元。这种设计最终实现了该片区的功能诉求。

马德里凯撒广场文化中心（Caixa Forum）（图 3-37）采用典型的叠置方式有效保留了遗存风貌且拥有了更高的容积率。通过垂直织补将基地原电力站建筑在垂直向度上增加到 28 m，这是一个与周边城市街道建筑一致的高度，缝合了城市檐口的天际线。保留下来的电力站砖墙立面带有悬浮感地从重新梳理的坡地广场上浮起，界定了开放的共享广场，虽然建筑一层高度的不足使得广场空间感受压抑逼仄，未能获得足够公共性，但垂直织补令地上建筑面积从原有的 2 000 m² 增加到了 8 000 m²，还是很好地实现了文化中心所需的空间诉求。

图 3-37 马德里凯撒广场文化中心
资料来源：作者拍摄

诺曼·福斯特（Norman Foster）在纽约哥伦布圆环（Columbus Circle）改造的赫斯特大厦（Hearst Tower）（图 3-38）是 1928 年出版巨头威廉·伦道夫·赫斯特（William Randolph Hearst）在曼哈顿建造的总部大楼。早在原 6 层建筑落成之时，赫斯特就曾设想以此为基座再建一座地标建筑。2006 年铁狮门集团（Tishman Speyer）作为发展商建设完成的新赫斯特大厦改扩建完整保留了原建筑物富有标志性的艺术装饰风格外立面并拆除其内部结构，从中升起斜肋架构的 46 层玻璃大厦。贯穿 6 层高的共享大厅顶部引入大面积自然天光，使得新建塔楼充溢凌空漂浮的失重感。新赫斯特大厦释放出 80 000 ㎡ 的办公空间，是原建筑面积[80] 的 20 倍，是高密度街区竖向叠置垂直织补的典范之作。

图 3-38 赫斯特大厦
资料来源：阴杰拍摄

3.3.2.2 内置与包络

内置和包络的更新手法选择主要视原有遗存的美学价值而定，多数情况下被认定为优秀工业遗存的建筑物在其建筑设计、建造技

图 3-39 斯泰维奇古堡博物馆
资料来源：作者拍摄

---

80 赫斯特大厦旧址面积为 40 000 ft²，约合 3 700 ㎡。

术、工艺特征方面都有清晰的辨识度，这种视觉特征就构成了遗存价值中的重要一环，因此需要被保留。基于对建筑外墙保护优先的原则，多数采用内置式更新，即保留老建筑的外墙（旧瓶）置入新的内部空间和功能（新酒）。与优秀工业遗存相对应的是在当代城市中会大量接触到的自身缺乏特色、不具备高美学特征的普通工业建筑，空间仍然具备再利用价值，可以通过外立面更新的手段提升其美学品质，这样的手法即包络式更新。

卡洛·斯卡帕（Carlo Scarpa）在斯泰维奇古堡博物馆（Castelvecchio）（图 3-39）的改造设计中，保存的拿破仑时期加建的 L 形建筑的哥特式柱廊立面，并采用威尼斯传统熟石灰抹面技术保持外墙风格，在古老的城堡间通过混凝土预制板、玻璃钢窗的内置，营造了一组和老建筑如梦似幻对话的迷人腔体。而赫尔佐格和德梅隆（Herzog & de Meuron）的泰特现代美术馆（图 3-40）选择保留原始发电厂极具特色的红砖外立面，内部则完全拆除了涡轮机大厅，转而置入一个巨大的充满当代性的连续空间，到访者无不被强大的内外空间反差所震撼。

图 3-40 泰特现代美术馆
资料来源：作者拍摄

在自身建筑特色并不突出的上海第五化纤厂的改造中，袁烽以低参数化的混凝土砌块通过 20 种模具由工人手工砌筑了和原仓库外墙脱开的新立面，绸缎般的半透明墙体（图 3-41）为五维创意产业园区提供了一个富有表现力的崭新界面。

图 3-41 低参数化的包络外墙
资料来源：创盟国际

3.3.2.3 并置与对偶

新旧的并置对比通过巨大的反差来凸显不同年代差异化材料与技术手段的运用，新与旧彼此互为映衬，以冲突代替联系。2013 年深港双年展中刘珩改造的蛇口浮法玻璃厂（图 3-42）中，新建的漂浮建筑由 20 根纤细钢柱支撑，呈现强烈的漂浮感，与向下俯瞰的保留建筑形成一种强烈的冲突关系，漂浮提供的若即若离的离散更把这种并置关系表达得淋漓尽致。

图 3-42 蛇口浮法玻璃厂
资料来源：南沙原创

图 3-43 阳朔阿丽拉糖厂酒店混凝土砌块
资料来源：直向建筑

图 3-44 衡山坊的外墙玻璃砖
资料来源：作者拍摄

图 3-45 夏木塘的夏虫咖啡馆的玻璃砖
资料来源：GOA 上海

图 3-46 德国国会大厦穹窿
资料来源：作者拍摄

新旧的对偶关照则更看重和谐对话关系，希望创造同一语境下相似的空间感受。董功的阳朔阿丽拉糖厂酒店（图 3-43）选择保留和糖厂车间青砖相似的灰色混凝土砌块作为新建酒店的立面主要构成材料，相似的色彩和异化的质感营造了一种柔和的喃喃低语般的对话关系。庄慎在衡山坊立面砖墙中植入的玻璃砖（图 3-44）与王彦在夏木塘的夏虫咖啡馆采用的砖墙局部剔除植入玻璃砖的手法（图 3-45）都产生了微妙的新旧对偶关系，无非透光面积的多寡带来商业与静谧的微差而已。

图 3-47 卢浮宫玻璃金字塔
资料来源：作者拍摄

3.3.2.4 嵌固与植入

诺曼·福斯特（Norman Foster）在德国国会大厦（Reichstagsgebäude）新建穹窿（图 3-46）的设计中，玻璃穹顶还原了毁于战火的原有实体穹顶的空间形态，以一种轻盈的方式再现了建筑物的天际线。圆穹对内则以漏斗形玻璃体直接嵌固在国会议事大厅的上空。穹窿提供沿螺旋坡道供参观者从空中俯瞰国会大厅的视角，漏斗外部的镜面反射有效解决了大厦内部的采光问题，其内部还作为空气排气通道参与全楼的新风循环。

法国卢浮宫博物馆改造中，除去贝聿铭大师（Ieoh Ming Pei）在前广场塑造的著名玻璃金字塔（图 3-47），核心的更新手段是植入一个完整相通的地下室空间。从金字塔进入，通过地下展厅的串联人们终于拥有了相对便捷清晰的参观流线，可以在一天之内一窥镇馆三宝，而这在没有改造之前是很难完成的任务。伦敦维多利亚与艾尔伯特博物馆（Victoria and Albert Museum, 简称 V&A Museum）也再现了类似的手法（图 3-48），植入的地下空间连续贯通，极大延展了博物馆的观展空间，两组异形现代建筑依附在维多利亚时期宫殿边缘，提供了地下展厅充足的采光和便捷的博物馆入口。

图 3-48 植入新建筑后的 V&A Museum 内院图
资料来源：作者拍摄

图 3-49 贝尔瓦科学城高炉的有色漆和普通漆涂装
资料来源：作者拍摄

图 3-50 北杜伊斯堡风景公园未涂装的高炉
资料来源：作者拍摄

图 3-51 上海东外滩滨江老船厂 1862 钢构件采用
厚型防火涂料
资料来源：作者拍摄

图 3-52 埃森的红点博物馆采用"喷淋＋水炮"
的消防系统及未进行涂装的钢铁构件
资料来源：作者拍摄

3.3.2.5 封存与再现

工业遗存更新面对提升既有材料耐候性问题时通常有两类课题，一是钢铁表面的除锈漆面涂装和防火涂装手段，二是混凝土做旧和砌体加固问题。

卢森堡贝尔瓦科学城高炉孵化器采用了有色漆和普通清漆涂装（图 3-49），有色漆涂装位置的选择很有特点，在阀门、管路截面等位置以不同色彩进行了涂装，突出强化了局部重点又跳出了常见钢铁建筑灰色或熟褐色的基调，充满了法国人喜剧化的戏谑。对于大面积的高炉和管路表层涂装则采用了除锈后的普通清漆罩面涂装，反光强烈，既和现场基础结构衬托构架的灰色不甚协调，又使得遗存显得过新失去了历史的厚重感。对比北杜伊斯堡风景公园内留存的高炉（图 3-50）未经涂装处理的钢铁斑驳原色呈现的沧桑感，高下立判。

工业建筑改民用后，防火涂料也是面层处理绕不过去的难题。常规处理多数采用哑光的中灰或暗灰涂装，防火涂料以薄型或超薄为佳，厚型防火涂料因其粗糙的表观状态，效果几乎不可控，上海东外滩滨江老船厂 1862 项目（图 3-51）就是大量采用厚型防火涂料保护柱间支撑导致观感不佳的反例。埃森的红点博物馆（Red Dot Design Museum in Essen）缜密梳理和恰如其分地改造了原锅炉房空间，采用了"喷淋＋水炮"的消防系统，但值得关注的是它对原有工业钢铁构件既没有采取防火涂装也没有任何罩面漆涂装，原汁原味呈现了遗存停产时的状态（图 3-52）。这样极具历史感的场景呈现有一个先决条件：必须免去维护和防火这两道重要涂装！一些与之类似的工业遗存更新经典案例都采用了同样的方式，如埃森的鲁尔博物馆（Ruhrlandmuseum）（图 3-53）、苏黎世造船厂（Schiffbau）改造剧院（图 3-54）。由此可见，针对钢铁构件面层的消防性能化论证及耐候处理等问题，在呈现工业遗存自身特性的消防及耐候涂装方式的掌握尺度上，我们还有很长的路要走。

对砌体材料的处理，通用技术手段是对风化破损严重的砖材进行局部替换，对风化相对可控的位置采用砖墙墙体加注抗风化剂，在上海新天地、外滩源项目（图 3-55）中都采用类似的处理手法。德国劳希茨工业区（Lausitz）的生物塔（Biotürme）塔内污水排放后砖砌外墙应力变化出现大面积破损，采用的也是新砖替换的方式（图 3-56）。由此可见，类似砌体结构因新植入的材料在色彩、尺度、砌筑方式上可以和老墙体统一，达到修旧如旧的风貌控制目的，因此可以广泛使用。对于混凝土材料的面层，同样基于保持风貌的思路，应采用水或柔性粒子清洗污渍和浮尘，避免墙体故有色彩发生很大变化，尤其应避免采用新的水泥基涂料重新涂刷，以免破坏遗存风貌。

过去几乎很难解决的木屋架保护防火问题，在 2018 版《建筑设计防火规范》（GB 50016—2014）和《木结构设计标准》（GB 50005—2017）出台后得到解决。对照前述钢铁构件的防护问题，可以得出这样的结论：尽快解决现行增量规范诉求和存量改造间巨大位差映衬下的专项规范缺失问题，是工业遗存风貌保护问题解决手段提升的关键。

3.4 工业遗存更新的空间公共性再造

3.4.1 工业遗存更新与城市空间转型的关系

工业遗存更新与城市空间转型的关系主要反映在空间和时间两个维度上。

从空间维度看，遗存更新是系统修复和修补城市肌理的重要契机。随着中国城镇化率的增速放缓，"增长主义"（Growth Supremacism）的空间开发模式逐渐走向终结，城市化的整体环境从空间增量时代转向存量时代，在这一从工业城市到后工业城市转变的过程中，除了城市功能的转型外，城市空间的转型同样重要。工业化时期，为实现工业化积累和生产效率提升，城市的空间组织方式以工业布局和生产要素的组织为核心，人的需求和城市本身的空间特征被置于次要功能地位。新中国成立初期，城镇化的建设目标之一是将中国城市从"消费性"城市转变为"生产性"城市，城市

图 3-53 鲁尔博物馆未用防火涂料的钢结构
资料来源：作者拍摄

图 3-54 苏黎世造船厂未用防火涂料的钢构件
资料来源：作者拍摄

图 3-55 外滩源加注抗风化剂的墙体
资料来源：作者拍摄

图 3-56 生物塔塔壁砖砌体新旧替换方式
资料来源：作者拍摄

吴淞口——航运旅游

高化北部——研发

新江湾城——教育居住

杨浦滨江——科创研发、艺术文化

新民洋——艺术创制

陆家嘴、北外滩——金融贸易

东昌、塘桥、南码头——居住

世博园区——文博展览、办公商务

徐汇滨江——文博传媒

三林南——文化创意

华泾——居住

浦江镇——生态居住

浦江镇——生态创新

紫竹园区——教育科创

奉贤滨江——农园科研

图 3-57 上海"一江一河"规划
资料来源：作者自绘

的消费、生活服务和娱乐功能必须让位于工业生产，配合计划经济时期的供给制度，城市的消费文化与公共性空间成长缓慢，大部分城市缺少明显的商业中心和市民中心（公共中心）。加上中国独特的"大院制"工厂组织模式，大型企业形成一个个相对独立的封闭、体量巨大的工业综合体单元。在工业化初期这种大尺度斑块的拼贴和复制有利于迅速形成工业城市的框架和形象，但随着城市其他地区的生长发展，工业化的斑块就成为对城市整体空间肌理和结构的切割。当前主流学术和实践普遍认为合理尺度和等级的路网体系在交通效率和环境效应上要显著优于单一快速路或大马路系统（如洛杉矶和北京），并且合理比例的低等级道路及其切割形成的小地块不仅有利于城市开发，也有利于形成良好的步行环境和城市活力。此外，在城市转型过程中，也会出现对城市价值判断的变化，如近代工业化普遍依赖水运，因此滨江和滨河岸线通常被视作工业布局的最优位置，如上海黄浦区滨江地段历史上一直作为重要的工业基地和工人集聚区。但随着后工业化城市价值判断的转换，城市岸线的生态价值和公共价值日益得到重视，因此上海从 2010 年起借由世博会这一契机开始浦江两岸转型计划并于 2017 年提出"一江一河"（黄浦江与苏州河）（图 3-57）建设世界级滨水区的发展目标。因此，工业遗存更新的过程中需要对原有地块进行重新划分，以便融入城市发展的整体肌理，或为城市腾挪出新的发展空间，重新建立原工业空间与城市被割裂的空间关联和城市中心体系。

　　从时间维度看，工业遗存的更新是城市空间转型的先导触媒。较之一般老旧社区更新，工业遗存更新有两个显著特征：一是功能潜力多元，二是实施推进迅速。首先，老旧城市社区中通常集聚了大量原住民，从原住民回迁或保证更新项目投入产出平衡的角度看，其更新后的主要功能仍然以居住功能为主。而依托工业遗存则能衍生出创意、文化、体育、商业、展览、居住等多种可能性，并且上述功能均可以和工业遗存构筑物存在良好的契合关系，因此更新后的工业遗存很容易承担吸引人气或提供就业的城市职能。其次，工业遗存的土地产权相对单一，在我国土地制度下土地权属和用地性质层面的转换可以很快完成，因此工业遗存更新的整体速度明显快于居住用地，可以成为整个更新过程中的启动抓手。上述两个显著特征决定了工业遗存更新在整体城市更新中具备承担中心职能和启动职能的角色，良性的空间更新是一个较长周期的持续过程，如果能够在前期通过有效工业遗存的更新作为触媒和标杆，带动和引导周边地块的更新，则有助于城市空间整体转型的可持续性实现。因此，需要从时间维度上精心安排时序，充分激活工业遗存更新的触媒效益。

3.4.2 工业遗存更新的区域空间开放化

大型重工矿企业设立之初的择址原则通常有二，依托大型矿山煤田布局的资源优先和依附便捷交通运输条件（水路或铁路）的交通优先。又因大型企业土地占有量较大，内城无法提供匹配的供地，因而多会遵循交通优先的原则将城市边缘临近铁路易于原材料和成品输入输出的区位作为厂矿首选。伴随着城市化的扩张进程，原有城市边缘的厂区逐渐并入城市版图，但其生产区域的边界之于城市依然清晰存在，原有提供运输的铁路交通线也往往成为厂区和城市间阻隔的物理界线。再城市化的工业遗存改变固有封闭的物理空间从而获得的开放性，是其是否从封闭工业区融入城市整体公共空间系统的重要指征。

同时，封闭厂区长期作为自完善社会系统，其生产、生活的两极具有高度同一性。产业单一、内部供给独立、职住社群固定、外部交流缺乏，这都是其融入城市的掣肘。与城市关联性的相对缺失某种程度上也弱化了外力的干扰，大型工矿企业工业遗存群落内部往往充满活力，其生长性和偶发性使得这些内向的"小国度"独具魅力。工业厂区因工艺聚集、因产能增长往往呈现出不断变化的形态，这样的自生长模式非常类同于传统生长城市的村镇聚落模式。不断孕育出新的变化[81]使得生长型城镇得以展现出极具亲和力和表现力的多样化的并置，同时彰显出无与伦比的生命力，这与工业遗存更新后空间及功能的多元潜力相辅相成。

苏黎世高架铁路商业街（IM VIADUKT）（图 3-58），项目所在位置的铁路在 19 世纪对苏黎世的城市发展产生了重大影响。高架铁路始建于 1894 年，位于苏黎世奥瑟基尔区（Aussersihl），归瑞士联邦铁路公司 SBB（Schweizerische Bundesbahnhen）所有。早期的铁路线以土石坝方式修建，将奥瑟基尔区分成两部分，占用了大量地面空间，阻隔了区域南北城市生活的有机衔接，成为城市生长中留下的一道都市疮疤。1894 年土石坝被 Y 形的连拱高架线取代，消除了城区的隔阂，为城区的连通提供了物理条件。被土石坝占用的空间在高架线两侧形成宽阔的街道，同时高架线下的空间也因其区位良好吸引了各类小商业。20 世纪 80 年代末，始于苏黎世主火车站的线路被废除，鉴于其历史价值，规划部门决定将高架线保留，并将高架线下的空间作为文化和商业功能长期使用，以提升附近区域的居住价值。

该项目最初计划采用铁路线的基础设施元素，形成一个类似曼哈顿高线公园的线性公园，但由于周边林立的高楼空间无处附着，拟定导入形成的文化、工作和休闲功能无法和城市对话。立足苏黎世高架铁路自身特色，经多轮修改后最终形成了"变空间障碍为连接结构，升级与其接壤的室外空间"的高架桥规划理念。即通过空

图 3-58 苏黎世高架铁路商业街
资料来源：作者拍摄

81 原广司原.世界聚落的教示 100[M].于天祎，刘淑梅，马千里，等译.北京：中国建筑工业出版社，2003.

间再造，将曾经的城市疮疤变为紧致的城市拉链，弥合高线铁路两侧的城市界面，链接步行街区的贯通空间，延续南侧城市公园中亲切宜人的邻里生活（图 3-59）。在两条高架线之间的三角形地块置入了一个市场大厅（Markhalle），设置了可以引入自然光线的圆顶天窗，天窗底部的灵活趋势使内部空间更加宽敞，保障了区域的开放性，在高架线上 53 个桥墩形成的拱券中插入了商店和咖啡厅，其正立面连成一片，强调了区域的带状格局（图 3-60）。项目操盘者苏黎世 PWG 基金会（Die Stiftung zur Erhaltung von Preisgünstigen Wohn-und Gewerberäumen der Stadt，简称 PWG）为避免绅士化倾向，引入大量与该地区相容并且植根于该地区的租户填满了高架桥商业。使此处转变为面向社区的集娱乐、创意、美学为一体的开放性和可持续性场所。高架桥商业包含儿童服务设施、服装店、艺术家工作室、小工作坊等诸多功能，市场大厅则定期举办各类活动，例如瑞士特产宣传会，以及都市青年等亚文化主题的艺术活动。当你发现 IM VIADUKT 计划已经成为该区居民及其访客首选的聚会场所时，就可以很容易得到这样的结论：工业性已经完美转化为城市性，变身的工业遗存不再是城市北部工业区的封闭边界，经过柔和地缝合，已经有机融入了城市生活[82]。

　　贝尔瓦地区工业遗存更新也是园区空间结构开放较为成功的案例。贝尔瓦科学城项目是在 Belval 钢铁厂工业遗存的基础之上改造而成的，Belval 钢铁厂始建于 20 世纪初，曾一度是城市工业和经济发展的主要推力。随着科技发展，旧高炉逐渐被取代，至 1997 年最后一个高炉停产，这块 120 hm² 的工业荒地被弃置。2000 年 Agora 政府成立了规划、发展和市场开发当地的发展公司，着手对钢铁厂

图 3-59 苏黎世高架商业街缝合城市空间
资料来源：作者据 Google Earth 地图改绘

图 3-60 苏黎世商业街拱券与街道的空间渗透
资料来源：作者拍摄

82　孙德龙. 基于公私利益平衡的高架线下空间利用——以苏黎世高架拱桥改造项目为例[J]. 新建筑，2016（03）：48-51.

图 3-61 2007 年及 2017 年贝尔瓦地区变迁对比图
资料来源：Google Earth

图 3-62 贝尔瓦地区四个地块分布
资料来源：作者改绘，底图来源:https://
www.belval.lu/en/belval/conversion-
project/,2018-12-25

图 3-63 贝尔瓦钢铁厂更新后周边功能配套
资料来源：作者据 Google Earth 地图改绘

图 3-64 贝尔瓦钢铁厂原厂区建筑分布
资料来源：作者改绘
底图来源:https://www.belval.lu/en/belval/conversion-
project/,2018-12-25

进行更新，在规划中将其定位为科技城（图 3-61）。在 2001 年举行的国际规划竞赛中美国建筑事务所 Jo Coenen & Co（如今已由 Mars Offices 代理）中标，科技城主要由四个区域构成，分别是高炉阶地、平方英里（the Square Mile）、贝尔瓦公园（Belval Park）和贝尔瓦社区（Quartier Belval）（图 3-62）。

工业遗址本身对周边环境和社区具有一定的负面影响，但这些地方仍具有巨大潜力。从钢铁市场（图 3-63）到金融中心，在贝尔瓦钢铁厂的更新中，公共空间是融合工业遗址和周边社区环境的激活点。

从区域空间规划来看（图 3-64），新增建筑对原有工业遗存形成半包围状态，公共空间则成了两者软接触的中介。厂区原有的 Highway 是连接两个高炉的混凝土高架通道，在设计过程中这条道路被重新建设并融入城市环境，建成后将成为连接高炉铸造大厅和"创新之家"的枢纽。"创新之家"是卢森堡大学的标志性建筑，与两个高炉和银行高塔共同组成新 Belval 地区标志三角，突出了基地工业的过去与未来的发展。

Steelyard 广场是高炉地块中连接卢森堡大学和车站的纽带，铁路公司在高炉平台上设置的站点是此区域的主要入口，该站点连接了现有的铁路网络，广场西面是由办公建筑和购物中心的直线所构成的现代元素，沿街所有主要道路都与广场相连，使工业遗址与边界区域形成空间渗透。清晰而突出的钢铁遗址构成了网络链接遗址边界，边界区域又与主要的都市生活紧密相连。因此，广场作为弹

图 3-65 贝尔瓦钢铁厂更新前后对比图
资料来源：Google Earth

性过渡空间与周边的区域相互交织融合[83]（图 3-65）。除公共空间外，园区内多层级通道建构了地块间庞大的交通网络，将封闭坚硬的工业场景过渡到城市化的生活空间，使工业遗存与现代化的街区环境之间形成紧密联系。

从建筑更新功能及业态植入来看，新增建筑为改造建筑提供了全面的业态互补及支撑，使该区域在更新后呈现出不同于工业生产时期的面貌。其中，建于 1914 年的高炉管理大楼现为 Agora 公司总部；两个巨型工业尺度的高炉 A、B 原本位于贝尔瓦尔钢铁地区的中心位置，是最具工业属性的地标，在改造过程中成为地块内的横向遗址景观轴，现在作为展博馆面向公众开放；高炉平台则以城市客厅的姿态向公众开放；高炉遗址南面原本用于生产高炉倾倒孔密封剂的厂房被改造为记录科学城演化发展的展览区；邻近高铁站的一处厂房被更新为影剧院；位于阿尔泽特埃施河畔的洛克哈尔音乐厅（Rockhal Concert Hall）如今也成为贝尔瓦尔市最活跃的区域之一，是市民集中聚集的休闲娱乐地点；原位于高炉西侧的烧结厂片区现已被改造为停车场和 Square Mile 住宅社区。除此之外，新增建筑单元中餐饮、酒店、健身中心等多产业的落位和人流的引入使高炉阶地从封闭的工业园区变为开放的复合商业街区，已经沉寂多时的贝尔瓦地区开始复苏（图 3-66）。随着地块的整体配套设施开发建设，

图 3-66 贝尔瓦钢铁厂新与旧的对话关系
资料来源：Google Earth

83　废弃钢铁厂经过景观改造焕发新生 [EB/OL].[2018-12-19]. http://www.sohu.com/a/193969172_782045.

这里成功地从封闭的"钢铁工业园区"变为多功能的开放社区。

北京胶印厂改造（77 文化创意园区）（图 3-67、图 3-68）通过清除、疏通、链接等手段让这个本占地不大却因经年累月任意搭建"生长"而拥塞的小厂区重新焕发了活力。前院、后院、内街和多进的院落重组了厂区的空间系统，甚至一条独特的空间穿行的步行系统也被叠加进来，地表院落、厂房边廊、厂房屋顶被有效串接，空间效应在多维度层面几何倍数放大。多数原本不可达的消极的孤立屋面转变成了空中的庭院，更可贵的是这是一组游离于物管系统的开放空间，周边居民也可在休闲散步间走进园区。半开放的仓库剧场具有强烈的暴力工业美学特征，开放性让这座居于园区中心的小剧场随时把活力渗透到园区每个角落，变成无所不在的开放剧场，进而与更广泛的城市生活融而为一。厂区的物理边界随立体游廊被穿破而与城市链接，心理边界更因丰富的城市活动而藩篱。

图 3-67 北京 77 文化创意园区半开放式仓库剧场
资料来源：作者拍摄

上海番禺路 381 号的幸福里（图 3-69），打通了原上海橡胶制品研究所封闭的厂区，使不相连的番禺路和幸福路连接贯通，周边居民原本必须绕道法华镇路的路程也因为幸福里的打通可以节约至少十分钟的步行时间。除了满足最短路线原理外，新营造的这条不到 200 m 的步行街，以番禺路口汇集图书、时装、咖啡、艺术展览等生活体验的"幸福集荟"牵头，为街区植入艺术、时尚、文创概念，打造一个全新的公共创意街区。从封闭到开放，城市的毛细血管因更新而疏通，幸福里呈现出了不可思议的城市活力。

图 3-68 北京 77 文化创意园区
资料来源：作者拍摄

3.4.3 工业遗存更新的城市结构邻里化

工业建筑多为以功能需求为导向的大体量空间形式，总体空间布局的因循原则无一例外都是工艺生产流程，这种功能至上工业生产布局形式与城市生活的邻里空间结构肌理迥异。因此，在工业遗存更新过程中，不仅要将旧工业区与城市肌理进行融合，使之在物

图 3-69 幸福里的开放街道
资料来源：作者拍摄

理空间上破除边界融入城市肌理，更新为人性化生活导向下的城市布局形式，还要为工业空间植入鲜活的城市功能，使工业空间在城市空间结构和行为模式上与城市生活融而为一。

　　始建于荷兰阿姆斯特丹的德哈伦（De Hallen）电车修理厂（图3-70、图3-71、图3-72）1996年曾被改造为交通博物馆，后来废弃，2005年开始被"占屋族"[84]（Squatters）使用，2016年由设计师工作室改造为复合式空间。

　　阿姆斯特丹德哈伦电车修理厂改造，旧有机车齿梳般北向展开的修理空间是为了适应机车进出和串联停泊的需求，植入的更新功能既有文青复古风的独立电影院、美食街以及设计旅店，又有概念商品店，还有分时复合使用的空间改造——卡纳里俱乐部（Kanarie Club），白天是餐馆与咖啡馆，同时也可成为联合办公空间(Co-working Space)，晚上是一个兼具放松、娱乐功能的餐厅酒吧。原有电车站东西向长长的中央大厅向城市打开成了一段有顶的阳光通廊，通廊内街商家有趣的外摆为通过的行人提供了迷人的街道生活。穿越通廊行人可从集市（Ten Kate Markt）经过托伦斯街（Tollensstraat）直达比德尔迪可街（Bilderdijkkade），进而轻松抵达项目滨水新建住区和商业部分。中央大厅从工业性空间转化为城市道路，有效链接了东西城市街道和市场的活力，令整组建筑在空间上完整融入了邻里街道系统，在生活上完美嵌合了社区生活链条。

　　苏黎世 Schiffbau 剧院和文化中心（图3-73）由建于1891年的凯塞尔米德锅炉制造厂（Kesselschaiede）改造而来（当前被称为Schiffbau）。严格来讲凯塞尔米德锅炉制造厂源于纺纱厂，随着业

图 3-70 阿姆斯特丹德哈伦电车修理厂
资料来源：作者翻拍现场海报

图 3-71 阿姆斯特丹德哈伦电车修理厂室内
资料来源：作者拍摄

图 3-72 阿姆斯特丹德哈伦电车修理厂集市街道
资料来源：作者拍摄

图 3-73 苏黎世 Schiffbau 剧院
资料来源：作者拍摄

84　"占屋"指占用闲置或废弃的空间或建物（通常为住宅用地），而没有一般法律认定的拥有权或租用权。荷兰2010年10月1日将占屋立法禁止，然而先前由占屋运动占下的空间或建物不少已合法化成社会或社区中心。

务扩张，工厂从单一的纺纱扩展为造船及动力设备生产等，同时增建了大量建筑。随着时间的推移，该地区逐渐发展成为完善的大型工业区（即 Escher-Wyss-Areal）。项目以 Schiffbau 造船大厅为改造核心保留了旧外观，着重于内部空间的现代化改造。改造以"屋中屋"（House in House）的设计概念在原有大空间中用现代材料重塑出几个较小尺度的二次建筑空间：一个是以通透玻璃限定的饭店；另一个是气氛独特的爵士酒吧。其余部分则被改造成一个开放剧场和大厅，大厅是日常展示前卫艺术品的场所。[85]

以 Schiffbau 剧院为起点，区域性的更新渐次展开，逐步构建出极富邻里感的城市区域。Turbinenplatz 广场位于 Schiffbau 西侧（图3-74），提供了区域中央城市开放空间。对向广场的西立面，一个新建办公建筑被嵌入到 Schiffbau 主体建筑端部。紧邻 Schiffbau 东侧的商业建筑是由一栋带有内院的旧工业建筑改造而成的，同时，对顶部内院周边进行了加层处理，新增了 21 套公寓。新建建筑简约现代的米白色混凝土立面和与周边工业遗存烧结砖制的外墙产生了强烈反差，但空间上新旧建筑保持了相近的尺度，强化了工业区独特的整体空间感受。

Schiffbau 北侧的建筑综合体 PULS5（图 3-75）是由建于 1893 年的铸造车间改造而来的室内公共广场。改造过程中保留了粗犷的结构体系及原有的玻璃顶，以 U 形玻璃和金属遮阳板重新包裹整个建筑外部，简约而现代的手法隐藏了旧建筑的痕迹。"新旧部分的结构体系有意识地分离了，保持了各自的独立性，形成一种相反相成的效果。"[86] 所有功能都围绕着综合体建筑的公共核心展开。游客可

图 3-74 苏黎世剧院和文化中心建筑改造示意
资料来源：作者据 Google Earth 地图改绘

85 王彦辉,顾威.苏黎世西部工业区复兴及其启示[J].规划师,2007(07): 8-10.

86 江泓,张四维.后工业化时代城市老工业区发展更新策略——以瑞士"苏黎世西区"为例[J].中国科学（E 辑：技术科学）,2009,39（05）: 863-868.

以直接穿行而过，亦可以停留在商店门外或者锈迹斑斑的铁柱旁边，感受这个自由的场所。该工业区改造的方式手法多样，无论是保留外观、内部改造，还是保留内部空间、外部翻新，或是新旧结合、加建扩建，都体现出了新旧和谐相处的原则。

图 3-75 苏黎世 PLUS5
资料来源：Google Earth

　　整体区域规划的策略是将结构完好、空间丰富可充分体现苏黎世工业符号的工业建筑保留，并通过改造和更新，使其重现活力。工业区内的最高构筑物是两个大烟囱（图 3-76），它们是工业化时期的产物，如今都被作为地标保留下来，其中一个仍在使用中。然而，该区域更新并不止于旧建筑改造，而是着眼总体发展的功能复兴，是一个整体化、综合化、系统化的定位。那些工业时代遗留下来的厂房的周边场地宽阔，有条件进行灵活的平面布局，可以为其他多种文化产业提供空间尺度和环境氛围。项目不仅对工业建筑进行改造，也充分赋予其周边空间多种城市功能，包含居住、设计、传媒、餐饮酒店、文化娱乐、商业零售等。

图 3-76 苏黎世造船厂剧院周边街道
资料来源：作者拍摄

这些工业建筑改造项目不断涌现，越来越多的画廊、艺术工作室以及其周边的餐厅、公寓等都通过这种方式在工业西区内安家落户，使苏黎世在现代艺术界的知名度迅速提升。[87]工业西区已经成为城市中非主流文化群体的聚集地，这正是该区域特色鲜明的主要原因。

上海 800 秀位于上海最繁华的静安区南京西路静安寺商圈腹地（由 1930 年代民族工业新安电机厂改造而来）（图 3-77），与静安寺咫尺之遥的常德路在商业价值上与南京西路相去甚远。在考虑周围的交通、资源、业态的结合创造"乌托邦"的同时，用巧妙的办法解决实际问题，创造经济价值，并关注周边居民的生活状态及需求，利用仅有的 40 m 面向常德路的有效临街长度有效打开，营造了一个极具吸引力的内退城市广场。主秀场内退的灰空间延伸了广场的空间纵深，开辟了常德路独特的街角视觉通道，奇妙的城市生活就在这个开放空间上诞生了。淮海路的"闹"造就了常德路的"静"，在这个安静的街道上，各种主要商圈溢出的秀纷至沓来，120 m 长的展示大厅可以举办各种展览及时装活动，使 800 秀成了上海内城区商业认知度最高的秀场之一。

800 秀的品牌和运营的成功进一步塑造了一个稳定的极具凝聚力的产业社区，通过项目的二期扩建，常德路的口袋形布局已经深入城市的纵深，向东生长与康定路和西康路首尾相接。不但创造了丰富多样的园区空间，开放的内部街道和场地及其相应衍生成长的配套商业和空间活动也实现了对城市生活的有效反哺。

3.4.4 工业遗存更新的公共空间公平化

亨利·列斐伏尔（Henri Lefebvre）在《空间与政治》（*Space and*

图 3-77 上海 800 秀的内退广场
资料来源：作者拍摄

87　卡萨瑞娜·海德, 玛蒂娜·考－施耐森玛雅, 周勇. 苏黎世——从保守的银行总部到时尚创意之都[J]. 国际城市规划,2012,27（03）：30-35.

Politics）一书中指出，空间是政治权利与意识形态的反应，随着时空变化，空间主体会随着政治权利及意识形态的变迁发生空间话语权的转移。在商品经济主导下的工业遗存更新中，利用土地级差效应寻求空间效益最大化是遗存更新再开发的主要手段，以物质空间的功能转型升级为手段的老旧工业区"再城市化（Reurbanization）"[88]所引发的空间主体的转移导致原本依托工业生产生活所建构起的牢固的邻里关系逐渐破裂，取而代之的是以空间经济效益为导向，将"新自由主义经济"奉为圭臬的精英阶层的资本聚拢。在政府政策的支持下，被激活的工业遗存区域固然可以为经济和发展带来巨大的利益，但这一"空间清洗"式置换也使工业遗存更新逐渐走上"士绅化"（Gentrification）道路。"士绅化"一词起源于英国，由英国社会学家露丝·格拉斯（Ruth Glass）于 1964 年创造，用以描述中产阶级取代下层阶级的人口流动过程和现象。[89]在更新进程中最突出的"士绅化"问题就是原产居共同体被打破后，伴随着产业升级和新产业注入，随之而来的中产阶级对原住下层人口的置换式导入。

罗伯特·克里尔（Robert Krier）在他的城市空间类型学研究中将城市视为街道、广场和其他开敞空间互相结合的产物。将工业遗存的巨尺度关系变为巨、中、小尺度聚合的人性化尺度关系，在物理空间层面，这是通过中小型建筑的尺度缝合和再造提供城市公共生活附着所需要的街道、广场和其他开敞空间这类"活动的孔隙"，

88　再城市化也称为再城镇化，是城市化发展进程的一个阶段，是针对逆城市化而言的一个应对过程，使得城市因发生逆城市化而衰败的城市中心区再度城市化的过程，是城市化、郊区城市化、逆城市化和再城市化四个连续过程的第四个过程。

89　烧掉30亿英镑的街区更新仍难逃绅士化的质疑[EB/OL]. [2018-12-12]. http://www.sohu.com/a/281458104_267672.

让工业遗存更新后的城市空间更加宜人；在社会学层面，则是提供更多的公共空间的使用公平性，抵抗社区过度绅士化的倾向，避免遗存更新从物理边界区隔城市再次堕入心理层面认知壁垒的瓮中。这正是工业遗存人性化尺度再塑造和开放性公共空间系统梳理和建构的空间和社会意义。

汉堡港城是城市更新空间公平化的重要标杆（图 3-78）。项目规划开始于 1997 年，总占地面积为 157 hm²[90]，其中土地面积 127 hm²。1999 年荷兰 KCAP 公司在国际竞标中取得设计标案，并与汉堡市政府合作，于 2000 年正式制定了该地区的城市发展总体方案，将一个曾经具有重要地位但已经衰败的汉堡港区转化成新的核心城区，在更新中强调不同阶层在公共资源面前的平等，以城市发展和社会大众需求为导向，追求区域阶层多元化。

从空间重构的角度来看，规划完整地保留了作为世界文化遗产的仓库城，并以传统特征的欧洲城市为愿景重塑港城，使得每栋独立建筑都是集居住、商业、办公和公共空间于一体的功能完善的小型社区，加之易北爱乐厅、过海社区、国际海事博物馆和港口新城大学等的建造，汉堡港城正在成为一个宜居宜业的都市新区。汉堡港城的开发除了拥有旗舰项目易北爱乐厅延续其传统古典音乐文化，还以城市产业原发性升级的"工业 +"转型思路和居住—办公—商业高度混合的开发模式朝着"空间正义"（Spatial Justice）的方向执着努力。港城在开发之初已通过不再续租和购置土地的方式将港城几乎所有土地的权属归于政府手中，作为更新领域后起之秀的港城在积累了前人经验的基础上，有明确的城市更新规划，在重要的视

图 3-78 港城区域进展现状
资料来源：Essentials Quarters Projects. 27th Edition, Hamburg, March 2017

图 3-79 2005 年及 2015 年汉堡港城历史照片
资料来源：HHLA/Hamburger Fotoarchiv/STADT REPORTER

90　HafenCity Hamburg GmbH. Essentials Quarters Projects. 27th Edition, Hamburg, March 2017.

线对位关系和时间节点上有引擎建筑的部署，且港城的每个单栋建筑均有高度混合的功能，为片区的持续和连续活化助力。

　　更新规划将汉堡市的范围扩展到了易北河边，形成了新的都市风格并在城市中心为公众创造一个将工作、居住、购物、自由活动设施、文化、旅游互相联系在一起，拥有混合功能并避免中产阶层化的市中心社区（图 3-79）。2008 年政府启动教育培训、经济、工作项目（Bildung, Wirtschaft, Arbeit im Quartier － BIWAQ）专门针对贫困城市区域和农村地区进行政策和资金支持，基于社区的教育、商业和劳动力市场项目与城市规划措施相联系，通过这种社会空间定位，为城市地区的特定需求提供有效的解决方案。[91] 除此之外，房屋建筑互助协会和联营建筑企业在港口新城住宅开发过程中提供中等价位的住宅并推动邻里关系的形成。由于租金和售价大幅上涨，尤其是在内城区域，所以从 2010 年起港口新城中的住宅地块有 20% 被用于政府资助的住宅建筑，从 2011 年起这个比例甚至高达三分之一。同时对港口新的招标方案进行了调整，在这次招标中，方案的权重为 70%，地块的价格为 30%。以此提高住房供应的多样性，并允许政府资助的住宅租金处于低价格区，以此吸引更多的原住民选择在港口新城生活。

　　与汉堡港城相对应，伦敦国王十字的更新侧重于空间公共性的再造，而在多阶层混合的空间公平化层面的关注则有所不足。

　　1996 伦敦政府的战略规划提出"中心城区边缘机遇区"概念，为国王十字区域更新迎来转机，欧洲之星跨海站点 King's Cross 的圣潘克拉斯火车站、9¾站台（图 3-80）、谷仓综合体（Granary

图 3-80 国王十字 9¾ 站台
资料来源：作者拍摄

图 3-81 国王十字仓综合体
资料来源：作者拍摄

图 3-82 从运河码头看谷仓广场
资料来源：作者拍摄

91　HafenCity Hamburg GmbH. Daten & Fakten : Wichtige Informationen zur Hafencity, October 2018.

Complex)（图 3-81、图 3-82）、储气罐公园（Gasholder Park）、煤堆场商业（Coal Drops Yard）（图 3-83）、中央圣马丁设计学院（Central Saint Martins)的新校址都是国王十字令人瞩目的城市地标。

国王十字的空间规划对公共空间的开放与连续性给予了极大关注。"广场不是与街道空间隔离的独立空间，而是与汇入其中的街道紧密相连"[92]，在广场与其连接的街道构成的半网络系统下，汇入广场的不单单是千街万巷的物理连接，还有一同汇入的商业、休闲、娱乐、社交等城市行为，和汇聚于此的公平共享的心理认知。谷仓广场作为该区域中心的轴线交点，南侧国王十字和圣潘克拉斯火车站的人流和商务区工作人员经由国王林荫道（King's Boulevard）汇聚于此，运河船只停泊码头游人登岸而上，北侧艺术学院的师生和住宅区的居民亦休憩于此。虽然国王十字地区整体更新尚未全部完成，但伦敦人仍然乐于到此参观。自 2012 年 6 月对外开放以来，谷仓广场已经举办过许多次音乐节、冰激凌节，并为转播大型体育赛事搭建了大屏幕。这里是属于国王十字的会客厅、属于伦敦的会客厅、属于伦敦人的会客厅，也印证着开放共享的"微缩伦敦"（Miniature London）的设计愿景正在逐步变为现实。

然而，也有一种声音对国王十字的更新提出抨击，认为产业升级带来低端生活产业链条断裂，较为单一的商品住宅和高端写字楼规划导入的大量中产阶级剥离了原住民的在地生活黏性，大量观光人流对空间的占有极大削弱了本地乃至伦敦人对这些场所的使用权。"微缩伦敦"变成了欧洲的伦敦、世界的伦敦，而非伦敦的国王十字。

国内遗存更新实践中，田子坊在城市空间公平化的道路上几经波折，极具代表性。

图 3-83 国王十字煤堆场商业
资料来源：作者拍摄

图 3-84 1950 年前后泰康路主要工厂变迁对照图
资料来源：孙施文，周宇.上海田子坊地区更新机制研究 [J]. 城市规划学刊,2015(01):39-45.
DOI:10.16361/j.upf.201501006.

---

92 L. 贝纳沃罗 . 世界城市史 [M]. 薛钟灵，余靖芝，葛明义，等译 . 北京：科学出版社，2000.

上海田子坊位于上海市卢湾区泰康路 210 弄，是 1920 年代后期随法租界"越界筑路"后逐渐建设的以租界机构、小型加工厂及里弄住宅为主的街区。1949 年后，租界时期留下的工厂用地逐渐成为国营或集体工厂（图 3-84）。到 1990 年代，这些工厂结合上海市中心城区产业结构调整，纷纷关停并转。随着城市化进程的加快，社区基础设施不完善、与周边核心区域发展不协调等问题一度使之成为待拆迁区域。在多重压力下，居民、社区、社会组织等积极参与自主更新，借于得天独厚的旧工业遗存空间及里弄空间特性，通过旧厂房、旧仓库及民宅的转让和置换，以出租空置厂房、招徕艺术家入驻的方式对上海食品工业机械厂、上海钟塑配件厂等六家工业遗存进行改造利用（图 3-85），将"海派文化植入"方式与工业遗存更新相结合，使其从待拆迁的工业弃置地摇身一变成为文创产业的时尚地标（图 3-86），从城市核心的衰败区域转型为国内文创产业的佼佼者。2008 年田子坊被划入风貌建筑保护范围，同年成立田子坊管委会，为控制田子坊园区整体定位，管委会在管理中控制餐饮配套产业进驻，在这场空间权利的角逐中，资本阶层显然占了上风。随后，政府通过逐渐参与田子坊的发展建设，调整田子坊的业态，恢复创意产业园区定位，意图对这场偏利共生的遗存更新进行空间正义性的弥补，尽管收效甚微，但聊胜于无。

2015 年后田子坊的"士绅化"已普遍被社会各界诟病，对于此时的政府来说这是修正错误的新机会。纵观田子坊的更新历程，这场自下而上推动的工业遗存更新是完全依照市场规律自发进行的一场以文创为核心带动旅游服务业发展形成的产业集聚区。然而由于缺乏宏观调控，放任自由主义经济模式发展的田子坊在不断发展中陷入不可控的境地。随着田子坊更新产生显著的经济效益，原住民逐渐从对集体利益的关注转为对个人利益的追逐。一方面，随着开

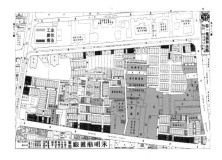

图 3-85 田子坊街区空间格局示意图
资料来源：底图出自 承载，吴健熙.老上海百业指南：道路机构厂商住宅分布图[M].上海：上海社会科学院出版社，2004：90 第五十九图.

图 3-86 田子坊现状照片
资料来源：作者拍摄

发商的介入迅速扩张，原有的邻里关系及社会网络逐渐破裂；另一方面，不可控的房租涨幅使得早期较为纯粹的文创艺术家在利益更迭中被迫退出，在空间挤出效应的作用下，坊内业态格局快速更替，原住民流失加速了田子坊更新的"士绅化"，街区业态趋于同质化，"士绅化"的空间清洗为园区带来经济效益的同时，社区文脉断层也成为田子坊更新发展的新困境。在随后的渐进式更新中，政府对恢复创意产业园区做了管控调整，对商业进驻进行严格控制，对建筑室内外装修设计进行整体管控来保护区域建筑风貌，招徕艺术工作者进驻园区并给予相应优惠政策扶持以恢复田子坊的空间平衡。

由上述各案例可见，中央城区更新带来的社区阶层不均衡、社区公共空间匮乏、部分原住民被迫搬离等社会问题难于避免，但通过积极梳理、重塑和再造城市公共空间和附着在其上的服务产业链条，可以在一定程度上为既有社群回归、实现再就业提供条件，也部分解决或达成了空间的社会公平性。对于再开发模式下的更新，规划愿景对于公平性的诉求是避免"士绅化"的关键，通过有效的社会资源配置和功能混合，空间公平性（Spatial Equity）的困局是可以得到解决的。

3.4.5 工业遗存更新的城市记忆空间化

工业遗存更新进程中，改变厂区封闭性、融入城市空间并再现宜人的城市邻里结构，遗存工业尺度向民用尺度转换以契合人性化城市生活的需求，强化公共空间开放性和可达性的塑造以达成社会公平性可附着的载体，这些都是城市物理空间公共性的硬件更新方式。与之相对应的软件更新则借由关注空间的情感表达以达成公共性再造，这就是在软性的城市记忆和刚性的城市空间中建立心理联系的过程。

阿尔多·罗西（Aldo Rossi）在他的《城市建筑》（L' Architettura della Citta）中提到市民集体记忆产生于提供这种记忆的城市空间场所，

广场、街道、连续的拱廊与高耸的钟塔，它们记录了某种特定的与城市关联的事件，形成了市民集体记忆的物质元素。正是这样的元素建构了城市，描绘了人们头脑中关于城市的概念，有形的建筑实体会随着时间的推移而变化，但这种记忆却得以流传，形成人们对都市生活认同的标准。城市建筑的传承则通过物化元素的方式诠释这种集体记忆并将之具体化。这样，城市在缓慢的生活过程中以自然法则为准绳进行物质层面的更迭，不断演绎这种记忆的历史延续与现实更新。这样的记忆是真正的有滋有味的、动态的、关于城市的记忆。[93]

　　同样，工业遗存作为特殊的生产型城市的文明载体，在其更新过程中也应关注城市记忆的功能整合，城市充满活力和历史记忆的特色功能模式被植入特定街区空间，成为城市功能记忆的集体发生场，完成对非物质活力的传承和演绎。[94]

　　1988 年，德国国际建筑展 IBA 提出大鲁尔区更新的核心计划之一——埃姆歇公园计划，其设计初衷是复苏生态环境，整合发展公共空间，对当地工业文化的保留与继承，1989 到 1999 十年间规划建成了沿岸 120 多个项目。鲁尔区更大范围更新改造的最大特点是保留了原有的工业建筑和大型设施，并赋予它们新的功能。这在当时是革命性的，因为在过去的一个世纪里，人们逐渐意识到重工业对环境的污染，并且意识到工业园区内的生活条件恶劣，所以建设通常都是"将自然引入城市"（例如 1850 年代的纽约中央公园）。[95]

93　薄宏涛 . 泛文化建筑——还原城市集体记忆的发生场 [J]. 城市建筑，2009（09）：85-91.

94　沪版"高线公园"来了北滨江激活大陆家嘴 [EB/OL]. [2018-08-12]. http://sh.house.163.com/16/0812/11/BU919CJ500073SDJ.html.

95　德国鲁尔工业遗产区的创意转型 [EB/OL]. [2017-10-13]. https://www.sohu.com/a/197844075_201359.

但鲁尔区转型发展不单是倡导自然修复和生态，而是同步提出"思接全球、行事本土"（Think Globally，Act Regionally）的核心理念。鲁尔大区更新者认为，100年后的社会已经改变，城市已经变得宜居，城市需要的不再是简单的自然化挂帅，地域化将成为更核心的元素，抑或地域化概念中承载的城市集体记忆是城市最珍贵的财富。事实证明，埃姆歇公园计划为德国留下了弥足珍贵的大量工业遗存和一个特定历史时期的民族工业成长记忆，成为世界工业遗存更新史上独树一帜的一面旗帜。

在英国利物浦滨水区和内城更新的空间操作中，公共空间被塑造为一种网络化渗透性的新型空间，引导着城市活动。它以一个大型的中心公园为核心，通过绿色步行廊道贯通滨水区域，串联了周边区域一系列的小型公园。虽然利物浦相对寒冷且多雨，但是天堂街发展计划"利物浦一号"（Paradise Street Development Area "Liverpool one"）并没有选择建设巨大的室内商场（Shopping Mall）以对抗恶劣的气候条件，而是以"城市中的建筑"作为规划主题，选择了中小型Mall+开放街区的模式，（图3-87）其理由就是基于小尺度街区才是利物浦的空间认知。新建筑严格遵循原有的城市肌理，延续城市记忆，保留原有的空间肌理和建筑尺度，以文化为先导，多维度的功能混合带来区域活力。撑伞走在雨淋的街道作为一种城市文化现象通过空间塑造的方式得以保留，延续了一种典型意义的"利物浦记忆"。

3.5 工业遗存更新的产业活化

工业遗存通常位于一定的城市背景环境（Urban Context）之中。工业遗存与功能转型不仅有赖于工业遗存自身要素，也取决于城市环境的要求，换言之，既要考虑工业遗存"有什么"，也要考虑城市"需要什么"。从工业遗存自身的要素和价值出发，结合当今中

图3-87 利物浦一号的街区模式
资料来源：作者拍摄

国城镇化的时间及空间条件，当前国内工业遗存的主要发展方向以工业后时代的产业转型升级和城市背景环境下的遗存更新为主。前者主要分布在国内工业发展较为缓慢的三线传统工业城市，后者则主要以国内城市化进程较快的特大城市和东部沿海地区一、二线城市为主。

当前可持续发展背景下处于后工业时代城市发展中的三线城市，依旧需要以工业发展作为城市发展的动力，因此工业发展以"退二进三"的腾笼换鸟式更替为主要手段，在这样的城市，工业遗存的业态更新是以"工业 +"为手段的原发性升级；而对于进入后工业化城市环境的特大城市及发展较快的一、二线城市来说，城市产业结构已经超越了工业化发展阶段，城市增长模型也从单一追求经济指标和工业产值的"增长主义"转变为品质和效益优先的发展新路线[96]，因此推动土地利用服务于国际化大都市的发展目标，进一步提升土地利用效率成为核心问题。北京和上海新一轮总体规划提出了"减量发展"和建设用地"零增量"的刚性约束目标，相对低效的工业用地的整合及再利用成为一种常用手段。针对这类城市的工业遗存更新是以更新改造为主，通过文化或者产业植入引发城市业态转型升级，对既有工业土地进行再开发以此来激活城市沉默资产。

3.5.1 产业活化的"工业+"模式

"工业 +"模式针对的是工业用地性质及使用功能不发生转变的工业遗留，这部分遗存更新再生的手段即通过工业产业升级，以新的生产动力推动工业继续发展。这种产业活化模式依托于工业遗存产业生产的原发性再生与升级，需依靠对城市既有产业的清晰判

96　张京祥，赵丹，陈浩 . 增长主义的终结与中国城市规划的转型 [J]. 城市规划，2013（1）：45-50.

断、准确认知和对未来发展的准确预期。

3.5.1.1 产业升级还是植入

工业遗存更新的前置条件是在原有工矿企业产业落后、衰败并被淘汰，自发甚至是被动推动的产业更新，其产业调整往往伴随着曾经荣光褪去后的信心缺失，这样的心理背景下大概率会出现对既有产业彻底盖棺定论、全盘否定到另起炉灶、重头再来的趋向。这种颠覆性产业更新的优势在于可以不受既有产业羁绊轻装上阵，重新植入的产业可以发散性选择，适配面较广。但其弊端就是植入的新产业在跟原有产业毫无关联的状态下，其工艺布局、基础设施、基建要求的较大差异会造成原有产业区域更新堕入破坏性拆除的瓮中。破除的除了既有物理空间外，还有附着在原产业链条上的产业工人的生存技能及其家庭的生存环境。即便原产业工人得到了一定生活补偿，但和新产业的格格不入会让这类人群失去生存能力。伴随新产业工人的进驻，旧有原住民会进入一种"熟悉环境中的陌生人"的生活语境中，进而造成巨大的社会矛盾和隐患。

"工业＋"模式的产业活化成功与否有赖于两点，其一是城市的智力储备与政策支持，其二是产业孵化的平台建设。德国多特蒙德和汉堡都进行了谨慎的、具有持续性的原发性产业升级，做出了成功的实践。

3.5.1.2 智力储备和政策支持

在大鲁尔区，与埃森一时瑜亮的多特蒙德曾经的支柱产业是煤炭、钢铁、啤酒酿酒业和基于交通枢纽的物流业，石油危机后的大规模产业调整使得其众多支柱产业逐渐衰退并濒临崩溃。多特蒙德市于 1968 年创建多特蒙德大学（后更名为多特蒙德工业大学，Technische Universität Dortmund），昭示了城市试图依托智力资源汇聚而全面升级的决心，多特蒙德试图在城市旧有制造业衰退之后全面提升城市竞争力。此后，1970 年代建立的应用科学学院、音乐学院都为多特蒙德转型成为"科技之城"奠定了基础。1985 年建成的多特蒙德技术中心和多特蒙德科技园已成为欧洲顶尖的创新中心。1999 年政府编制的"多特蒙德计划"（Dortmund Project）（市区综合发展规划）放眼未来，强调新经济的引领作用，助推多市成为德国电子商务、电子物流管理、IT 及纳米技术的引领者。

"多特蒙德计划"明确了六大城市重大项目：多特蒙德港转型为电子物流港，威斯特法伦恩特（Westfalenhutte）转型为现代物流业，旧机场转型为商贸工业服务业及配套居住，斯塔克鲁东区（Stadtkrone-Ost）转型为新经济及居住，凤凰新区（Phoenix）转型为新经济、商贸、工业及休闲，科技园转型为以新经济为主导的科技园区[97]。这六大项目并不是凭空产生的，而是依托原有工业基础进行提升和再利用。原有的运输、采煤、冶金和啤酒产业也对应升级为现代物流（电子商业和电子物流）、新兴能源、高科技基础材料科学与信息技术及微机电系统产业，实现整个城市的产业全面系统性升级（图 3-88）。[98]"多特蒙德计划"除产业升级计划外，还包含空间升级计划，最具代表性的便是凤凰工业区（The Phoenix Iron and Steel Mill）更新计划，将传统矿区和钢铁厂升级为现代化创新基地和宜居新城。凤凰工业区西区占地 1.1 km^2，核心产业为微机电系统（Micro-Electro-Mechanical System）产业集群，辅以办公、商务、休闲娱乐、工业旅游等功能。凤凰工业区东区占地面积 0.99 km^2，将主要工业废弃厂区通过人工挖掘后改造成为城市新景观核心——凤凰湖，原有产业空间转型为城市能级核心景观区域，环凤凰湖区

97　苏海龙，张园. 多特蒙德计划与多特蒙德城市转型 [J]. 上海城市规划，2007，72（1）：53-58.

98　王静，王兰，保罗·布兰克－巴茨. 鲁尔区的城市转型：多特蒙德和艾森的经验 [J]. 国际城市规划，2013，28（6）：43-49.

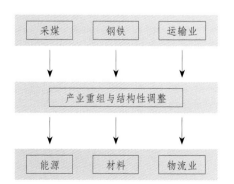

图 3-88 多特蒙德产业转型路线
资料来源：作者根据文献资料整理绘制

域则成了该市最具经济价值和生活活力的土地，也有效解决了园区西区产业人员的良性职住平衡（图3-89）。

与多特蒙德类似，作为德国北大门和第一大港口的汉堡，在传统海洋运输业衰退之后，城市政府深刻解析自身港口有可能带来的经济优势，在产业转型方面没有盲目变更原有支柱产业，而是对其港口关联的原发性产业进行了系统升级，实现了从港口下游的码头货运服务业、仓库堆场仓储业到港口上游产业如航运融资、海事保险等产业的转变[99]。在产业转型升级的同时，汉堡港城更新进程中大量功能混合的规划关注了社会公平，尽力降低了更新的"士绅化"倾向。城市在空间和产业全面升级后获得了勃勃生机，也从侧面佐证了一个事实，即城市产业原发性升级的"工业+"模式远比从零开始的产业升级要更有基础，也更具张力。

3.5.1.3 产业孵化的平台建设

特别值得一提的是，凤凰工业区西区的微系统工厂是欧洲的微纳米技术中心，为成长型企业提供顶级标准的实验、研发、测试基地，甚至还提供培训和指导支持，技术平台、金融平台和生活平台使其成为关联企业集聚的磁力中心。

类似孵化平台为系统产业升级提供了扶植"种子计划"源动力，卢森堡贝尔瓦科学城的国家孵化器亦基于相似的概念和运行机制，助推国家战略转型的产业落地。可以看出，产业转型不是一种普遍适用的所谓"高新科技"的凭空置入，而是要梳理好依托城市原有支柱产业的核心资源，聚集学术资源潜心研究，还要为可能有所建树的产业胚芽的培育助力，三者最终才能形成完整的、不断产生内生动能的完美闭环。这种基于既有工业基础的原发性产业升级与国

图3-89 凤凰湖及周边高端居住区
资料来源：作者拍摄

---

99 林兰.德国汉堡城市转型的产业－空间－制度协同演化研究[J].世界地理研究，2016，25（04）：73-82.

内很多产业园区动辄引入所谓人工智能、纳米、某某云、3D 打印之类未来产业，却因无法衔接原有产业链条失去成长土壤、因缺少配套支持平台而无法落地形成了鲜明反差。

3.5.2 产业活化的"文化+"模式

对工业遗存产业活化而言，"文化＋"模式是指将文化要素作为锚点，使之与经济、社会等领域进行融合创新，以推动产业优化。在这一过程中，产业活化的核心文化要素既包括基于城市自身文化基础的再认识和再觉醒，通过挖掘遗存固有生产历史文化为产业植入提供基础，也包括以新文化的嫁接植入来促进工业文化再生的方式。

3.5.2.1 以传统历史文化为锚点的产业活化模式

在工业遗存更新进程中，以城市传统历史文化为触媒，以文创产业引领老旧工业区振兴是一条已由欧美国家践实可行的有效手段。以工业建筑物质空间为容器，将城市历史文化与工业遗存更新相融合进行适应性更新，使工业建筑实现全生命周期的可持续生长是当下存量开发的重要途径。因此，充分挖掘城市历史文化，为业态植入找寻锚固点是工业遗存产业活化的核心。

"欧洲文化之都"（European Capital of Culture Program）是由欧盟主导的在欧洲国家间开展的一个以文化交流和展示为主题的城市活动，是典型的采用传统历史文化为锚固点为城市更新的空间再生注入活力的产业活化模式。该荣誉称号以年度为单位由欧盟颁发给符合要求的城市[100]，其文化再生的一个主要形式就是文化活动和文化项目的持续性延续。

由重工业带动经济发展的格拉斯哥在 20 世纪 70 年代前后一度

100　方丹青，陈可石，陈楠．以文化大事件为触媒的城市再生模式初探——"欧洲文化之都"的实践和启示 [J]．国际城市规划，2017，32（02）：101-107.

陷入经济衰退的危机，随着城市经济结构转型升级，在政府公共投资的带动下，城市建设了一系列城市设施建筑，格拉斯哥一跃转型成为港口休闲的旅游城市，借此机会成功地完成了从传统工业向文化创意产业的经济转型。"格拉斯哥1990"（Glasgow 1990）这一季度性文化节日则成了该市"创意城市"（Creative City）的文化引擎，由最初的短暂性活动逐步成为持续一整年的文化项目。在这一过程中，大量老旧的城市设施在改造中被赋予了新的意义，并注入了新的功能。很多失去原有功能的传统船舶工业厂区逐渐更新，取而代之的是大量新兴文化办公建筑和高端住宅。旧工业建筑成为城市文化活动的空间，以文化为引擎的城市综合体项目已成为区域经济活力的重要推动力。

"里尔2004"（Lille 2004）利用城市中的小型场地，将现有的旧建筑，如旧纺织厂、酿酒厂、农场和修道院等改造成"文化休闲之家"（Maison Folie），以提供艺术家和居民聚会和文化活动的场所。许多"欧洲文化之都"城市通常会选择将文化年中的主题活动转变为规律性的城市文化庆祝活动，并在未来持续开展。每两到三年举办一次的"里尔3000"（Lille 3000）[101] 就是里尔在2004年"欧洲文化之都"文化年后形成的品牌文化节。"塔林2011"（Tallinn 2011）引入了"文化公里"（Cultural Kilometer）的概念，在海边修葺了一条长2.2 km的游憩道，串联起沿海区域具有较高价值的文化景点向地方居民和游客展示。

文化再生的另一个表现形式是建立文化组织和网络。"鹿特丹

101　"里尔3000"在2006年、2009年、2012年、2015年、2018年分别成功组织了印度（Bombaysers de Lille 3000）主题、特大号欧洲（Lille 3000 - Europe XXL）主题以及奇妙（Fantastic）主题、再生（Regeneration）主题和黄金国（Golden World）主题的里尔3000文化活动。

2001"（Rotterdam 2001）在活动期间成立了大量的文化组织，至今仍运作良好。当年成立的"儿童艺术实验室"和"斑马别墅"项目组织机构至今仍在为儿童提供优质的艺术教育服务。

利物浦的"发展与投资伙伴"计划有力推动了城市更新和文化复兴。通过发展文化旅游业，这座城市将荒废多年的阿尔伯特船坞整修一新，围绕船坞的仓库更新为利物浦的文化高地和著名旅游目的地。港口船坞区建立了众多博物馆，沃尔克艺术画廊（Walker Art Gallery）、泰特利物浦美术馆、默西塞德郡海事博物馆、利物浦生活博物馆（Museum of Liverpool Life）和披头士博物馆均因内容植根自身城市文化、与现实历史背景密切相连而独具魅力。[102]

德国埃森采用"工业 +"产业活化模式在传统重工业基础上重塑了蒂森·克虏伯（Thyssen Krupp）环带产业带，同时更坚定地选择了大型文化项目作为"文化 +"产业转型的经济驱动内核。在关税同盟 12 号矿区的更新进程中，雷姆·库哈斯（Rem Koolhaas）将原洗煤车间改造为鲁尔博物馆（图 3-90），诺曼·福斯特（Norman Foster）将原锅炉房改造为红点博物馆（图 3-91），这些重要文化建筑都为埃森带来了极高的城市声誉，基于传统工业文化的"博物馆模式"印证了其引领新文化的超强能力。2010 年埃森当选"欧洲文化之都"，大量旅游人口涌入，地方经济得到迅速提振。

3.5.2.2 以符号文化嫁接为手段的产业复制模式

除了依托城市传统历史文化外，以"符号文化"的嫁接植入为触媒激活工业遗存业态升级也是"文化 +"产业活化模式的有效途径。较之挖掘传统文化的再演绎，植入新文化在工业遗存的业态升级中

图 3-90 鲁尔博物馆
资料来源：作者拍摄

图 3-91 红点博物馆
资料来源：作者拍摄

102　陈易.文化复兴、产业振兴与城市更新——从"欧洲文化之都"计划对城市更新的影响说起 [J]. 城市建设理论研究（电子版），2012（25）：1-6.

更具复制性，因而成了能迅速实操的产业"捷径"，但这一模式也是造成工业遗存更新同质化的主要推手。由于工业产业生产具有一定的相似性，在采用此类符号化更新模式时隐藏着一些弊病，对同类符号的"拼贴"与模仿操作容易形成雷同的空间、相似的场所感受和建筑风格，工业遗存更新容易沦为千篇一律的"雷同城市主义"（Urbanism of Universal Equivalence）[103]。

大量北美海港城市如波士顿、纽波特、纽约、费城、查里斯顿、巴尔的摩等最早因航运而兴起于大西洋沿岸。二战后欧美国家从制造业经济向信息和服务业经济的转型推动了一系列滨水区的功能转化升级，公园、步行道、餐馆、娱乐场以及混合功能空间和居住空间被置入滨水区。这类以商业、消费开发为导向的滨水区更新改造，往往以符号化的"节庆市集"（Festival Marketplaces）商业模式开发，其中包括主题公园、娱乐表演、休闲购物、街头剧场和其他服务设施在内的一整套较为固化的商业模型。

美国房地产开发商詹姆斯·劳斯（James Rouse）在波士顿废弃滨水区开发的"节庆集市"商业模式（图3-92）是"符号文化"嫁接植入更新典型的案例。20世纪50年代末期，波士顿的滨水地区像美国许多大城市一样呈现出一幅典型的城市萧条画面，人口不断外迁形成破败的贫民窟。1959年城市重建局推动的滨水地区的重建计划用地范围超过40 hm^2，改建项目以"节庆市集"商业模式开发，完整导入了住宅、办公楼、商业集市、公园、水族馆、游艇码头等可复制的商业业态，一系列的码头仓库区也通过这样的商业模式转变为商业、住房和办公楼。

巴尔的摩内港（Baltimore Inner Harbor）也是滨水区复兴中最早的例证之一。除保留少数几个码头的旧貌外，开发商基本遵循"推

103　Sorkin M. See you in Disneyland[J]. Variations on a theme park: The new American city and the end of public space, 1992(18): 205-232.

图 3-92 波士顿废弃滨水区商业的节庆活动
资料来源：https://you.ctrip.com/travels/boston442/1881168.html.2018-10-06

图 3-93 巴尔的摩内港
资料来源：https://commons.wikimedia.org/wiki/File:Inner_Harbor_2020.jpg

倒重建"的原则，建成了集成 40 万 m² 的零售店、300 幢公寓和旅馆、科学博物馆及水族馆的综合游憩商业区（图 3-93）。其中，零售业多位于近水处，同时混建大量的游憩与文化设施，如水族馆，容纳了食品店、专卖店、画廊和咖啡店的充满活力的市场———港口广场（Harborplace）为商业区的中心。尽管巴尔的摩取得的开发成果令人瞩目，但由于它几乎将旧港的原有设施与环境破坏殆尽，因此受到了众多的批评。过于符号化的建筑使滨水区更富游乐场或迪斯尼乐园的气息，而缺乏城市应有的真实感与历史感，导致了城市历史感的缺失。同时，改建后的滨水区完全改变了原有街道的尺寸，中断了历史和人文脉络。另外，符号化的单个设计或单体建筑置于滨水区内并不协调，单体建筑之间缺乏应有的联系，也是此类北美滨水区开发项目存在的主要问题之一。

在我国的工业遗存更新中，这种以"符号文化"嫁接为触媒的更新手段较为常见，多表现为同一开发主体主导的具有品牌效应的遗存更新项目。上海走在全国工业遗存更新前列，更新模式较为成熟，以"符号文化"嫁接的模式化更新也是上海当前存量更新的主要手段之一，更新较为典型的案例是以临港集团推动的以存量开发为目的的"新业坊"系列。临港集团是上海国资委下属的唯一一家以产业园区投资、开发经营和相关配套服务为主业的大型国有企业，结合城市更新区域升级，该集团以"城中坊""园中坊"为固化模式的遗存更新已形成品牌效应，"新业坊"作为上海工业遗存更新的典型实践样本迅速被复制。

临港集团自 2015 年成立后即着手多种产园区建设，其中"城中坊""园中坊"模式的遗存更新也是重要组成部分，随着遗存更新的发展完善，宝山新业坊已经呈现相对成熟的状态，这一更新模式也逐渐被复制到上海多个遗存更新项目中，并取得了较为积极的社会反响。

宝山新业坊（图 3-94、图 3-95）所在的淞沪铁路中外运江湾基地是大上海由铁路开启的工业兴盛史的见证者，记载了远东工业大都会的繁华历史光影，在 20 世纪 70 年代铁路废弃后逐渐没落。地处宝山、虹口、杨浦交界地段的新业坊周边交通网络发达，在项目改造中以尊重工业遗存历史属性为原则对工业建筑设施进行了一系列更新，保留原有建筑主体及结构，对外立面及建筑形态进行改造，对铁路进行重新利用，建设月台以链接厂区外部空间，从而实现上海工业崛起道路上的旧址新生。从业态上，结合周边高校群及配套商业的人流支撑，打造高端产业产学研融合的新型园区业态。在文化符号层面，"时空月台"及铁轨火车头等工业元素是针对工业历史记忆演绎的"工业风"符号，"U+ 时尚艺术中心"是结合大尺度工业空间提供类似路演、拍摄等社会特定集会功能的"空间"符号。这两种可视符号在新业坊后续项目中也成了标配。

继宝山新业坊之后，静安新业坊（图 3-96、图 3-97）也逐渐揭开面纱，地处新静安（原闸北区）汶水路的上海冶金矿山机械厂以影视产业园的新姿态重新亮相。通过对建筑结构的保护及再设计，结合厂房工业特征特色，对厂区工业历史文脉的沉默资产进行激活

图 3-94 宝山新业坊现状
资料来源：作者拍摄

图 3-95 宝山新业坊沙盘
资料来源：作者拍摄

再生。同时，结合当前城市共享空间需求，园区创新性地采用空间共享模式，以分时租赁利用园区空间载体来提升空间使用效率。从业态上看，静安新业坊保持了厂内的工业遗存如大尺度锻造车间等空间来传递"工业风"符号，在大尺度"空间"符号上叠加了"好莱坞模式"，引进影视 IP，将影视产业作为文旅产业的孵化器，从而升级迭代了其特色"符号文化"。园区同时引进东华大学创业实习基地，搭建产学研的合作平台，形成新的特色产业组合模块，从而形成以"创新、创意、创业"协同，"宜商、宜游、宜业"互促的商、旅、文联动的产城融合园区。至此，新业坊基本形成了较为稳定的系列更新模式，这种具有"符号文化"特征的园区更新被不断复制。

以"符号文化"嫁接为表征的遗存更新往往是有较为固化的更新模式，即对文化品牌、空间特征、更新规模、产业构成及配比、投资规模、回报周期等更新要素进行模式化的复制。以"新业坊"系列为例，地块规模体量主要是控制在 5 万 m² 左右的更新项目，以轻资产、低风险稳健投资为主。在业态上，品牌化的更新模式也往往具有较为独立和稳定的供应链。通过"新业坊"系列案例不难发现，该品牌针对"园中坊""区中坊""校中坊""联盟坊"四大品牌产品线都有较为独立的特色产业供应链。在此基础上，结合不同地区进行合理科学的业态分布调整，保证每个园区呈现出多样有序的品牌效应。

由上述可见，以新业坊为代表的"符号文化"产业复制模式的核心内容主要是通过控制一定规模、相似的业态配比，结合运营商自身完整产业供应链进行不同片区的复制，在遗存更新中搭载特色产业模块，体现适配品牌的特色风貌，形成多元又相对统一的品牌效应。除"新业坊"外，"新天地""幸福里""梵天"等都是以

图 3-96 静安新业坊更新前后对比
资料来源：作者拍摄

图 3-97 上海冶金矿山机械厂改造前航拍
资料来源：作者拍摄

类似模式运行的代表。在工业遗存更新的产业复制模式中，"符号文化"这一核心始终存续。值得注意的是，每个更新项目都需要尽可能因地制宜地创造差异化特征，避免该模式下更新趋同的同质化问题。

3.5.3 产业活化的"产业+"模式

自20世纪60年代开始，建筑层面的适应性更新再利用实践开始出现，但在规划层面，由于社会文化经济等多重因素共同作用的不确定性，如何长效发掘较大规模的在地历史工业遗存的价值，寻求恰当用途，导入适配产业，这一问题往往在规划初期难以给出确定的答案。M.C.布兰奇（Melville C. Branch）提出的连续性规划（Continuous Planning）构想就试图以时间长轴摊薄一次性规划的不确定对项目和城市发展带来的掣肘。

传统产业和新经济产业以不同的模式介入工业遗存更新领域，呈现出产业活化"产业+"模式中的一体两面。

3.5.3.1 原发性升级的传统产业模式

工业遗存更新领域原发性升级的传统产业模式是指以文创、办公、居住、运动、休闲、商业及其衍生产业的活化介入更新原生产职能的产业导入手段，其中最具代表性的产业是艺术、文化、创意和教育、总部、办公两大类型。

对大量以文创为核心产业的更新园区而言，艺术介入的产业引爆方式均具有较好的影响力。2001年，比利时亨克市（Genk）政府购买了林堡省投资局（LRM）温特斯拉（Winterslag）采煤厂，逐步着手将其由原来的采煤中心变成集文化、创意、娱乐和休闲功能为一体的城市文化公共中心。煤场前身建筑被改建为剧院、电影院、餐厅还有设计学院。亨克C矿（C-mine）景观广场（图3-98）最著

图 3-98 C-mine 广场
资料来源：作者拍摄

图 3-99 迷宫雕塑装置
资料来源：作者拍摄

图 3-100 卡奈尔酒厂改造卫星图，
资料来源：Google Earth

名的艺术介入手段就是广场中央景观雕塑的植入。艺术中心 C-mine 邀请比利时建筑师吉耶斯·范·瓦伦伯格（Gijs Van Vaerenbergh）和艺术家彼得扬·吉耶斯（Pieterjan Gijs）合作搭建了极富空间想象力的大型钢制雕塑装置——迷宫（图 3-99）。雕塑一经面世，立刻成为网红打卡圣地，煤场也成为当地居民庆典集会的场地甚至是婚纱摄影的优选场地。

　　比利时卡奈尔（Kanaal）酒厂（图 3-100）由世界著名收藏家、古董商阿塞尔·维伍德（Axel Vervoordt）购入，随后在维伍德的主导下改造为住宅、办公室和博物馆，这也最终成了维伍德家族产业的大本营。他的妻子负责布艺，两个孩子分别负责设计和房地产部门。整个团队由 85 名技艺精湛的修复师、艺术史学家、建筑师和工匠组成。打造了具有侘寂风格的艺术园林和藏品展厅（图 3-101），为安特卫普（Antwerpen）城西 13 km 的韦讷海姆市（Wijnegem）注入了艺术清流，也令这个改造进入了公众的视野。围绕核心的艺术博物馆，在滨河的三角形用地中设置了新建总部办公、改造板式公寓、改造筒仓公寓、改造社区配套和特色超市商业等功能，半开放的空间布局成为小城中一处独具特色的工业遗存再利用的艺术集落。

　　如果从时间维度上说，工业遗存的更新最适合作为城市空间转型的先导触媒和先导项目的话，那么对于大体量工业遗存更新项目而言，教育介入则是最具活力和影响力的先导性产业活化方式。教育产业可以带来区域更新后稳定的使用人群，提升区域人员的基础素质，而且学生的创造力和创业能力也可以为更新提供持续性的产业活化动能支撑。

　　伦敦国王十字街区的中央圣马丁设计学院（图 3-102）作为区域最早进入的先导业态之一，就很好地起到了教育与艺术嫁接后对更新整体产业活化的触媒效应，令更新效应快速进入大众视野。

图 3-101 维伍德家族藏品展厅
资料来源：作者拍摄

图 3-102 中央圣马丁设计学院谷仓改造中庭
资料来源：作者拍摄

2011 年，在国王十字车站改造完工前夕，摄政运河南片区已初具规模，中央圣马丁设计学院宣布迁址国王十字街区摄政运河北片区的谷仓广场。拥有 40% 非英国籍学生的中央圣马丁的迁址不仅是伦敦的地方新闻，更是这所顶尖国际化设计学院对于更高自由度和交互度新校园的环境的诉求。中央圣马丁期望新校区能带来更广泛的国际吸引力，所以保留建筑大空间的谷仓则成了中央圣马丁的首选。改造后的谷仓是一片旧派气息与未来感并置的建筑群，大屋顶下是透明的玻璃与磨损的旧砖结合而成的墙壁，是现代科技与旧时工业的交融并兼。中央圣马丁无处不在的新旧碰撞、大空间下的交流合作，无时无刻不在激发学生们的创作灵感。

教育产业的导入有力衔接了摄政运河南北两个片区，为南片区的办公和商业蓄力，也为整个片区的持续活力保驾护航。中央圣马丁设计学院入驻国王十字谷仓大厦后，谷歌宣布在潘克拉斯广场购置土地兴建其英国总部，并在旁边已有办公楼中购置一栋作为其人工智能研究室和深度思考（Deep Mind）项目办公场所，脸书（Facebook）、油管（YouTube）创意中心伦敦基地、PRS 音乐（Performing Right Society for Music）、路易威登（Louis Vuitton）、亚马逊（Amazon）、环球唱片（Universal Music Group，简称 UMG）、哈瓦斯集团（Havas）等注重工作氛围和形象的各路奢侈品巨头和文创企业也相继入驻，这些都为工业遗存和风貌街区对新经济产业的文化吸引力做出了坚实的注脚。而北片区的圣马丁对于谷仓的改造利用成功盘活了谷仓广场，并与南片区的办公和商业相互补充、合作发展。

由此，国王十字街区拥有了多点引擎可以连续引爆街区活力，并拥有全产业链可以持续巩固片区发展，街区一跃成为伦敦市中心最炙手可热的集 TOD、互联网、办公、艺术、居住和商业等配套于一体的高端商务区，多产业叠加产生了迷人的城市化学效应。

以钢铁业为传统产业支柱的卢森堡在整体国家战略转型的导向下，在卢法比三国交界的贝尔瓦地区建设的科学城中，欧盟发展基金（European Regional Development Fund，简称 ERDF）、国家基金支持创建了卢森堡大学（University of Luxembourg）（图 3-103）。文教产业作为先导产业推动城市更新，并进一步推动城市全面产业转型升级，此类做法早在 20 世纪六十年代的多特蒙德就有成功的案例可资借鉴。贝尔瓦科学城是卢森堡政府重振国家南部经济的决心所在，所以科学城从规划之初就是由政府牵头制定战略发展目标并联合企业进行土地开发和运营，卢森堡大学贝尔瓦分校的引入正是片区复兴的坚实产业支点，不同于卢森堡其他高等教育机构只提供一到两年大学教育的不完整教学条件，卢森堡大学是卢森堡唯一一所国际化、多语种的研究型大学，学生在科学城完成学业后，进入孵化器初创探索，之后成立或加入科技企业，以科技产业提振该地区乃至环欧三国的经济发展。大学城不仅可以使卢森堡本国大学生在国内完整接受本科和研究生教育，同时也可有效地吸引邻国的大学生入读。同时，依托炼铁高炉遗址的产业孵化器，为大量高知人群的引入提供科研向实践转化并形成生产力的研究落地支持技术平台，为文化创智产业集聚提供支持。

卢森堡贝尔瓦科学城的卢森堡大学致力打造制造业之后国家创新科技产业的动力之脑，中央圣马丁设计学院则为国王十字定位了享誉全球的殿堂级艺术坐标。上述项目是利用教育产业作为先导业态，同时寻找、筛选和落地完整的城市产业链条来实现城市活化，真正提高了人们在城市空间活动的黏度，并带来持续的生命力。通过高校的落位吸引年轻人，可以有效地改善该地区老龄化造成的社群退化问题。年轻人的创造力会对创业需求、置业需求、生活需求、配套产业及再升级需求等提出实质性需求。创新性需求会进一步带

欧盟发展基金铭牌

图 3-103 欧盟发展基金铭牌、卢森堡大学卢森堡国家基金铭牌
资料来源：作者拍摄

来持续性的产业链条注入与更新，可以称之为"全寿命周期产业链
升级的触媒计划"。

3.5.3.2 渐进迭代的传统产业模式

"连续性规划"（Continuous Planning）理论在工业遗存更新领
域的实践就是以瑞士温特图尔苏尔泽工业区为代表的渐进式适应性
更新。被闲置的存量建筑通过渐进式的临时性使用实践验证了动态
规划的重要性，各个成功的城市更新案例如同针灸疗法一般激活了
古老的欧洲工业片区。在21世纪的前十年中，欧洲德语区如德国、
瑞士、奥地利等国关于临时性使用的讨论逐渐增多，并积累了丰富
的经验。一次活化是多点撒网试探可能的发展方向，当经过一段时间
的探索之后，会逐渐明晰何种方向更有潜力拓展，于是便及时收网，
淘汰潜力较弱的方向，专注核心方向，更有针对性地以此为核心进行
二次活化。工业遗存更新功能的可持续性活化基于长远的规划和制
度的完善，只有拥有长远的更新目标和长效的运营机制，才能做到
真正的长轴性更新，从而在不同阶段充分体现遗存的再利用价值。
瑞士温特图尔苏尔泽工业区强制性保护建筑占总开发用地面积的
16.1%，其中48%保留建筑立面，5%（一个）保留原建筑内部巴西
利卡式空间结构，47%是整体性保护。[104] 由此可见，非正式自发性
的渐进式更新对于强制保留建筑的态度清晰且有明确的分类，而在
对非强制保留建筑的价值认知尚不明朗的情况下，会做出临时性使
用的尝试，比如180号厂房原不属于强保范围但在临时作为建筑学
院后使用情况较好便被保留了下来。曾经作为仓库区货场的卡瑟琳
娜苏尔泽广场（Katharina Sulzer Plaza）（图3-104）被完整保留并改
造为全新的景观广场，广场一侧的巨大厂房也作为室内社会停车场，

---

104 作者根据相关资料整理统计计算得出。

打造"欧洲最美停车楼"（Halle 53）。

20 世纪 90 年代初，苏尔泽公司对温特图尔苏尔泽工业区的仓库场地块进行了两次大型重建规划设计，但均以失败告终。在向瑞士邮政出售土地的同时，苏尔泽公司开始临时使用仓库场地块，并创造出市民欢迎的城市空间如苏黎世应用科技大学（建筑学院，将本不属于强制保留建筑的 180 号厂房成功盘活，集聚了大量人气，激活了仓库场周边地块的更新开发。ZHAW 建筑学院（图 3-105）作为仓库场地区第一座工业建筑改造的案例，成了后续历史工业厂房改造的标杆。2002 年末，温特图尔市政府批准将该建筑的使用年限延长十年。2007 年，温特图尔市政府举办的实验性规划中对该地块于 2012 年使用到期后的未来发展进行了讨论，主张结合周边地区的教学力量整合为一座跨区域的工程建造专科学院。ZHAW 建筑学院的入驻是苏尔泽工业区导入教育文化产业的锚点，同时也是对共享性大空间临时性使用的一种探索，而且由于良好的运营，租户力图保留仓库场地块临时使用时期的功能。租户联合组成的仓库场协会寻找投资方，共同成立了日落基金会，于 2009 年买下了这一地块，如今投资方与租户携手共同经营，为仓库场地块未来的可持续与生态化经营共同努力。ZHAW 建筑学院作为文化导向，临时性使用了闲置资源，阶段性探索了城市空间状态，找寻文化产业置入与场地本身的特色与风貌的融合与平衡。[105] 温特图尔也成功实践了同一场地多次临时利用与契合在地需求的功能不断迭代的渐进式适应更新。

与温特图尔相似，北京 798 艺术区也是在适应性更新进程中实现了产业的渐次更新迭代（图 3-106）。通过中央美术学院及一系

图 3-104 卡瑟琳娜苏尔泽广场及周边
资料来源：作者拍摄

图 3-105 180 号厂房改造后
资料来源：作者拍摄

图 3-106 北京 798 艺术区
资料来源：作者拍摄

105　董一平，候斌超．工业建筑遗产保护与再生的"临时性使用"模式——以瑞士温特图尔苏尔泽工业区为例 [EB/OL]. [2018-05-03]. http:// jz.docin.com/p-1186605290.html.

列艺术家的租赁行为在没有完善的上位规划的背景下自下而上成功地盘活了整个区域，将原国营 798 厂等电子工业的老厂区产业彻底升级，打造形成了具有国际化色彩的"SOHO 式艺术聚落"和"LOFT 生活方式"，这块游离于主城区和首都机场间的飞地在城市传统地缘认知地图上的地位被极大改变了，在经历了 2008 年前后国内艺术市场的价格飙升周期后，原有艺术创作工作室为主的业态格局被打破，商业价值更高、盈利能力更强的业态如会展空间、演义和会议空间、艺术和文化机构办公空间、餐饮场所逐渐升级了原生状态下的艺术聚落功能，完成了第二次产业更新。北京 2035 总规中表述的"政治中心、文化中心、国际交往中心、科技创新中心"四个中心的"国际交往中心"概念催生的北京德国文化中心·歌德学院（中国）在 2015 年 10 月 29 日的开幕标志着 798 进入了第三次产业更新。

通过 798 的典型渐进式、多轮次、长周期更新进程可以看到，最初相对短视的抄近路式园区升级更新因缺乏核心产业驱动而裹足不前，真正的更新从艺术实践的原发动力开端发轫并渐成规模，逐步影响了区域的习惯性认知，形成名片效应。租金的变革也带动了已经附着在项目上的产业链条业态从低到高变迁，国家战略城市定位的升级调整又助推了更新一轮相关业态的调整和植入。产业的调整始终在自下而上和自上而下的双轴驱动中不断完善，这也决定了区域的可持续发展。

优秀的城市更新案例都需要长远的更新目标，伦敦国王十字、汉堡港城等项目 25 年的更新历程都佐证了时间的长期性。唯有拥有长远更新目标才不会被短期利益迷惑或是动摇了正确的发展方向，才能扎实做好基础更新的各方面储备为持续更新蓄能助力，并取得最终成功，这对任期制政绩观挂帅的我国具有重要启示意义。其次，要与长远更新目标匹配制定长效的运营机制，搭建政企分离的运营平台，避免被任期制政绩导向影响。再次，通过有计划的后评估机制评定更新过程中各类导入业态的市场存活率及与城市整体发展战略的匹配指数，并据此适时进行资源再配置或转移，真正做到更新产业的有机动态升级。

3.5.3.3 颠覆传统地缘经济的新产业模式

随着经济全球化的发展，我国消费领域也逐渐进入共享经济快速成长并逐渐步入成熟的阶段，经济发展新动能作用充分释放，共享经济正加速向生产领域渗透。随着工信部印发了关于《加快培育共享制造新模式新业态、促进制造业高质量发展的指导意见》，以共享经济提升高质量发展的方式逐渐成为新趋势。在共享经济的推动下，互联网社会下的新兴产业也都具有了共享理念的特征，比如共享办公、共享空间等，在当下的工业遗存更新中，这些颠覆原有地缘经济模式的新型产业模式逐渐出现并成为趋势。

比如石景山区杨庄大街 69 号筑福国际西厂区特钢厂，原本老厂房尘封已久破败不堪，在当下共享经济的带动下，图书共享、知识共享成为一种趋势，"全民畅读空间"（图 3-107）重新为老厂房注入了活力。书店颠覆了传统文化业态的多元化阅读书吧概念，不单提供书籍销售，同时提供阅读、文创产品销售、学术沙龙、咖啡餐饮等复合功能，颠覆了传统单一静态书店的功能和空间边界。各个区域的导购员也是顶级配置，其自身的丰富阅历和生活知识积淀让书店变成了更加鲜活的可以互动的体验馆，实现了同一空间内一站式多重生活方式的集成和并置，为人们带来了全新的生活体验。通过对建筑的有效利用，这里从一个工业衰败厂房转变为一个文化生态科技平台，通过实体文化空间和文化科技平台将用户社群打造成用知识链接人与人的精神部落。

图 3-107 全民畅读空间
图片来源：作者拍摄

随着城市互联网经济的不断深入，线上第三方网络平台的收费标准不断提升，线下店重新迎来崭新的机遇。这类线下生活体验店的核心突破点在于互联网在拉平了地球的同时也极大地弱化了地缘效应的物理障碍。依托互联网销售的电商系统彻底颠覆了传统商业系统，网络提供的海量商品数据选择是传统商场无法比拟的优势，同时互联网商业模式也省去了传统商业的场地租金并将其回馈给消费者，便捷的物流系统提供门到门的配送极大缩短了传统购物者到达商场购物再带物品回家的出行路线。上述信息大、成本低、物流快的特质已经把传统商业逼到了死角。新零售需打破传统商业的模式，其空间诉求呈现出如下特征：一、以客户需求为目标导向，通过定义客户生活方式定义功能特性；二、提供多样跨门类的一站式生活体验；三、以生活场景为基础来营造丰富的具有想象力的空间感知。即达到人、物、场三位一体的跨界复合共生，大数据和物联网的介入又使得新零售、新文化业态拥有了精准的用户导向，为三位一体的体验空间提供了不断迅速迭代的数据信息支撑。依托强大的朋友圈经济，"颜值革命"的空间升级和点到点的空间体验，催生了一个极具生活体验感和经济学意味的崭新词汇——网红打卡。这标志着消费者可以跨越传统城市空间非经济圈的亚繁荣或不繁荣地带而直抵目的地，这是碳基城市（传统城市物理空间）结构边界在硅基城市（互联网空间）作用下的消解和重构。

在新零售颠覆传统商业的逆向思维下，我们也可以从互联网、新媒体产业的二次实体化看到崭新的空间机遇。盒马鲜生依托大众点评、饿了么等网络点餐平台的数据整合，建构了大数据指导下的热点生鲜商品集合店，提供商品采购、加工、就餐、社交一条龙，让电商重回实体商业。无独有偶，媒体大鳄一条，也依托其网络推送高热点产品的数据集成建立了商业信息大数据王国，一条相继推出一条生活馆（图 3-108）线下销售热点产品，应和者云集，店内全时物联网数据追踪指导下的货柜及货品位置不断更新也更大程度地丰富了消费体验。值得注意的是，一条生活馆选址都是在商业价值最低的商场顶层，靠互联网传播的网红效应反转了传统商业空间的价值定位。

工业遗存标志性的大空间为常见的"房中建房"的再利用式空间重构提供了绝好的舞台，内与外的模糊性是空间的特质。传统工业建筑的巨大尺度往往意味着被覆盖的生产空间，在这些空间中，人们工作、生产开动巨大的机组或是机车从中穿行而过，有时很难界定工人的工作界面究竟是在室内还是室外，这种内与外的不确定性正和当下互联网线上销售店和线下体验中心的虚实不确定性形成了一种有趣的镜像式对偶。新空间在既有空间中以负形雕刻的方式微妙地重塑出众多具有城市感的街道、院落，这种特殊的、类似舞台布景式的空间体验模式也为"网红效应"提供了沃土。新的功能产业植入带来的全新生活体验正把这些静置的空间变为鲜活的场所，令遗存的业态更新拥有了无数种可能的想象。这正是互联网带来的城市空间需求的变革。生活形态的改变催生了生活方式和消费主义指导下的新零售模式，类似无印良品（MUJI）生活馆、衡山合集和常州棉仓之类的后起之秀仍在不断涌现。

常州棉仓生活馆（图 3-109）位于江苏常州市新北区长江路 25 号的三晶科技园内，位置远离市区中心区，距离市中心约 10 km。项目原是一个标准的工业厂房，于 2017 年开始改造设计，2018 年竣工。在改造中设计师决定采用"屋中屋"的改造设计策略，即在主体厂房内部建造完整的新形式的独立建筑物来容纳两个主要功能。[106]

图 3-108 一条生活馆
资料来源：阿克米星建筑设计事务所 + 蘑菇云工作室

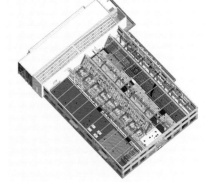

图 3-109 常州棉仓的轴测图
资料来源：阿克米星建筑设计事务所

106　庄慎，华霞虹.棉仓城市客厅[J].建筑学报,2018（07）：42-51.

这样的策略一方面是为了对内部空间形态进行控制，平衡原有厂房高大的尺度，使内部空间的构筑物拥有足够大的体量；另一方面，也是为了对室内环境加以控制，极大提升局部环境的舒适性。新建舱体一座用来展示工厂主业的成衣，一座用来提供舒适的餐饮和咖啡服务，两个舱体之间留有的带状灰空间月台则可供人运动休憩，还有儿童游戏的设施，比如滑板车、蹦床、乒乓球台等（图 3-110）。这些丰富的活动场所的存在吸引人们专程来位于城郊的棉仓空间进行一站式消费。正是因为灰色空间的存在，为这种丰富的内部状态和空间体验的产生提供了可能。棉仓舱体和月台的并置状态模糊了外部和内部相对关系，人们在空间中行为的不确定性更符合互联网思维，让更多可以在网络上传播的活动又推动了内部事实功能的展开。普通空间功能通过设计产生了富有仪式感的建筑形式和氛围，成为互联网上的宠儿。这种屋中屋的内部空间在互联网上呈现为网红图像，人们对建筑内部空间的体验在网络空间里成了展示对象。其选址是在商业价值较低的郊区普通厂房，靠互联网传播的"网红效应"反转了传统商业空间的价值定位。"一种索引式空间关系把我们导向一个个具体的内部空间，他们相互之间彼此无关，但他们共享一个虚拟的'外部'公共领域。"[107] 新功能产业植入带来的全新生活体验正把这些静置的空间变为鲜活的场所，令工业遗存的业态更新拥有了无数种可能的想象。这正是互联网带来的城市空间需求的变革。

法国老佛爷百货香榭丽舍大道旗舰店（Galeries Lafayett Flagship on Champs-Élysées）是由建于 1932 年的四层银行大楼改造而成（图 3-111），占地面积为 6 500 m^2。通过改造将传统内向的旧建筑转变

图 3-110 常州棉仓生活馆室内儿童活动场地
资料来源：阿克米星建筑设计事务所

图 3-111 巴黎老佛爷百货香榭丽舍大道旗舰店
资料来源：作者拍摄

107 鲁安东.棉仓城市客厅：一个内部性的宣言[J].建筑学报，2018（07）：52-55.

为极具场景感的零售实验室。这个吸引了当地和全球购物者的"网红"结合了旧时的优雅与现代的时尚感，汇集了一系列一线品牌和交互式体验。

在改造中，原本封闭的首层建筑空间被充分打开，入口发光的"时光隧道"极具导向性地将场景延伸至中心的圆形中庭（图3-112），为品牌宣传、时装秀和其他特殊活动提供宽敞明亮的场地。作为垂直交通系统的大楼梯同时承担了创意展示功能，成为新兴品牌、丹宁布实验室、珠宝展示空间等一系列产品展示的平台，趣味化的交通空间也成为商场的打卡点，圆形中庭举办活动时楼梯也可作为灵活的观众席位。由穿孔金属板构成的金色圆环将所有的立柱围绕起来，创造出一个连续的面向中庭的嵌入式展示空间，从商场一层可直接看到上方楼层的空间，吸引人们去探索不同的空间和活动。[108]在这里，商店探索和不同楼层的体验带来的乐趣甚至超越了商品本身，家具被赋予工艺品的理念：地毯更衣室展示更像是雕塑作品，鞋柜同时也可用作试鞋时的座位。顶层空间设有一系列悬浮的玻璃橱窗，看上去如同独立的艺术品，可以承载不同类型的活动。

虽然置身香榭丽舍大道，但旗舰店的建筑自身识别性并不鲜明，很容易淹没在连续的街道界面中，独特的空间模式和体验式购物场景提供的"网红打卡"效应加之老佛爷的品牌效应是其能在众多购物商场中脱颖而出并得以快速传播的基础。

图 3-112　香榭丽舍大道旗舰店老佛爷百货圆形中庭
资料来源：作者拍摄

3.6　工业遗存更新的社会融合

3.6.1　传统工业化进程中的产居共同体

我国现有工业建筑遗存以新中国成立后社会主义工业化时期的

108　老佛爷百货香榭丽舍大道旗舰店，巴黎/BIG——新焕发光彩的 Art Deco 建筑瑰宝[EB/OL].[2019-06-06]. https://www.gooood.cn/galeries-lafayette-flagship-on-champs-el.html.

建设为主。新中国成立后，为满足新中国工业化进程的发展需求，改善工人生活品质，工业生产厂区除了需承担生产职能外还需承担社会职能。以工人阶级为主要服务对象的具有浓烈的社会主义城市空间特色的"工人新村"（包括20世纪五六十年代的"工人新村"、"干部新村"和20世纪七八十年代"单位制"中的"工人新村"）大量出现。以新中国成立之初的工业化重要城市上海为例，1951年，当时的上海市市长陈毅提出市政建设应该"为生产服务，为劳动人民服务，并且首先为工人阶级服务"[109]。在这一方针指导下，1951—1960年间建成了18个工人新村（图3-113）。住房分配制度下的工人新村具有高度的同质性，形成了独具特色的"产居共同体"模式。除工业生产及居住单元外，厂区内还配有医院、宾馆、商业、浴室、学校等完整的配套设施，是具有一定独立性的微缩社会。

这种带有强烈集体主义色彩的微缩社会模式的社会主义空间化模式在改革开放后逐步衰落（图3-114），直到1990年代后期被市场化住房制度所取代。但这些单位化的产居单元仍然延续，随着工业生产单元的逐步衰退和效益降低，工人新村和企业生活区从改革开放前城市中的明星社区转变为老旧、低品质、相对低收入人群的集聚地，与周边空间在功能、空间品质层面和社会生活层面均出现了断裂。

事实上在建设初期，老工业区就作为集体主义的社会构型被嵌入到尚未现代化的乡村之中，又因为一直保持相对封闭的管理体系，导致与周边城乡空间和社会的融合度较低。而在当下工业遗存的更新过程中，工业用地周边的工人居住区以及作为利益相关者的工人再就业等社会问题日渐尖锐，推动产居共同体实现社会融合（Social

图3-113 "工人新村"代表曹杨新村
资料来源：作者拍摄

图3-114 集体主义强调公共生活的小社会
资料来源：网易新闻 https://www.163.com/dy/article/CNRUUTHS05239V7A.html

---

109 "上海解放"故事 [N].文汇报，2019-05-20.

Integration）并消除社会排斥（Social Exclusion）是工业遗存更新中不可避免的挑战。

3.6.2 工业遗存更新的再城市化进程

社会融合视角下，工业遗存需要经历从与城市分离到与城市融合的再城市化历程。这一历程主要包含两个层面。

首先是宏观层面上社会文化或城市精神的转变，这对传统工业城市尤为重要，如东北老工业基地，整体城市文化受到集体主义单位文化的影响，相对保守和封闭，缺乏创新性、开放性和包容性。需要在传统艰苦奋斗、自力更生的工人文化基础上鼓励企业家精神和创新创业精神。

其次是微观层面上居住功能融合与社会空间的再造。传统工业及其工人居住区在居住结构上较为单一，居住人口年龄结构老化。在更新过程中需要利用熟人社会的天然优势，通过社区营造，吸引青年人集聚，传承社区文化并形成包容性的社会空间。如上海江苏路街道在愚园路推进的社区更新计划中采取了一系列措施调整社区居住人口单一、功能单一、配套不足的问题。一、通过房屋置换的方式将临街一、二层具有价值的商业空间腾空，以艺术家工作室和手工匠人作坊的形式对街道开放（图 3-115）。高体验性的手工作坊可以吸引众多参与者，提升街道文化品质和公众参与度。二、艺术家可以优先租赁本社区的住房并改造。三、集合社区内部零散空置房屋做 Airbnb，引入年轻人。四、将有条件整合的居住楼宇改造为青年公寓。五、出租的租金回报用以投入老旧公房的电梯加建工程，惠及原住民。六、积极释放社区内零散外部空间，向公共配套职能或便利店、咖啡店提供临时租赁，以提升社区内部交流场所空间黏性。愚园路的更新建设正在为老旧社区重现活力探索一条行之有效的实践路线。

图 3-115 愚园路社区工坊
资料来源：作者拍摄

3.6.3 工业遗存更新的空间正义修复

对正义的追求是人类社会的永恒主题，约翰·罗尔斯（John Rawls）在《正义论》[110]（*A Theory of Justice*）中开宗明义："正义是社会制度的首要价值，正像真理是思想体系的首要价值一样。"大卫·哈维在1973年出版的《社会正义与城市》（*Social Justice and the City*）一书中系统提出了空间正义（Spatial Justice）相关理论。哈维认为空间资源的分配应该满足三个原则：一是满足地域内部全体居民的基本需求，二是使得跨地区乘数效应最大化，三是剩余的资源应该尽可能向最不利的地区倾斜。[111] 根据哈维的理论，在工业遗存更新过程中有三类主要的空间正义议题：一是遗存更新中对满足人的需求安排是否正义，二是遗存更新后与遗存对其所在区域产生的效应是否积极，三是遗存更新过程是否改善了最不利者的境地。

从某种角度上看，城市空间是具有一定阶级性的，不同资本阶层对空间的享有度及空间话语权存在较大差异，在工业遗存更新中"士绅化"就是空间非正义的存在表现。回顾既有实践，第一类空间正义议题最为显著，后两类空间正义议题则容易被忽视。第一类空间正义议题主要处理不同利益相关者之间存在的差异。如城市政府和工业企业等不同利益相关者主体之间存在冲突，企业从利益角度出发，希望将工业遗存拆除从而提供更多的产业空间，而政府则更多考虑遗存保护与产业发展的兼容，或者反之亦然。第二类空间正义议题包含两方面内容。一方面，作为城市更新过程的一部分，工业遗存的更新需要考虑整体城市功能层面的价值和贡献，即作为广泛的公共利益（Public Interest）的属性。如原真性保护工业遗存或者将其作为游憩性公园，尽管不能实现地块内利益相关者利益的最大化，但在更大的城市层面保留了城市历史记忆或是创造了新的

110　约翰·罗尔斯. 正义论[M]. 修订版. 北京：中国社会科学出版社，2009.

111　Harvey D. Social justice and the city[M]. Washington D.C: Johns Hopkins University Press, 2010.

休闲场所，承载了更广泛的公共利益和城市利益。另一方面，工业遗产的更新是城市发展诸多目标中的一个，需要在整体层面统筹不同发展目标，考虑城市的整体效应最优，因此对于工业遗存的更新也需要一个取舍的过程，选取具备典型代表性的遗存进行重点保护，对于历史价值有限的工业遗存则可以适度放弃，将更新后的空间用于实现其他的城市发展目标。第三类空间正义议题则包含了对最不利者境地的考虑，典型的案例就是工业遗存更新过程中处于相对弱势地位的工人的安置和就业替代。

正如同空间正义概念本身所暗示的那样，正义的工业遗存更新的实现需要将对于社会正义的思考融入空间改造之中。从操作角度看，可能存在如下可行的路线。一是在更新之前，对于工业遗存的定位、功能和业态的考量过程，需要从满足本地社区（内部性视角）与城市公共利益（外部性视角）的双重角度出发，即综合考虑工业遗存更新后所承担的社区职能与城市职能并取得平衡。二是在更新过程中和更新后，逐步探索遗存更新的正义评估制度，持续性关注工业遗存更新对于社区、城市和利益相关者的影响，尤其是对其中处于相对弱势的最不利者的影响，尽量减少个体因为承担工业遗存更新的外部性而导致的损失。因此，提高公众的参与性是空间正义这一"平衡木"中的重要手段。

公众参与（Public/Citizen Participation）是西方工业遗存更新与空间治理体系中的重要程序与方法。如前所述，工业遗存更新与存量空间在社会层面都是产权和利益的再分配过程，作为直接的利益相关者，公众被紧密嵌入工业遗存更新的决策体系。需要说明的是，公众参与并非一种狭义的、特定的方法，而是一个宽泛、多元、过程性的方法谱系，作为公民政治的一部分，它需要与不同国家的法律和政治制度相适应。

我国现有的城市规划制度普遍将公众参与纳入其中。如《城乡规划法》第 26 条规定"组织编制机关应当充分考虑专家和公众的意见"；《深圳市城市更新实施办法（细则）》等地方性法规中更是明确提出"充分尊重相关权利人的合法权益，有效实现公众、权利人、参与城市更新的其他主体等各方利益的平衡"；《历史文化名城名字保护条例》中则提出除广泛征询公众意见外，必要时可以举行听证。但在操作层面，由于公众意见只是作为多种意见的一部分，因此公众参与的覆盖面和覆盖度均较为有限。

根据谢里·安斯坦（Sherry Arnstein）"市民参与的阶梯"（A Ladder of Citizen Participation）分类，公众参与分为三个层次：非参与、象征性参与和实质性参与[112]。我国公众参与中常见的公示、讲解、展示等方式还属于告知性、教育性和安抚性的象征性参与阶段，距离合作性、代表性和决策性的实质性参与这种相对高级的公众参与模式还有相当长的距离。[113]针对这一现象的成因，不能简单得出基于政治体制的武断判断。事实上，随着政府治理理念的进步、法制环境的完善与移动互联网尤其是社交网络平台的飞速发展，公众参与的途径和方式正变得前所未有的丰富，公众表达自身的权利和诉求也不存在事实的障碍。但根本性的挑战尚未解决，即公众参与如何能够真正成为更新过程中有效的内容和参考，如何能与专业技术和治理决策更有效地结合。换言之，只有当公众参与能够成为城市更新和遗存更新中的有效部分才真正具备了生命力，否则只是为了实现某种程序正义的规定动作，无法成为遗存更新的真正动力。

因此，从工业遗存更新的角度，笔者认为应当从技术角度重新考量公众参与的"优"与"劣"。无须赘言，公众参与的优势在于能够为遗存更新的决策过程提供利益和需求两方面诉求的重要参考。利益诉求主要涉及利益相关者，如工业遗存的产权人、工人及周边局面，需求诉求则可能涉及更广泛的群体，取决于遗存更新后的功能定位，如作为冬奥会主办场地之一的首钢园区工业遗存更新不但承担了企业、区、市的发展诉求，同时还承担了国家的需求。这两

112　Arnstein S R. A ladder of citizen participation [J]. Journal of the American Institute of planners, 1969, 35(4): 216-224.

113　王鹏. 集体行动理论视角下中国大学战略规划有效性研究 [M]. 北京：人民出版社，2014.

方面的公众声音对遗存更新的方向路线以及功能定位是重要的参考。

但公众参与的结果或者民意并不等于正确，也不能直接导向形成最优的解决方案，甚至可能形成相反的方案。如公众参与中存在的邻避效应（Not in My Backyard，简称 NIMBY）[114]，部分不受欢迎但必要的功能（如环卫设施、有噪音的车站）很难在公众参与中获得认可。又比如，公众参与中的民意本质是私利，多元的利益相关者都会站在个人利益最大化的角度来发表意见，这显然违背了城市更新中的公共利益标准。例如在遗存更新中，作为公众利益相关者往往更关心工业遗存再开发的经济效益，而往往将对工业遗存的保护让位于经济价值。又比如，公众作为一个群体，其各自的诉求往往也是充满矛盾和冲突的，因此需要从更整体的层面予以协同和整合，而不能直接交由公众来完全决策。

工业遗存更新本身就是以平衡空间级差效应为目的具有逐利性的创生设计，在遗存与城市空间结构、产业等多方融合再生的过程中涉及多方利益主体，工业遗存的更新和新功能的形成也是一个长期的、动态的过程，因此对空间正义的判断也处于不断的变动之中，随着社会整体福利水平的提升，正义的"门槛"随之提升，因此，需要持续对遗存更新的空间正义效应予以关注和评估。

3.7 工业遗存更新的可持续发展

当前，中国经济迈向后工业化时代，城市可持续发展理念深入人心。工业遗存更新利用作为可持续发展观的重要组成部分，涉及生态可持续领域的区域生态修复、环境自持能力提升、能源的循环再利用，空间可持续领域的建筑及空间风貌延续、基础设施的再利用与提升、建筑的循环再利用，经济可持续领域的经济自运行能力提升和对区域经济的总体动能提升等方面，这些均是工业遗存更新可持续发展观的践行方向。

114　"邻避效应"是利益博弈还是对抗冲突 [EB/OL]. [2016-04-20]. http://epaper.southcn.com/nfzz/235/content/2016- 04/20/content_146297662.html.

3.7.1 工业遗存更新的生态可持续

世界范围内大多一线城市的规划建设用地总量已达上限，对土地的存量优化则成为未来城市发展的重心。城市更新是解决各类城市矛盾和问题的首要路线，对于存量土地的再利用尤其是棕地的修复治理是开展一切城市再开发活动的基础条件。

由于早期工厂建设受限于技术条件和环保设施的不完善，工业场地存在大量重金属和有机物的污染，且这些有毒有害物质可以以固态、液态和气态等多种状态残留，有隐蔽、滞后、积累、不可逆以及难治理等特性。对棕地进行修复，将被视为城市负担的工业遗存转变为城市的财富是工业遗存更新的主要目的之一。

工业遗存更新中的生态可持续主要体现在以下几点：（1）尊重场地自然环境，适当保留原有场地的土壤、植被、生态系统等要素，保持原有生态。（2）对受到污染的场地进行修复与生态重塑，提高场地自然生态修复能力。（3）降低能源资源的损耗，充分利用场地资源(工业资源和废弃材料)，结合场地资源进行设计，延续场地记忆，尽量利用可再生资源，注重能源的可持续。（4）促进城市的可持续发展，以修复城市污染地的方式缓解城市用地紧张的矛盾，促成区域在城市中职能的转变等，为城市带来更多价值。

工业棕地的污染治理是启动更新的先导条件。工业土地污染主要分为以下三类：重金属污染[115]、有机物污染[116]和前两者共同形成的复合污染。目前主要的土壤修复技术有以下六类：植物修复、微生物修复、热化法修复、固化－稳定修复、清洗法修复、热脱附修复[117]，一般视具体污区域、类型和程度选择相应的具体一种或几种

---

115 工业场地土壤污染的重金属元素主要有 8 种，分别是 As、Ni、Hg、Cu、Zn、Cd、Cr、Pb。

116 有机污染物的种类主要包括 POPs（持久性有机污染物）、农药、多环芳烃（PAHs），另外还有石油类污染物。

117 热脱附的主要工作原理就是运用热能来增强污染物的挥发性，从而将污染物从污染土壤或沉积物中分离出去，并对这部分污染物先进行集中处理。

复合修复方式。[118] 在土壤综合修复后的更新进程中，也需要引入适当的植物群落重建生态系统。

　　结合工业遗存更新进程中释放出的既有厂区土地，通过有效污染治理和生态重塑，结合保留、梳理原有工业厂区内自然生态资源以形成园区内部生态微系统平衡。同时，积极和城市区域整体生态系统串联整合，构建综合能源平衡并协调可持续发展战略，[119] 以此来建构完善的大生态格局，实现工业遗存更新的综合资源环境可持续。

　　西雅图煤气工厂公园是工业遗迹污染修复中最早使用生态学原理支撑的软技术处理手段的案例，并最先采用植物修复技术（Bio-phytoremediation）。由于工业生产及排放等因素，原有场地的土壤毒性很高，并含有多种污染物。设计师理查德·海格（Richard Haag）建议分析土壤中的污染物成分，引进能分解这些污染物的酵素和其他有机物质，通过生物和化学的作用逐渐清除污染。针对工业废弃地恶劣的生长环境，改造中没有把污染的土壤全部铲去，而是在土壤中掺进了一些腐殖质和草籽增加土壤营养，利用吸收污染的生物活动生物降解被污染的土壤。植物则优先选择生长快、适应性强、成活率高、具有改良土壤能力的固氮植物，达到改良环境、再造一个崭新的景观生态系统的目的。

　　德国劳齐茨地区的露天矿坑韦尔措南（Welzow-Süd）露天褐煤矿也采取了引入植物种植来实现土地复垦的做法。由于过去的开采，煤层上方的生态受到了很大破坏，因此矿业公司提出"能源花园"（Energie Garten）的概念，意图对矿区内废弃的矿坑进行土地复垦。虽然由于土壤结构特殊，可以种植的农林物种有限，但是可以通过对种植方案的研究，将这里打造为一块试验田来发展生物质能。从2005 年开始一系列速生树种在将近 170 hm^2 的区域内以不同的组合

118　我国工业污染场地主要类型及土壤修复技术解析 [EB/OL]. [2017-07-20]. http://gzszjs.com/kxcb/hbzs/806259.shtml.

119　"准棕地"如何改造？4 大模式收获经济环保双效益 [EB/OL]. [2017-12-07]. http://chla.com.cn/htm/2017/1207/265597.html.

形式种植。[120] 最终用种植方案实现了从露天煤矿到能源花园的转变，同时也验证了能源景观在经济、生态方面的作用。

多特蒙德的凤凰工业区东区的污染土治理采取了土壤移除、原位清洗和植物修复多重结合手法。在挖掘清理露天煤场的污染土壤并清洗后，低洼地带被打造为人工湖凤凰湖。埃姆舍河曾经存在于凤凰工业区东区，但在修建工厂时被填埋，凤凰人工湖的出现修复并丰富了埃姆舍水系，同时修复了工业用地的自然景观体系。大量的植被被引入，达到水体自洁和重构生态系统的目的，同时极大改善了区域的生态景观，并提升了该区域的人居品质，实现了从旧工业区向高品质住区的转化。凤凰工业区的更新在对原有场地进行治污的同时，对场地的自然景观进行了修复，同时改善了整个区域的形象，重振了城市对于工业区的信心，实现了区域城市职能及品质的跃迁式转变。

卢森堡贝尔瓦科学城则采取了原位固定、物理隔离的方法来隔绝污染土。早期工业污染对土地造成了一定程度的污染，贝尔瓦科学城在集中处理了深度污染土后，采用了景观隔绝手段处理浅表式污染（图3-116），将公共景观营造和治污手法相结合，在场地内放置大型金属薄壁水槽，水槽不仅可以镜面反射灯光和周围构筑物，还能用于隔绝污染土。

对场地进行资源整合并再次利用，减少对新资源的消耗，用可再生能源替代不可能再生能源是实现工业遗存更新中资源可持续的重要途径。在工业遗存中存在大量工业资源与废弃材料，充分、合理、节约、高效利用这些现有资源，既能实现资源的重复利用，减少资

图3-116 贝尔瓦的水槽隔离法
资料来源：作者拍摄

120 刘济姣,林辰松,肖遥.德国劳齐茨地区后矿业遗址的区域再生计划[J].工业建筑,2018,48（06）：195-199.

源损耗，降低建设成本，还能保留场所精神，延续场所记忆，给工业遗存更新带来独特的体验。在工业遗存更新再开发后的运营环节中也要注重环境可持续，对于能源的综合利用是运营环节中环境可持续的关注点之一。伦敦国王十字街区的开发商 KCCLP 指定在可持续发展领域颇有建树的英国能源公司 Vital Energi 来负责建设街区能源供应网，街区内每一座建筑都能连接到国王十字街能源中心。能源中心由三台蒸汽动力机 Jenbacher（GE 公司的新能源品牌）引擎驱动，产出电能，同时也带出热能作为副产品。此外，太阳能、地热能将在街区中得到应用，以达到碳减排 50% 的目标（相对卡姆登区平均水准）。在减少能源浪费方面，国王十字街区项目也多有考量，区域建筑大量增设绿化屋顶为鸟类提供栖息场所，同时也起到隔热的作用。

3.7.2 工业遗存更新的空间可持续

奈杰尔·泰勒（Nigel Taylor）认为："可持续性城市空间具有空间的嵌合特性，能够融贯历史与未来，联结空间与社会，尊重城市空间发展规律，保留具有历史人文精神的场所、建筑与空间文脉，能够彰显我们与后代在使用城市时的空间权利，要能够不断塑造优美的人居环境，并在城市空间的形态上保留特色，要尊重历史的城市文脉空间，建设适合行人的道路和街区。"[121] 要实现工业遗存更新中的空间可持续，既要注重空间风貌与场所记忆的保存，保证工业遗存风貌的独特性，又要使其符合当前城市发展的需要，承担与城市需求相匹配的职能，在空间结构、交通体系、景观体系、功能分配等多个方面与城市有机联系，提升基础设施，推广绿色交通，为人们创造舒适有活力的人居环境。

121　Taylor S E, Repetti R L, Seeman T E. What is an unhealthy environment and how does it get under the skin?[J].Annual Review of Psychology, 1997 (48) :411-447.

3.7.2.1 保持空间风貌

城市空间风貌作为无形性的文化资源，是破除千城一面兑现城市价值的有形性物质载体。城市发展中经济建设的迫切性和文脉延续的历史性，是城市更新过程中相互牵制又相互促进的矛盾共同体。如何实现文化基因的凝练和空间风貌的留存，是城市再发展过程中的重要命题。

杜伊斯堡风景公园通过静态遗存公园的方式完整保留了冶铁、运煤等工艺场景空间的风貌。温特图尔苏尔泽工业区为了保证对既有建筑的现状保护，即保证建筑的功能使用与规划界定一致，当需对现有建筑进行扩建或改造时必须经过区域一致性审核。伦敦国王十字街区的开发商 KCCLP 在街区复兴开发之初便和政府达成共识，要将这里建设成为微缩伦敦，一个有着丰富色彩、厚重历史和多样文化的活力街区。汉堡港城的开发以具有欧洲传统特征的城市与建筑形貌为规划方向，并以成为经济繁荣、社会公善、文化多元活跃的生态城市为发展目标进行规划和建设。

空间风貌的保持是世界范围内公认的城市更新在空间可持续向度上做出的长远努力，将理性的构建规划架设在软性的生生不息文化特质上，实现文化、空间和功能的耦合。

3.7.2.2 优化基础设施

梳理路网与推广绿色交通，梳理、拓展和完善既有工业遗存内部的道路系统，使之与更新后的功能、业态、强度相匹配，将园区道路交通系统充分纳入城市总体路网系统，并成为其不断完善进程中补全和发展的一环。同时，基于工业用地腾退后留存构筑物的现状提出绿道系统、有轨交通系统和高架或地面非机动网络建构完善的绿色交通系统。

伦敦国王十字街区的开发商 KCCLP 将提升区域可达性作为开发的首要任务。"路网与街区的互相渗透是'人性城市'的基础。"连接街区与周边区域的主要公路是位于街区南部的尤斯顿路（Euston Road），而火车站、地铁站构成的交通枢纽同样在南部。由此，南部成为大部分人进入街区的初始位置。如何使这些人群顺畅地去往北部成为规划上需要着重考虑的问题。为此，摄政运河上的两座桥Maiden Lane Bridge 与 Goods Yard Bridge 被加固与拓宽。考虑到舒适与环保，南北向新建路网，并优先建设人行步道和自行车道。此外，12 条公交线路将会贯通，将街区内各个地点串联起来。在规划国王十字街的交通网时，KCCLP 将人放在了第一位，步行、单车骑行与公共交通占据了交通网内的优先位置。伦敦的巴克莱单车出租计划（Barclays Cycle Hire Scheme，自 2010 年开始启动，即用即租的租车点遍布伦敦）在街区内已设有数个租车点，随着开发的进程将增设更多租车点。自行车道将这些租车点串联起来，车道的路线经过精心设计，确保骑行的人们可无遗漏、不费力地浏览街区全貌。与伦敦国王十字完善的公共交通系统相仿，汉堡港城防洪设施和水陆两用公交系统的建设，都是基于自身场地空间特质的基础优化和提升。根据不同的资源禀赋，保护文化基因，发展产业功能，是永续包容性发展的必经过程。

提升交通系统基础设施的同时，调整工业市政对接城市系统，对既有工业园区内生产用市政设施进行有效调整使其适配未来更新后的使用需求，对差异部分实施增容或退运，建构和周边区域城市总体市政网络对接的接口，使其有效融入城市市政体系。

3.7.2.3 制定适宜目标

空间风貌和基础设施的优化是工业遗存更新保持独特性并全面对接城市的基础性物质准备，而制定适合的发展目标则是在更宏观的城市维度对空间可持续发展的重要指导。城市发展目标要匹配城市经济发展水平、产业发展结构、人口构成及发展趋势等方面要素，才能完成契合城市具体特质的空间发展计划，并推动城市走上良性更新之路，反之亦然。

美国底特律在既有制造业衰败后坚持实施增量规划，以激进的思路新建大型城市商业综合体、办公楼宇和居住区，增建市中心的全新单轨交通系统，以期通过提升基础设施的方式吸引人口流入提振城市经济，最终却导致城市破产。同为制造业基地的扬斯敦则在城市人口严重下降后采用适度拆除和静态保护结合的更新策略，结合遗存更新释放土地拓展城市公园，完善城市公共空间体系建设，适度收缩达成了转型塑造小型宜居城市的目标，步入了后工业时代的良性增长轨道，实现了城市的空间可持续发展。

3.7.3 工业遗存更新的经济可持续

经济可持续发展是可持续发展理论的核心，我们很难将一个经济、社会层面缺少持续性回报的更新项目称之为可持续的。爱德华·巴伯（Edward B. Barbier）把可持续发展定义为"在保护自然资源的质量和其所提供服务的前提下使经济发展的净利益增加到最大限度"。[122] 经济可持续是在科技进步、保护环境的前提下，以最少的投入换取最大的产出，以保证物质产品的生产满足人们的物质生活需要。具体包括以下三个方面：提升项目经济效益、促进区域经济发展和实现社会效益。

工业遗存更新面对的客体对象都是城市扩展及产业调整后释放出的产业用地，这类土地随城市发展在地价系统中的角色也发生了较大变化，妥善利用既有工业土地既是对城市物理空间的贡献，也是城市土地商业价值的回归。相对于落后产能废弃闲置造成的资产浪费而言，产业升级带来的空间再利用、社会再就业和税收增长都是对城市宏观经济可持续的重要贡献。某一特定产业独立个案的更新成功对于相似类型产业的关联项目也有重要示范意义，可以促进市域甚至跨区域的关联产业找到更新突破的思路和产业支点。对于具体更新项目的周边区域而言，工业遗存更新也会促进区域产业的整体升级，从而在更大范围内释放其对城市经济的贡献。

此外，既有遗存尤其是园区的再利用也能有效推动产业工人的就业转型，这样的安置手段较之一次性买断的方式不但真正体现了经济可持续的理念，同时也是解决产业工人安置再就业、有效缓解

122 Barbier E.B. Natural Resources and Economic Development[M]. Cambridge: Cambridge University Press, 2005.

新旧社群矛盾、增进融合的社会可持续的有效手段。

3.8 工业遗存更新的法律制度环境

　　与其他物质遗存一样，工业遗存并非孤立存在，而是作为城市的组成单元，处于一定的时空（Spatial-Tempol）环境之中，这种时空环境包含两个物质要素：与城市总体功能以及遗存周边场所的关系，遗存的主体与社会的关系。同时，作为一种持续性、重复性的社会行动，遗存的更新首先被规范化为一种制度化（Institutionalized）的行为，当前发达国家和国内城市普遍建立了遗存更新的相应法规。

　　在城市更新项目的推进过程中，完善的相关法律建构是极其重要的前置条件。区别于新区和新城开发，城市更新往往涉及较多主体的权属和利益，只有依据完善的法律法规，城市更新才能够在项目进行当中最大限度地维护和保障各个主体的基本权力。公平公正的法律法规使项目得以有法可循，最大限度地缓解和解决项目中各相关主体间的矛盾，保障项目相关区域发展的可持续性。

3.8.1 工业遗存更新中的法律制度环境构建

　　既有法律制度主要关注的是更新过程的程序以及多元主体在更新过程中承担的法律和制度的总和。国外遗存保护制度主要包含三方面，分别是调查制度、专业制度与行政法律制度。

　　工业遗存的普查是发现和了解工业遗存的前提，因此调查制度位于整体制度体系的前置位置。其中调查又包含两种形式，一种主要关注历史资料和记录的留存，如美国历史工程记录（Historic America Engineering Record, 简称 HAER）和美国历史建筑普查（Historic American Buildings Survey, 简称 HABS）制度，主要为工业遗存留下详尽的建筑与生产资料，具体工业遗存与建筑结构的关系、与工程机械的关系、相关工业机构的发展历程、工业遗存本身的记录档案等。另一种主要关注价值认定，如美国国家历史场所登记制度（National Register of Historic Places，简称 NRHP）和美国国家历史地标（National Historic Landmark, 简称 NHL），旨在在基础性普查的基础上筛选出具有较高历史价值的工业遗存作为重点保护的依据。

基础普查与价值认定相结合的制度设计充分兼顾了调查的全面性和重点突出。

专业制度是进行工业遗产保护和利用相关研究的专业技术保障体系，该体系一方面承担了学术研究、技术标准制定和人才培养的任务，同时也承担了推动工业遗存保护与更新法律法规的建构和完善的社会责任。以英国为例，英国工业遗产保护与更新制度的建立就与工业考古专业学会密切相关。1959年英国考古理事会（The Council for British Archaeology，简称CBA）成立了世界上第一个工业考古委员会，并向英国政府提出了对工业遗产进行保护和研究的建议，此后英国工业考古协会（The Association for Industrial Archaeology，简称AIA）123和伦敦工业考古学会（The Great London Industrial Archeology Society, 简称GLIAS）的成立推动了从中央到地方完整的工业遗存保护体系的建立，也间接影响了欧美、日本等国和地区的工业遗存保护与再利用的热潮，为工业遗存保护与再利用成为全社会的共识提供了重要的学理支撑。

法律政策制度是国家和地方行政部门对工业遗存保护与更新依法进行管理的法律与政策手段的总称。法律是所有制度中最有刚性和强制力的部分，而工业遗存作为历史保护、城市发展、经济发展和自然环境等若干主题的交叉领域，理想状态下应当位于若干上位法（如文物法）、相关法（如城市法）和专门法（如工业遗存保护法）所构成的法律体系之中。这些体系共同构成了工业遗存保护与更新的合法场域，既保证了工业遗存的保护具备法律效力，也保证了工业遗存与城市发展、环境发展等相关问题的协调。与刚性的法律相对应，政策主要起柔性、引导性作用，调节遗存保护和再利用过程中的经济与社会问题，使促进和引导工业遗存转型的过程更为积极和有效。工业遗存中的政策手段主要分为两种，一种是政府直接投入，此类拨款能提供一部分历史项目的紧急保护资金，但无法覆盖整个

123　The Association for Industrial Archaeology[EB/OL]. https://industrial-archaeology.org.

遗产保护与再利用的全部费用；第二种是通过政策手段为工业遗存的更新奠定良好的政策环境，以政策红利吸引多方资源共同参与遗存更新。综合比较法律和政策两种手段，法律实际承担了刚性的底线控制职能，控制了遗存更新与保护的发展底线，避免了最坏的可能（如被清除或破坏）；政策实际承担了柔性的引导职能，支撑遗存的更新与保护尽可能向最优的方向发展。此外，国外工业遗存保护与更新实践中还出现了民间遗产保护联盟、遗存保护与更新的信托基金、非官方的遗产更新学术机构等非正式制度要素，它们作为上述正式制度的补充，在正式制度尚未下沉的基层或边缘空间以及尚未覆盖的新兴领域发挥了重要作用。

　　相较于欧洲，我国工业化历程起步较晚，全国性的工业遗存更新法律法规目前都是在城市更新这一大课题下的支项，相关的更新法律法规以及政策尚处于有待完善的阶段。以下将对改革开放后至今的时间段内深圳、上海和北京的工业遗存更新法律法规进行调查和研究。

　　（1）深圳城市更新相关政策和法律法规：更新单元的创立。

　　作为中国大陆地区最早开放的特区和发展最快的城市之一，深圳市在城市更新的法律法规层面相对来说具有更多的经验，相关的法律条款以及政策也更为完善。深圳是改革开放后中国工业化和现代化发展的标杆地区之一，在其产业迅速集聚且不断迭代升级的过程中，工业用地的更新扮演了重要角色。仅 2011 年至 2016 年，工业区的更新规模相当于全市更新规模的近 60%。2009 年深圳推出《深圳市城市更新办法》（简称《办法》），整合修正原有城中村改造概念，升级为"城市更新"，这是全国第一部在城市更新领域出台的城市级管理办法，开创了更新建设系统性有法可依的先河，是深圳城市更新领域的重大突破。《办法》在国内首创性地提出设立"城市更新单元"的规划制度，提出了多种有针对性的改造模式；其次，跳出固有开发商进行开发建设的窠臼，明确改造对象的原物权人可作为更新的实施主体，并鼓励自行改造；最后，《办法》全面覆盖了市域范围各类更新改造类型，避免了真空地带无据可依。该《办法》提出三类更新模式，首创"城市更新单元"概念，提出实行科学的计划管理机制，规范了城市更新的运行程序。共包括七章，五十一个条款。其中对于更新的分类进行了相对深入的划分，将城市更新分为综合整治类城市更新、功能改变类城市更新与拆除重建类城市更新三大类。

（2）上海市城市更新相关政策和法律法规：工业区块的实践。

20 世纪 80 年代，上海开始推进的城市更新重点在于关注旧区居住条件提升及配套改造。到 90 年代后期，提出中心城"退二进三"政策后，市域范围开始出现了工业产业用地的常态性改造，城市中心区出现了科研用地和仓储用地改造办公创意园区的案例，城市中近郊出现的规模化创意产业园区大部分是工业用地转性为科研用地（M4、C65）而推动的，市北高新园区即是这类改造的典型代表。作为拥有大量工业用地的城市，上海城市更新的重要领域就聚焦于工业用地的二次更新，也出台了大量相关政策。根据郑德高在《上海工业用地更新的制度变迁与经济学逻辑》中 [124] 的梳理，上海工业用地更新的制度形成于 2005 年之后，并经历了从关注容积率提升（鼓励工业用地向工业研发、办公转型）的内部升级到关注功能转型（鼓励工业用地向总部研发与居住用地转型）的彻底更新两个阶段，并且设定了工业区块作为工业用地建设和更新的基本单元这一制度。随着城市更新进程的深入，上海城市更新政策与法规体系开始逐步确立和完善，2015 年出台的《上海市城市更新实施办法》（简称《更新办法》）是整个更新体系的核心文件。围绕《更新办法》，上海市规划和自然资源局进一步细化和完善了城市更新技术路线、技术要求和相关政策，形成《上海市城市更新规划土地实施细则（试行）》《上海市城市更新规划管理操作规程》及《上海市城市更新区域评估报告成果规范》等相关文件，标志着上海这个全国最重要的工业

---

124 郑德高，卢弘旻. 上海工业用地更新的制度变迁与经济学逻辑 [J]. 上海城市规划，2015（3）：25-32.

城市已经全面进入以第三产业主导的存量型内涵增长时代。

（3）北京市城市更新相关政策和法律法规

新中国成立后，北京市的城市规划主要遵循苏联的城市发展模式，经历了半个世纪的社会主义工业化进程。由于经济和产业转型，在过去工业城市化进程中占用大量土地的重工业厂房逐渐成了北京市城市更新在 20 世纪后的重要领域。20 世纪 90 年代，以北京亚运会为契机开始至今，政府颁布了一系列城市改造更新的法律法规，其中最具代表性的是 2009 年颁布的《北京市工业遗产保护与在利用工作导则》（简称《导则》）。在系统关注城市棕地（工业用地）更新之前，北京市区内也有过一些城市更新案例，但相对缺少具有针对性的更新法律。90 年代有私人业主将一些遗产价值突出的旧厂房、旧设施（如 798 厂）进行了非系统性的更新。接下来由市政府牵头出台了一系列政策，旨在合理保护的前提下对工业遗产进行修缮改造。《导则》中规定了北京工业遗存更新保护的四个主要重点领域其一是新中国成立前的民族工业企业、官商合营、中外合办企业；其二新中国成立后五六十年代"一五"及"二五"期间建设的重要工业企业；其三为"文革"期间建设的具有较大影响力的企业；其四是改革开放以后建设的非常具有代表性的企业。

由于我国各区域发展程度差异极大，部分城市还处于无序的城市化进程当中，相关部门在执行城市更新时缺乏统一的依据。我国亟须一部可以适用于全国范围的城市更新基本法或准则，搭建一个基本的框架，以便各个省份和地区据此框架制定符合地方情况的更新法规。

3.8.2 工业遗存更新制度的指向性实践推动

1999 年英国颁布的《迈向城市的文艺复兴》（*Towards an Urban Renaissance*）涉及工业遗存更新的原则主要包括以下四点：

（1）以设计为主导的城市更新过程和特定的城市政策所适用范围的选定。

（2）重新建构规划体系，让当地人在社区层面参与决策和讨论。

（3）计划在棕地土地上建造新住房中的60%。

（4）放宽地方规划局关于住宅密度和隔离距离的标准。

伦敦国王十字作为工业遗存更新的一个重要试点，在《伦敦卡姆登区：统一发展规划》《统一发展规划修订草案》《伦敦计划——大伦敦空间发展战略》《国王十字片区规划及发展摘要》等各项政策以及伦敦政府提出的以"中心城区边缘机遇区"为指导的战略规划的扶持下，在完成了高密度住宅和商业化开发的同时，着力历史遗迹的保护与复兴，试图将国王十字片区打造成为英国乃至世界工业改革的标杆并作为可持续发展项目的示范区。

1983德国颁布《都市更新基本准则12条》（简称《12条》），在1984年柏林举办的国际建筑展IBA中作为操作纲领性文件。《12条》标志着更新政策从以前由政府主导的土地大面积翻新向强调民主和公民参与的精细都市更新转变，同时还需考虑不断变化和发展的城市建筑规划和社会结构。其中与工业遗存更新相关的最重要的原则包括以下三点：

（1）应该保持地域的独特性，必须重新唤醒逐渐落魄的城区对政府的信任和信心。必须立即修复对建筑物安全状况造成实质威胁的损害。

（2）规划者应该与居民和企业主在更新项目上达成一致，使他们与城市的更新、技术和社会规划的目标共同进步。

（3）对公共的空间如街道、广场和绿地必须结合相关法规给予更新和补充。

《12条》的颁布使工业遗存更新的目光聚焦于如何调整20世纪城市结构优化及产业结构带来的地区衰落。依据《12条》原则，在1985年"珍珠项链"计划和2001年"成长之城"计划的推动下，汉堡港城项目开始逐步推进。在2006年新修订的《汉堡港城总体规划》中明确指出要将其打造成具有高品质和高品位的城市更新典范。

3.8.3 工业遗存更新中的相关制度环境创新

城市更新作为整个城市过程的一部分，也不可避免地受到更大层面的城市制度的控制和约束，其中最紧密相关的就是城市土地制度。与西方私有制的土地制度不同，中国的城市土地制度本质上是"准国家所有"，个人或者企业只有不完整的"使用权"而缺少完整的"所有权"。这种土地制度设计使得国家或城市政府的意志在工业遗存更新中得以充分贯彻，如北京首钢项目为支撑北京城市发展和转型进行了 8.63 km² 园区的整体搬迁，对照西方城市大尺度城市更新动辄 10 年以上的土地产权回收周期，其实施速度和更新过程的可控度大大提升。但这种制度设计也存在弊端：一方面，个人自我更新的空间和积极性受到了制度性的压缩，更新过程只能由政府统一主导；另一方面，个人或者集体在获得土地使用权时本身是被"规定"了用地性质和相应的建设指标，在更新过程中土地性质的转换和开发量的变化必须等待控制性详细规划的调整。针对上述更新中的土地制度问题，部分先发城市已经开始了初步探索，如上海对工业用地转为工业性研发用地提供了优惠政策，杭州等地对工业地块的自我更新提出了免于行政许可的手续便利，深圳则领跑全国提出创造"更新单元"并探索了补交土地出让金进行有条件自主"退二进三"的政策创新。上述尝试在一定程度上放松了工业用地更新的约束，但主要针对工业产业升级的场景。对于大多数以非生产功能为导向的工业遗存更新项目而言，依然只有依赖政府意图而非市场主体自我更新。因此，除了形成专门的工业遗存更新法律法规外，还需要对相关制度进行针对性提升和调整，通过城市更新单元制的建立、产权的多元化构成、土地出让方式的变革等为工业遗存更新乃至更广义的城市更新提供有效的制度支持。

3.9 小结

工业遗存更新与区域复兴是系统的城市空间生产的需求和产物，是可持续、社会融合、正义均衡等全面的社会发展观的综合意志的整体空间呈现。简单的形态更新以物理空间的改变表征更新的变化，而持续有效的活力再造则需植根于从宏观到微观多个层面契合城市和区域发展的产业导入。国内目前大尺度的工业遗存更新往往呈现自上而下的政令性更新，在执行主体和政府任期制的导向下，尚缺乏远期愿景、长效评估、利益分享等环节的制度建构和制度创新落地，同时执行层面法律法规的相对滞后也迟滞了大面积更新的步伐。

结合国内外成功的典型性城市工业遗存更新案例经验，总结策略要素如下：

（1）优先做好工业遗存的价值认定，工业考古的文化性维度和社会使用的经济性维度是遗存价值的两极。前者肯定工业遗存具备非生产型人文及社会学价值，是其再利用的基本出发点，文物式静态保护的模式在我国显得水土不服；后者可充分发挥遗存的再利用价值目前还是社会普遍认知。因此，遗存更新的价值点就存在于前述两个维度的平衡之中，既不以纯文物视角滞障遗存的有效再利用，又要在再利用过程中充分尊重遗存的历史和人文维度的信息留存，以重新挖掘遗存经济使用价值的方式去保护遗存。

（2）在更新引擎的选择上，客观对待大事件导向、文化导向和 TND 导向三者的关系，选择适合具体城市和区域的模式。为重新唤起内城衰退或产业衰退后的区域信心，文化导向应该是遗存更新进程中的充要条件；而尊重在地、顺应遗存肌理和既有社群空间使用的 TND 导向也是更新进程中需要遵守的客观规律；大事件导向这一重要更新引擎的选择则要与城市能级、经济实力、遗存特征充分匹配，有条件采用全球化视野的顶级城市公共或文化事件推动更新时要顺势而为，把触媒效应尽力放大，不具备条件的则应立足自身条件通过找寻和创造城市级别的大型开发推动遗存更新进程。切忌出现超越城市能级的邯郸学步式更新，其结果对城市发展可能是负面甚至毁灭性的。

（3）在更新手段上，针灸、链接、织补等手法可视具体情况组合运用，更新要契合城市整体产业结构调整和规划导向，有较大影响力的公共大事件促动，城市经济及人口要素需求明显等利好条件集聚时，可以综合利用各种更新手段，全面助推更新落地。在大规模更新条件尚不完全具备时则需量入为出，以较小投入的小尺度单体和公共空间的针灸式更新对城市区域活力的再造逐步实施正向推动，这是务实和恰当的。

（4）产业的活化和再生，较之物理空间的更新对于遗存更新的实践成功更为重要。基于政绩观指导下的城市更新在保证资金投入的前提下，完成物理空间层面的改造和更新相对容易，而有活力的产业植入、全面融入并提升城市生活及服务水准才是判断更新成功与否的核心要素。因此需充分认知城市特性，区别"后工业化和再工业化"的诉求差异，从"文化 +"和"工业 +"两个维度综合评价，选择符合城市发展定位及趋势的产业。

（5）空间公共性与社会公平性的平衡，对社会融合视角下的空间再分配、推动社会公平的公众参与机制的建立等环节也需充分重视。

（6）对遗存更新项目所持有的可持续观念，要避免仅关注狭义的环境生态可持续和空间可持续，还要关注业态可持续和经济可持续，以保证全面、立体地实现更新的实施落地。

第 4 章·以北京首钢园区更新为
典型代表的策略实证

作为中国的首都和政治文化中心，北京市的工业产值占全市地区生产总值的比重一度高达 64%，高耸的烟囱也曾是北京的城市符号之一。[125] 随着北京市人口的不断增长，城市产业污染严重，城市宜居性大不如从前。1982年，北京城市总体规划的修订中不再提及"工业基地"；1993年，北京将其城市定位为国家的政治、经济、文化中心，"经济中心"仍保留至 2004 年新版规划出台前夕；2004 版总体规划中提及到要将北京打造成"国家首都、政治中心、文化中心、宜居城市"。[126]2014 年 2 月 26 日，习近平总书记在北京视察工作时明确了北京"全国政治中心、文化中心、国际交往中心、科技创新中心"的"四个中心"定位。在此定位的指引下，北京市大范围腾退既有工业类一般制造业，疏解各类一般市场及物流等"非首都核心功能"，调整和构建首都"高精尖"新产业结构。2017 年 9 月 29 日，《北京城市总体规划（2016—2035 年）》正式发布，其核心就是围绕"建设一个什么样的首都、怎样建设首都"[127] 这一问题来编制，强化"四个中心"的城市战略定位。

自 2007 年起至 2011 年，北京首钢的减产、停产、迁出正是在首都去工业化、调整整体产业结构的大背景下被列入了城市发展的日程表，可以说，这是时代的必然和召唤。

1919 年首钢始建，距今已有百年历史。首钢园区城市更新是目前中国国内乃至世界范围最大规模的重工业遗存更新项目。"新首

125　韩建平 . 北京面临全新城市格局重塑 矫正非首都功能 [EB/OL]. [2015-07-12]. http://www.xinhuanet.com/politics/2015-07/12/c_128010457.html, 新华网 .

126　疏解提升"四个中心"定位新北京 [EB/OL]. [2018-12-06]. http://news.beijingoffice.com.cn/34/201765102023.html.

127　朱江, 伍振国 . 深入思考"建设一个什么样的首都, 怎样建设首都"[EB/OL]. [2017-04-25]. http://house.people.com.cn/n1/2017/0425/c164220-29233112.html, 人民网 .

钢高端产业综合服务区"占地面积达 8.63 km²，其中规划建筑面积
1 060 万 m²，是北京市城六区内唯一可大规模、联片开发的区域。
首钢落实中心城"减量提质"发展要求，2016 年、2017 年两次对园
区控规进行优化调整，总建设量从最初的约 1 300 万 m² 核减规模了
约 200 万 m²，减量提质、增绿留白。

　　首钢园区希望在首都崭新一轮城市化进程中真正撑起"一核一
主一副、两轴多点一区"的城市布局中的西翼，实现两翼齐飞的城
市职能。园区的工业遗存更新为深化当下北京城市供给侧改革，助
推城市化进入下一个精耕细作的发展周期奠定了良性基础，也为北
京打造城市复兴新地标提供了优秀的范本。

　　园区总体规划依长安街西延段划分南北区，规划总用地面积 863 hm²。
其中首钢自持一、二联动改造运营部分南北两区合计 645 hm²。其中
北区规划总用地面积 291 hm²、建设用地面积 96.4 hm²、建设面积
183 万 m²、绿地面积 84 hm²；南区总规划用地面积 354 hm²、建设用
地面积 137 hm²、建设面积 390 万 m²、绿地面积 126 hm²；东南片区
规划整理一级土地 218 hm² 并进入二级市场流通，以土地出让金补
充企业自主建设资金。

　　截至 2021 年初，首钢园区北区已经实施的项目有西十冬奥广场、
复建园区厂东门、群明湖牌坊及彩画长廊修复、首钢工舍假日智选
酒店、星巴克冬奥园区店、精煤车间改造体育总局冬训中心、运煤
站改造冰球馆、假日智选运动员公寓及网球馆公寓酒店、网球馆、
三高炉博物馆、高线公园群明湖北示范段、环群明湖景观提升、北
七筒临时性利用改造、单板滑雪大跳台、脱硫车间展示中心、五泵
站改造、红楼迎宾馆、石景山景观提升及历史建筑维修、220 kV 石
龙变电站、110 kV 群明变电站；正在实施拟于 2021 年底竣工交付使
用的项目有铁狮门六工汇综合商业开发项目（五一剧场及制粉车间

片区整体改造），电厂及冷却塔改造香格里拉酒店，制氧厂南北片区，
金安桥交通枢纽一体化，首钢工业遗址公园（二号高炉改造除外）
一号高炉改造、四号高炉改造、晾水池东路以东中央绿轴。

2021 年底，北区晾水池东路以西两湖片区、路东中央绿轴及东
北金安桥片区将整体成形并基本开业，在 2022 年初冬季奥运会召开
期间提供全面的城市配套服务功能。

4.1 首钢工业遗存价值评估与信息采集

工业遗存更新是在产业调整后的废弃棕地上基于建构筑物的再
利用，是将建构筑物物理寿命长于生产寿命的产业类建筑重新赋能，
所以更新中的空间再生和产业活化须基于对工业遗存价值的充分认
知。工业遗存更新的第一要素就是要承认工业革命中极大地推动了
人类生产效率提升的工业建构筑物除了具有生产职能，也具有较高
的人文、历史和社会价值。[128] 对首钢园区工业遗存的价值评估从历
史价值、社会价值、工艺价值、美学价值、实用价值和土地价值六
个维度展开。

4.1.1 首钢工业遗存价值评估

4.1.1.1 历史价值（历史代表性、历史重要性）

从历史的维度审视，新中国成立前中国的近代工业发展历经了
七个主要阶段。1840—1859 年鸦片战争后的近 20 年，是中国近代
工业的萌芽期；1860—1894 年是近代工业起步期，从洋务运动兴起
到失败，国内设厂众多，铺筑了中国的近代化道路；1895—1900 年
是近代工业加速期，从中日甲午海战到清末新政，这一阶段的工业
呈现鲜明的增长状态；1901—1914 年是快速发展期，从新政实施十

---

128 刘伯英，李匡 . 首钢工业区工业遗产资源保护与再利用研究 [J]. 建筑
创作，2006（9）：36–51.

余年使中国近代工业新建工厂维持在一个相当可观的阶段；1915—1936 年是稳速增长期，虽有起伏但总量可观；1937—1945 年是近代工业第二次发展期，虽然全面爆发的抗战致使原有工厂受损严重，但因为大量工厂内迁，所以仍然维持着高速增长的新建工厂数量；1946—1948 年内战的全面爆发致使近代工业趋于全面停滞。[129]

　　我国钢铁业发展史发轫于 1886 年创建的贵州青溪铁厂，最具代表性的是 1890 年洋务运动时期张之洞在湖北武昌设立的湖北铁政局（汉冶萍公司前身）及其创建的汉阳铁厂。1908 年盛宣怀奏请清政府批准合并汉阳铁厂、大冶铁矿、萍乡煤矿组成汉冶萍煤铁厂矿有限公司，这是我国第一个现代钢铁联合企业，标志着中国近代钢铁工业的兴起。

　　首钢是在中国近代民族工业"稳速增长期"诞生的重工业的重要代表之一。1919 年，由孙中山先生完成的《实业计划》中论述了中国实业的开发途径、原则和计划，并提出了以国家工业化为中心推动中国经济全面近代化的建设规划。在"实业救国"思潮的带动下，1915—1919 年，中国新建厂矿总计 600 余家，这一期间成为中国民族资本主义产业成长的黄金时期。1914 年由于第一次世界大战的爆发，钢铁成为一种非常稀缺的战略物资。在全国建立大型钢铁企业的趋势下，上海星河铁厂和山西阳泉铁厂在这一时期建成，首钢的前身龙烟炼铁厂（如图 4-1～图 4-3）也诞生于这一时期。在新中国的钢铁史中，冶金部于 1957 年提出了"三皇五帝十八罗汉"的方案，即重点建设鞍钢、包钢、武钢 3 个大型钢铁厂，按照年产 300 万 t

图 4-1　1919 年建厂时引进的美国高炉
资料来源：首钢新闻中心

图 4-2　1938 年首钢历史风貌
资料来源：首钢新闻中心

图 4-3　1987 年首钢风貌
资料来源：首钢新闻中心

129　赖世贤，徐苏斌，刘静，等.关于中国近代城市工业发展历史分期问题的研究 [C]// 朱文一，刘伯英.中国工业建筑遗产调查研究与保护（六）——2015 年中国第六届工业建筑遗产学术研讨会论文集.北京：清华大学出版社，2016：16-17.

图 4-4 1999 年首钢风貌
资料来源：首钢新闻中心

图 4-5 2012 年首钢京唐公司风貌
资料来源：首钢新闻中心

级规模建设；建设首钢、酒钢、太钢、本钢、唐钢 5 个中型钢铁厂，按照年产 50 万 t~100 万 t 级规模建设；建设邯钢、济钢、临钢、新钢、南钢、柳钢、广钢、三钢、合钢、长城特钢、八钢、杭钢、鄂钢、涟钢、安钢、兰钢、贵钢、通钢等 18 个小型钢铁厂，按照年产 30 万 t 级规模建设，首钢位列"五帝"之列。

4.1.1.2 社会价值（城市综合贡献、文化情感认同）

首钢百余年的发展史就是半部北京市的工业发展史，是数代首钢（石钢、石炼、龙烟）人的共有集体记忆。1914 年，北洋政府农业和商业部聘请瑞典顾问安特生（Johan Gunnar Andersson）率人先后在河北龙关、庞家堡和烟筒山发现了赤铁矿。1914 年，北洋政府投资 250 万银圆、民间资本募集 250 万银圆，由北京政府财政部第二部长陆宗熙设立官商合办龙烟铁矿股份有限公司。同年成立龙烟铁矿股份公司石景山炼厂（北京首钢集团前身）。1946 年，石景山钢铁厂解放，成为北京第一家国有钢铁企业。1958 年，石钢在中国建造了第一台侧吹转炉，结束了有铁无钢的历史。1978 年，首钢的产量达 179 万 t，成为中国十大钢铁企业之一。1990 年亚运会在北京召开，"首钢搬家"议而不决。1994 年首钢钢产量 824 万 t，雄居全国首位，企业完成北京市工业销售收入的十分之一以上（图 4-4）。2003 年首钢向国务院递交了搬迁报告并于 2005 年获得国务院批准。2007 年首钢逐步减产至 400 万 t，2008 年开始依靠自有资金在河北唐山曹妃甸兴建京唐公司（图 4-5），2011 年首钢主厂区实现了全

图 4-6 氧气顶吹炼钢转炉
图片来源：作者拍摄

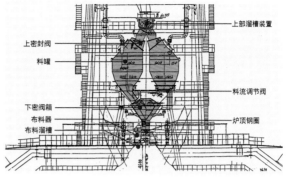

图 4-7 无料钟炉
图片来源：作者根据首钢设计总院三高炉工艺流程图改绘

面停产。首钢为国家钢铁工业健康发展、首都经济结构调整以及生态环境的改善做出了历史性的重大贡献和伟大牺牲。

作为石景山区的支柱企业，首钢周边及区内相关大量人口为首钢系或与首钢相关，人口构成相对单一，价值取向具有共性，多数不止一代居住于此。首钢人普遍具有较强的企业认同感，对钢铁企业和生产具有深厚感情，对土地有较强的归属感和自豪感。[130]

4.1.1.3 工艺价值（技术先进性、工艺完整性）

首钢作为自主创新研发的民族钢铁业代表，在工艺层面不断自主创新研发，拥有众多国际和国内第一，如新中国第一台麦基式旋转布料器、新中国第一座氧气顶吹炼钢转炉（图 4-6）、世界首创的无料钟炉技术（图 4-7）、世界上转速最快的炼钢转炉、全球产量最高的型材轧机（图 4-8）、全国首创高炉喷吹煤粉技术、全国首创连续铸钢新工艺、全国首创高炉铁水直接铸钢钉模工艺、全国首创计算机炼铁技术、全国第一台鱼雷罐车[131]（图 4-9）研制成功等等，这些辉煌的纪录都是首钢工艺先进性的重要体现。

4.1.1.4 艺术价值（厂区保存状况、建构筑物特征）

由于反复和市政府就改造模式、开发强度、开发主体、开发内容等问题博弈数年，在园区主体产能迁建河北曹妃甸后的停产周期

图 4-8 型材轧机
图片来源：作者拍摄

图 4-9 鱼雷罐车
资料来源：作者拍摄

130　赵玮璐. 旧工业遗存的重生——以首钢文化产业园冬奥办公区为例[J].
　　建筑与文化，2018（1）：102-103.

131　作者根据首钢博物馆筹备组提供的厂史资料相关内容整理。

中，园区基本没有开发行为，基本完好地保留了曾经的工业风貌。园区遗存涵盖了储料、炼铁、烧结、焦化、制氧、炼钢、轧钢等众多工艺厂，工艺系统性、完整性极佳。

首钢园区风貌是一种在一般建成城市区域极为罕见的工业复杂巨系统，地下的储料仓、转运通廊，地表的铁轨、道路和信号灯，轨道上的鱼雷车、渣包车，地面伫立的高炉、焦炉、烟囱、冷却塔、空分塔、料仓、泵站、转运站，还有空中盘旋交错的各工种介质和动力管廊（图4-10），它们共同构成了具有鲜明特征的工业景观群落。从建筑特征性来说，双曲薄壳的冷却塔、四梁八柱的圆台形出铁场、高耸的矩形空分塔、壮硕的圆柱形储料仓、极具构成感的干法除尘器、恢宏陈列的焦炉、纤长曲折的供料通廊都具有极强的视觉识别度（图4-11）。首钢频繁出现于各种艺术家、摄影师的作品中，从侧面证明了其较强的视觉和空间艺术价值。

图4-10 金安桥遗址公园典型的工业复杂巨系统
资料来源：戈建建筑

图4-11 形态各异的工业遗存
资料来源：作者拍摄

4.1.1.5 实用价值（空间保持状态、再利用可行性）

园区保存下来的大量高炉、车间、筒仓、料仓、转运站等工业遗存都具有较好的再利用价值，因为工艺的需求，这些工业建构筑物通常都有较大的空间尺度和较为坚固的结构形式，比如改造为冬奥广场办公场所的直径 32 m 筒仓其混凝土壁厚就达到了 20 cm，改造为体育总局冬训中心的精煤车间平面尺度就达到了 32 m×196 m，改造为博物馆的三号高炉其炉体直径达到了 80 m，首层高度达 9.7 m（图 4-12）。除去这些空间特征性明显的建构筑物之外，原有大量料仓、转运站、控制室和后勤办公空间仍然具有一定的改造再利用价值。

4.1.1.6 溢出价值（景观交通条件、级差地价状态）

工业遗存更新后原工业棕地景观、交通条件的提升和土地性质变更后带来的极差地价均是推高区域土地溢价的重要影响因素。

首钢园区土地拥有近 3.6 km 的永定河岸线，北接石景山、西望西山山麓、南望园博园，自然生态条件极佳，更新整理后会成为京西最重要的生态涵养带，可提升本区、惠及全市。

随着城际轨道交通网络不断向西延伸，园区已经开通了低速磁浮 S1 号线，未来拟开通 M1 长安街西延段，M6、M11 等轨道交通将全面覆盖园区，园区南侧莲石快速、北侧阜石快速、中部横贯的长安街西延段和永定河跨线大桥以及南北向打通的北辛安路为园区架构起了四通八达的城市路网，这些都将极大地改善原有厂区在京西交通不畅、可达性差的痼疾。

更为重要的是，新一版北京市总体规划调整后，首钢的土地使用性质从工业划拨土地变更为民用土地。从原来的工业用地 M 类调整为多种性质用地，包含多功能用地 F3、文化娱乐用地 B3、公园用地 G1、商业服务用地 B4、二类居住用地 R2、社会停车用地 S4 以及

图 4-12 北七筒仓、精煤车间、三号高炉的内部形态
资料来源：作者拍摄

待深入研究用地 X 等，规划注重用地自身的功能复合度，比如多功能用地 F3（混合用地，可安排除居住之外的其他互不干扰的设施）、B3 娱乐、康体等设施用地（可安排剧院、音乐厅、电影院、歌舞厅、网吧、绿地率小于 65% 的大型游乐设施、赛马场、高尔夫练习场、溜冰场、跳伞场、摩托车场、射击场等）。园区根据评估基础地价和剩余使用年限补缴土地出让金，级差地价优势极其突出，较低的土地成本为项目改造开发获得成功做出了强力背书。

在工业遗存的更新过程中，随着基础设施环境整改提升，原处于城市边缘带的工业衰败区将重新焕发生机，首钢园区将成为城市新的活力点，土地作为沉默资本其潜在价值被唤醒，而土地价值又与市场的外部作用相关，在工业遗存更新初期投入的城市资本将会在遗存更新后的运营中得到回报，在这一漫长的更新进程中，土地产生的溢出效应是开发主体最关注的问题。

4.1.2 首钢工业遗存信息采集

4.1.2.1 特征信息采集

工艺在工业设计中的第一优先级决定了对于基础工艺的了解是设计单位开展设计的核心依据。如高炉炼铁厂作为钢铁企业的核心工艺厂，其相关遗存的保留和再利用具有极强的示范意义，需要先对高炉炼铁厂的主要工艺进行梳理。高炉系统的主要组成大体可以分为九个系统（图 4-13）。

（1）原燃料贮运及上料系统：包括储存厂、储罐、焦炭和矿石振动筛、称重漏斗、带式输送机、焦炭回收系统和矿物回收系统。

（2）炉顶系统：无钟炉顶，包括受料漏斗、上下密封阀、中央喉管、布槽、探头、顶部摄像头，高压操作的高炉还有压力平衡阀、排气阀、消声器、顶部液压站和润滑站。

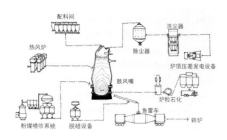

图 4-13 高炉系统图
资料来源：作者根据首钢设计院总工艺设计师姚轼课件改绘

（3）炉体系统：高炉炉体是冶炼生铁的主要设备，由炉底、炉壳、炉衬、冷却装置、支柱和框架组成。

（4）风口平台出铁场系统：包括出铁场、开口机、泥浆枪、泥炮、旋流罐、堵渣机、炉前液压站、除尘渣盖等。

（5）热风炉系统：包括助燃风机、热风炉、热风管道、冷风管道、煤气管道、混风管道、各种阀门、热交换器、烟囱、热风炉液压站等。

（6）粗煤气系统：包括气体立管、气体下降管、重力除尘器、顶部排放阀、加湿器。

（7）制粉喷煤系统：可实现包括原煤的储存和运输、制作和收集，以及粉煤喷射。有加热炉及热风炉废气管道。

（8）炉渣处理系统：包括冲渣喷嘴、渣沟、炉渣处理设施、干渣坑。

（9）煤气干法除尘系统：布袋除尘器[132]。

上述仅是炼铁厂高炉工艺系统的组成，在首钢园区内，焦化厂、烧结厂、氧气厂、炼钢厂等厂区的工艺复杂程度相似，它们的总和共同构成了钢铁厂的工艺巨系统。同理，冶炼、矿业、制造、轻纺、印染、酿酒等不同门类的工艺组成也各有不同，不一而足。

因此对于工业遗存改造，首要思路就是做出清晰的价值评定，把遗存本体作为核心工业遗产，尽可能完整地呈现其重要工艺组成部分，并以此为价值链条评定标准展开更新实践。可以相信，基于对工艺完整系统认知基础上的判断是尊重土地的，是禁得起历史检验的。[133]

4.1.2.2 详尽掌握资料

工业遗存更新区别于传统的增量建设，其项目启动设计的首要条件不是获取控规指导下的规划指标和甲供任务书，而是秉持对工

132　胡先 . 高炉炉前操作技术 [M]. 北京：冶金工业出版社，2006.

133　徐梅 . 转换与更新——我们身边的工业遗存复兴 [J]. 南方人物周刊，2019（1）：26-33.

业遗存足够的敬畏心，详尽掌握原有图纸、充分踏勘基地、了解工艺流程、精细测绘现状、准确鉴定结构，在这些条件的支撑下，才可以较为客观和专业地评价和制定遗存的拆改原则。可以说，一个不了解工艺、不熟悉基地的设计师是没有资格面对一片工业遗存开展"纸上设计"的。首钢园区绝大部分设计都由首钢设计院（现首钢国际工程公司）完成，因此对于基础图档资料的获取拥有得天独厚的条件。当然，由于工业建筑图纸量远远超出常规民用建筑，没有熟悉工艺的工程师辅助，图档调取还是有一定难度的。如园区三号高炉的设计图纸，含三次大修在内的所有工种成图竟有两万多张A0图纸（图4-14），要知道常规民用建筑50万 m^2 的复杂综合体总体图量也不过一二百张A0图纸的状况，足见工业建筑图档的复杂性。在传统工业设计流程中，工艺和结构是两个核心工种，建筑只是设计流程中末端的配合工种，这与民用建筑正好是反向关系，因此从建筑图开始的读图习惯必须调整，大多数图纸信息必须从工艺和结构图纸中获取，以免误读。

4.1.2.3 充分踏勘基地

设计人员在改造设计图纸前需要对基地有充分的踏勘，比如三号高炉0~72 m的十一个检修平台，设计人员通过前后近百次现场踏勘才基本搞明白工艺流程与所有工业构件的功能逻辑及空间关系，才能达到在后续设计中对加建、插建、贴建的空间交接关系了然于胸。也正是基于对现场的充分踏勘设计师才能精准判断各工艺建构筑物及设备构建的美学价值以及改造可能性，才能在异地通过电话随时处理施工现场的各种问题如同身在现场（图4-15），这也为项目高质量顺利推进奠定了技术认知的基础。

除单体以外，厂区基地内各种构筑物、开放空间、绿化植被也千差万别，有必要通过精细踏勘尽快熟悉，这对于开展设计至关重要。

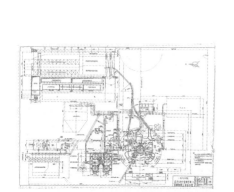

图4-14 首钢三号高炉主要工艺图
图片来源：首钢设计院档案室

图4-15 多次现场踏勘照片
资料来源：作者拍摄

比如，烧结厂、炼铁厂、焦化厂、炼钢厂、氧气厂等的乔木树形千差万别，[134] 尤其焦化厂树形奇特，究其原因就是厂区污染程度不同，对植物生长影响不同所致。而园区的主要乔木多为行道树，和原有工艺动线组织有极高的契合度，某种程度上说，类似重工业园区的开放空间和行道树必定与开放空间相匹配，即和道路、轨道、河道、堆场等空间对应。这就是地纹，独特的属于每一块土地的不一样的肌理。而踏勘，就是读懂土地秘语的唯一方式。

4.1.2.4 精细测绘现状

工业建筑在落地实施的过程中，快速图纸落地、快速建成投产是其核心原则和诉求。很难想象一座高近百米、直径 60 m、容积 1 780 m³ 的炼铁二高炉在 20 世纪 80 年代末移地大修，从改造建设到投产的周期居然是匪夷所思的 55 天。基于进度要求，建造过程中难免出现较多和原设计图纸不符之处。此外工业建筑的建造精度较民用建筑也低很多，10~20 cm 数量级的误差也比较常见。因此，对工业遗存现状的精细测绘是后续设计工作开展必需的数据基础。

目前的主要测绘技术手段是三维仪扫描和无人机三维经纬线航拍，对于相对复杂的高炉类工业构筑物，因其建构筑物极为复杂且空间存在大量交错重叠的部分，无人机航拍难度极大，容易坠机。三维扫描输出资料为数字化点云模型，可以读取任意空间点三维数据，缺陷是非矢量，不易编辑。

测绘过程中采用三维激光扫描仪（Riegl VZ-400）作为数据采集主体。扫描仪提供高达 0.0005° 的扫描角分辨率，100 m 处 2 mm 的单点精度，扫描速度可达 300 000 点 / 秒；架设同轴相机获取彩色点

134　张芸，陈秀琼，王童瑶，等 . 基于能值理论的钢铁工业园区可持续性评价 [J]. 湖南大学学报（自然科学版），2010，37（11）：66-71.

云，配备尼康 D300s 专业单反相机，提供单张 1 230 万像素的数码影像，单站拍摄 7 张同轴影像，经后期处理可以提供真彩色、高分辨率的彩色点云；多重回波技术利用三维激光扫描仪（RIEGL）的独特波形数字化，该技术可用于在扫描时检测一个甚至多个目标的多个细节。传统的单一回波无法与单一对象技术进行比较，全自动和半自动拼接的方法可提供全局坐标系拼接[135]，可以方便地将控制测量获取的标靶数据导入测站，并引用周边大地基准点坐标。三维扫描配置硬件为一级激光产品（Laser Class1）；海星达 H32 GPS 接收机，标称精度 2.5 mm±0.5 ppm；电子水准仪天宝 DINI03，标称精度 0.3 mm/km；投入使用软件包括 RiSCAN PRO、Leica Cyclone、Geomagic、CAD、COSA GPS5.2。[136]

天津大学徐苏斌老师带领的国家社科类重大选题"中国工业遗产保护体系研究"团队中，张家浩博士参考英、美、法等国的相关标准建构了数据录入的三级采集标准，以 Revit 读取三维扫描数据点云并结合 BIM 技术搭建了中国工业遗产 1840—1978 年 1 487 项项目的三维数据模型库，在建构我国工业遗产保护更新大数据控制体系的路上迈出了扎实而富于成效的一步（图 4-16）。

4.1.2.5 准确鉴定结构

目前来看，国家工业遗产结构的鉴定一般由国家检验中心根据《民用建筑可靠性鉴定标准》（GB 50292—2015）执行。规范中指出，民用建筑各级安全评估的分级标准有 A、B、C、D 级。（表 4-1）

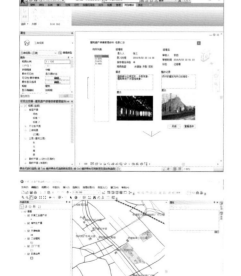

图 4-16 张家浩的三维数据模型库
资料来源：天津大学张家浩博士提供

135 Riegl 三维激光扫描仪 [EB/OL]. http://sho9.souvr.com/ivr/sp/3DScanner/201501/100578.shtml.

136 根据中勘冶金勘察设计研究院有限责任公司"首钢工业遗址公园金安桥站交通一体化及工业遗存修缮项目测绘报告"（2018.06.22 版）相关内容整理。

表 4-1　民用建筑安全性鉴定评级的各层次分级标准

层次	鉴定对象	等级	分级标准	处理要求
一	单个构件或其检查项目	a_u	安全性符合本标准对 a_u 级的规定，具有足够的承载能力	不必采取措施
		b_a	安全性略低于本标准对 a_u 级的规定，尚不显著影响承载能力	可不采取措施
		C_u	安全性不符合本标准对 a_s 级的规定，显著影响承载能力	应采取措施
		d_u	安全性不符合本标准对 a_s 级的规定，已严重影响承载能力	必须及时或立即采取措施
二	子单元或子单元中的某种构件集	A_u	安全性符合本标准对 a_u 级的规定，不影响整体承载	可能有个别一般构件应采取措施
		b_u	安全性略低于本标准对 A_u 级的规定，尚不显著影响整体承载	可能有极少数构件应采取措施
		C_u	安全性不符合本标准对 A_u 级的规定，显著影响整体承载	应采取措施，且可能有极少数构件必须立即采取措施
		D_u	安全性极不符合本标准对 A_u 级的规定，严重影响整体承载	必须立即采取措施
三	鉴定单元	A_{su}	安全性符合本标准对 A_{su} 级的规定，不影响整体承载	可能有极少数一般构件应采取措施
		B_{su}	安全性略低于本标准对 A_{su} 级的规定，尚不显著影响整体承载	可能有极少数构件应采取措施
		C_{su}	安全性不符合本标准对 A_{su} 级的规定，显著影响整体承载	应采取措施，且可能有极少数构件必须及时采取措施
		D_{su}	安全性严重不符合本标准对 A_{su} 级的规定，严重影响整体承载	必须立即采取措施

资料来源：GB 50292-2015，P10-11
注：1.本标准对 au 级和 AU 级的具体规定以及对其他各级不符合规定的允许程度，分别由 GB50292-2015 给出；
2.表中关于"不必采取措施"和"可不采取措施"的规定，仅对安全性鉴定而言，不包括适用性鉴定的要求采取的措施。

为了不同等级的房屋安全，可以参考《危险房屋鉴定标准》。A 级为较好，基本无危险；B 级可能有极少构建需要处理，但不影响整体安全性；[137] 从实际使用要求来看，如果建构筑物改变使用性质为一般民用建筑，C 级局部范围有危险需要马上处理，属于局部危房；D 级为安全性严重不符合要求，整楼均属于危房，必须立刻采取措施。即 D 级意味着基本需要全部拆除，C 级也需要做较大加固才能确保其继续使用的结构安全。类似结构加固的代价很大，常会出现加固费用等同甚至超出原有新建土建结构费用的情况，这在很大程度上影响了工业遗存持有业主的改造热情，毕竟面对比新建还高的加固成本，很难用一句情怀就能够解释得通。因此，鉴定后适当的结构加固形式和建筑改造策略对项目的接续推进就显得至关重要了。

4.2 首钢园区的更新引擎

4.2.1 首钢园区的空间生产模式

4.2.1.1 北京城市化及差异化城市过程

新中国成立后，北京的城市发展经历了"全面建设社会主义工业化"到逐渐"限制重化工业突出首都功能"到"发展首都和知识经济实现可持续发展"再到"定位四个中心建设国际一流和谐宜居之都"四个阶段的城市发展，工业产业定位也伴随城市过程的转变呈现出先扬后抑再转型的发展态势。

第一阶段，1949—1980 年，建设现代化工业基地，全面发展重化工业。

北京在被确立为新中国首都之始就提出"变消费城市为生产城市"的目标，新中国成立初期的北京城市总体规划与国民经济五年计划结合得比较紧密，"一五"计划的实施与"三大改造"的进行开辟了社会主义工业化道路的同时为我国工业化奠定了初步基础。1958 年北京总规方案提出了发展经济中心建设大工业城市的设想，为了将北京建设成为大工业城市对工业进行了特别的布局，工业区

137　杨小青．房屋结构知识与维修管理 [M].北京：中国建筑工业出版社，2005.

适当分散位于城市边缘。[138]

第二阶段，1981—1994 年，突出首都功能，限制发展重化工业。

1980 年中央提出了"四项指示"，其中追求旅游业、服务业、轻工业以及电子行业发展而不再发展重工业的指示，是对北京过去过度重工业化发展理念的一次纠偏，同时因为中国在此时已经有基本的工业体系，不再需要北京市必须承担重工业职能。随后 1982 年的总规划中，北京的城市性质除去了"工业基地和科学技术中心"这两个功能，保留了"全国政治中心和文化中心"。

第三阶段，1995—2016 年，强调发展首都经济和知识经济，实现可持续发展。

1992 年总规提出大力发展以"高新技术产业和第三产业"为主的"首都经济"，发展思路仍然是对中央"四项指示"的继承，明确了适合首都经济特点的经济就是要建立以第三产业为主体的经济结构。[139] 以三产发展推动一、二产业转型，逐步改变工业过分集中在市区的状况，改造迁移市区工业并以其腾退的土地发展第三产业，大力发展远郊工业。

第四阶段，2017 至今，一核一主一副、两轴多点一区，定位全国政治中心、文化中心、国际交往中心、科技创新中心，建设国际一流的和谐宜居之都。

在"两轴两带多中心"城市空间结构的基础上，形成中心城——新城——镇的市域城镇结构。中心城是北京政治、文化等核心职能和重要经济功能集中体现的地区，以旧城为核心，继承发展传统中轴线和长安街轴向延伸发展的十字空间构架。新城是在原有卫星城的基础上，疏解中心城人口和功能、集聚新的产业、带动区域发展的规模化城市地区，具有相对独立性。镇则是推动北京城镇化的重

138　北京规划发展历程 [EB/OL]. [2013-03-03]. https://wenku.baidu.com/view/6827fa6c7e21af45b307a860.html.

139　王磊，王庆斌. 从《梁陈方案》到北京城市总体规划（2016—2035 年）[J]. 美与时代（城市版），2018（07）：43-44.

要组成部分。[140]

4.2.1.2 首钢园区空间生产模式变迁

首钢百年前选址石景山，其企业发展是一个远离中心城区的以工业化带动的跳跃式城市化进程，是城市和国家近代工业化的召唤。而在千禧年后，后工业化时代背景下首钢的搬迁与转型亦是中国城市化和社会发展的必然产物。[141] 伴随着北京城市化进程的发展，企业在不同时期表现的空间生产也存在清晰差异。受社会政策体制、国家宏观经济需求、国家及城市发展定位变革等诸多因素的影响，首钢的发展在新中国成立七十年间可以划分为五个不同的阶段。

（1）1949—1980 年，艰苦奋斗，成长壮大的三十年

1948 年底，北京和平解放，石景山钢铁厂重新回到人民怀抱。石钢重用原厂技术专家、学习苏联技术、工人充分发挥主人翁责任感，提前一年完成国家"一五"总产能任务。"二五"期间，石钢攻克技术难关，1958 年，石钢建造了中国第一台侧吹转炉，结束了石钢有铁无钢的历史。同年，石钢实施扩大产能计划，逐步达到年产生铁 140 万 t、钢 60 万 t 的产能，成为我国重要大中型钢铁企业之一。1978 年，首钢的产量达 179 万 t，成为中国十大钢铁企业之一。

（2）1981—1994 年，首钢大发展，狂飙突进的十五年

1981 年，首钢经国务院正式批准实施"利润递增大包干"[142]，利润以 2.7 亿元为基数，每年递增 7.5% 上缴国家，超额归首钢按 6：2：2 的比例（即 60% 用于生产，20% 用于职工集体福利，20% 用于增加职工福利）自主分配使用。[143] 此举是当时工业企业改革的一个重大突破，借此机遇首钢逐步从一个在计划经济中小有自主权的工厂转

140　北京城市总体规划的浅析[EB/OL]. [2013-03-03]. https://wenku.baidu. com/view/6827fa6c7e21af45b307a860.html.

141　刘群. 首钢工业区：基于城市风貌塑造的建筑风貌研究[C]// 中国城市规划学会，杭州市人民政府. 共享与品质——2018 中国城市规划年会论文集（07 城市设计）. 北京：中国建筑工业出版社，2018：14.

142　首钢总公司，中国企业文化研究会. 首钢企业文化（1919—2010）[M]. 北京：中共中央党校出版社，2011：111-112.

143　杨晔. 大型国有企业改制过程中工人的社会身份重构[D]. 北京：中央民族大学，2012.

变成为相对独立，有一定生产、经营自主权的企业。

首钢在 1981—1994 年的十五年间，企业在体制制度利好的背景下获得了巨大发展。保证了按年递增 7.5% 的利润每年上缴国家。1981—1994 年，钢产量从 182 万 t 突增至 824 万 t，跃居中国钢产首位。[144] 在以钢铁业发展为主的同时，首钢的矿业、机械、电子、建筑、航运等业务随之不断扩大，形成跨行业、地区、国家经营的特大型联合企业。逐步改善了职工福利待遇，特别是建设了大量职工住房，逐步缓解了职工住房困难。

（3）1995—2004 年，城市去产能，裹足不前的十年

1994 年，首钢登上全国产能之巅后许多发展瓶颈逐步显现。从外部环境看，首都的环保压力制约企业产能扩大和技术升级，企业主要产业与首都及石景山区定位不匹配，行业升级速度快竞争压力大；从内部环境看，产业结构、产品结构、硬件条件、机制体制、思想建设等方面都存在明显不足。尽管企业不断在环境治理上投入发力，通过技术优化和革新已经将生产尘废排放和耗水率降低到了相对理想的标准，但最核心的环境矛盾在 2000 年北京申办夏季奥运成功后彻底爆发，"要首钢还是要首都"的尖锐问题使企业必须思考离开北京的历史课题。

在首钢园区整体搬迁未获批复之前，通过不懈努力，首钢成功争取到在 2003 年上马了迁钢和首秦项目，陆续向首都外转移产能。两个项目的上马既为园区日后整体搬迁积累了经验，又跳出了北京园区工艺流线老旧制约生产效率提升和新产品投产的硬性瓶颈，为企业赢得了喘息的产能回报空间。

（4）2004—2013 年，企业争增量，反复博弈的十年

2005 年，国务院批示首钢搬迁计划，同年京唐公司正式成立。次年，国务院设立首钢搬迁调整工作协调小组。2008 年首钢北京园区减产 50%，2009 年京唐公司一期工程全面竣工，2010 年首钢北京园区减产剩余的 50%，达到全面停产。这一周期内，首钢一直在

144　颜善文. 形势与政策教学参考资料[M]. 天津：天津大学出版社，2001.

"增量"思维的指导下试图争取在北京园区规划中体现更大的开发强度，以期在一级开发中以土地价格平衡其企业负债，在总开发量1 300万~1 400万 m² 的区间进行了反复博弈。

2011年，北京市政府批准《新首钢高端产业综合服务区控制性详细规划》，旨在将首钢打造成为世界性的工业场地再生发展区域、可持续发展的城市综合功能区、活力重现的人才聚集高地、后工业文化创意基地及和谐生态示范区。[145] 这一版批复的建设开发量定格在1 060万 m²。然而，这版批复规划中可开发居住用地的缺失使得企业面对大量办公类用地无法通过一级土地整理的"卖地"模式获取资金平衡企业负债，"增量"模式几乎不可能走通。2012版总规的出台让首钢重新开始思索新的"非增量"发展模式。

（5）2014年至今，园区求复兴，涅槃重生的七年

2014年，首钢成为全国老工业区搬迁改造的1号试点项目，同年北京市出台《北京市关于推进首钢老工业区改造调整和建设发展的意见》（京政发〔2014〕28号）国家老工业区改造的试点政策，[146] 协调企业和区域资源统筹发展。首钢在国家发改委资金的支持下以西十筒仓项目尝试遗存更新一、二级联动的发展之路。北京市政府支持首钢"原汤化原食"[147] 的思路，即支持土地变性和由企业持有土地进行更新开发，以开发产出推动园区更新并带动企业转型。

2015年，首钢提出实现以钢铁和城市综合服务商两大主导产业齐头并驱的协同发展，去除原有"增量开发"模式，转而思考以"存

145　刘克成，裴钊，李煜，等.首钢博物馆设计理念简析——基于工业遗产评价的再利用设计[J].新建筑，2014（04）：4-8.

146　北京市发展改革委.首钢老工业区全面调整转型[J].中国经贸导刊，2014（31）：32-34.

147　鞠鹏艳.大型传统重工业区改造与北京城市发展——以首钢工业区搬迁改造为例[J].北京规划建设，2006（5）：51-54.

量更新"模式长效运营园区。[148]

2015 年 12 月，冬奥组委成立，办公场所选址首钢园区，以大事件方式推动首钢转型，首钢园区建设城市复兴新地标全面拉开序幕。

4.2.2 首钢园区更新引擎的选择

工业遗存更新需依据自身城市能级、发展战略、产业定位、文化特征、遗存特色等具体情况，客观判断和择取与之相匹配且能有效激活片区的更新引擎。更新引擎可以归纳为大事件导向、文化导向和邻里导向，北京首钢工业园区的更新引擎兼具以上三种。

4.2.2.1 以大事件为导向的首钢园区更新引擎

2015 年 7 月 31 日，奥林匹克委员会第 128 次全体会议在吉隆坡举行，投票选举 2022 年冬奥会主办城市。在 85 位奥委会委员的投票选举下，北京击败对手阿拉木图成为 2022 年第 24 届冬奥会的主办城市。

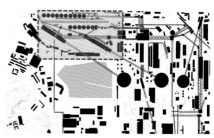

图 4-17 北京首钢西十冬奥广场总体位置
资料来源：筑境设计

习近平同志指出，"体育强中国强""冰雪运动难度大、要求高、观赏性强，很能点燃人的激情"，并强调"提高我国冬季运动竞技水平，要及早谋划、持续推进"。2018 年 9 月 5 日，国家体育总局公布《"带动三亿人参与冰雪运动"实施纲要（2018—2022 年）》。[149]

2015 年 12 月，在绿色奥运、节俭奥运理念的指导下，2022 北京冬奥组委宣布落户首钢，冬奥组委在永定河畔石景山东麓、阜石路以南选择了首钢旧厂址西北角的西十筒仓片区作为办公场所，这不单是首钢在一个世纪前的建设起点，而且是百年首钢凤凰涅槃的更新支点（图 4-17~ 图 4-19）。在城市产业结构调整驱动力下的产

图 4-18 北京首钢园区北区
资料来源：作者据 Google Earth 地图改绘

<hr />

148　撒元智,周胜军,关佳杰,等. 在新常态下谱写首钢转型发展新篇章[J]. 冶金企业文化，2015（05）：6-8.

149　国家体育总局发布《"带动三亿人参与冰雪运动"实施纲要（2018—2022 年）》[EB/OL]. [2018-09-08]. http://www.sohu.com/a/252708970_505662.

图 4-19 北京首钢西十冬奥广场
资料来源：陈鹤拍摄

能转移，将首钢老工业区改造为冬奥办公园区，不仅可以局部应激性改变园区停产后的萧瑟现状，更是希冀以积极的更新注入产业来引领区域的全面更新，使其融入城市，为类似过剩产能调整外迁后大量工业转型带来城市及社会问题探寻出路。

"奥运概念"为京西十里钢城的凤凰涅槃注入了核心品牌（简称 IP），这样的国家能级大事件也正是此类老工业园区更新的重要引擎。奥运的超强 IP 极大提振了城市传统地缘认知地图中该区域的影响力，这片封闭了近一个世纪的园区的神秘面纱也得以徐徐揭开。

在京津冀协同发展和非首都核心功能疏解的大背景下，冬奥组委驻地没有选择城市功能或商业环境相对发达完善的中心地段（如冬奥申办委的驻地北京奥运大厦），而选择城市功能相对落后与转型发展任务较重的首钢老工业区，这种选择传递出以下几个层面的战略考量。[150]

从国家角度看，冬奥组委落户首钢园区，通过西六环取道兴延高速和延崇高速去往延庆及张家口崇礼，作为冬奥会公路交通的首选通道，有助于三个赛区间人流、物流等的快速联络及高效运转，以此来保障冬奥会组织协调工作的全面高效开展。

从区域角度看，石景山、延庆和张家口在功能定位、资源禀赋、特色文化、产业结构、发展导向等方面存在许多互补性和合作点，有利于借助冬奥组委建立起纽带桥梁和平台渠道，充分发挥三地各自的优势，强化在非首都功能疏解和承接、产业园区分工协作、区域体育文化旅游品牌打造、跨区域重大基础设施布局、永定河流域生态修复、大气污染联防联控等各方面的交流合作，共同加速推进区域协同发展、差异发展和错位发展，携手做大做强冬奥经济，共同打造冬奥经济圈。

从全市角度看，京津冀协同发展和非首都功能疏解的加快推进，将引发首都战略布局的深刻调整以及资源要素的重新布局。北京市城市副中心落户通州，环球影城等一批重大产业项目以及优质公共

150　冬奥组委入驻首钢园背后的国家战略意图[EB/OL]. [2016-08-31]. http://www.360doc.com/content/16/0831/00/6598516_587181167.shtml.

服务资源将加速东流；未来南部地区将由北京新机场以及临空经济区等作为战略支撑；北部地区已有未来科技城、北京科技商务区、首都机场及临空经济区等重要经济载体，2019 世界园艺博览会、2020 世界休闲大会等国际级盛会也相继落户在北部区域。而西部地区由于首钢涉钢产业整体停产和迁出，加上首钢整体转型升级步伐缓慢，在区域经济发展层面缺乏具有带动和辐射作用的战略抓手。冬奥组委落户首钢，将为西部地区带来新的发展契机，提供新的动力引擎，是经济发展新常态背景下全市区域均衡协调发展的重要战略布局。

从区级角度看，冬奥组委的落户使石景山区得到更多对外展示、国际交往和招商引资的机会，因此更深一步地拓展了石景山区域国际体育交往中心的职能，城市发展水平将提升到展示及代表国家形象和首都标准的高度，更多人才、资金、技术等国际高端要素资源也将注入城市发展，加快传统重工业城市形象的彻底转变，促进推进石景山区总体战略的全面落实，城市发展战略目标有望提前 3 到 5 年实现。[151]

从首钢层面看，冬奥组委落户首钢园区是加速首钢老工业区转型发展的推动力。冬奥组委的落户是首钢总公司继为保障 2008 年北京奥运会启动实施搬迁改造后与奥运的再一次结缘。自 2005 年，首钢启动搬迁改造，2010 年底关闭所有钢铁相关项目，腾退出大量的土地空间。冬奥组委落户首钢开启了园区加快转型发展的新篇章，首钢利用冬奥会效应，在服务且保障冬奥组委的基础上，进一步理顺体制和机制，加快振兴存量土地资源，完善道路、市政和生态等基础配套建设，引进国际高端产业要素，为园区产业结构调整、城市功能再造、为基础设施和公共服务设施提供新的高标准支持，全力为全国老工业区转型发展树立典范。[152]

151　北京市石景山区人民政府关于印发陈之常区长在 2019 年区政府全体会议上的讲话的通报 . [Z/OL]. [2019-01-29]. http://www.beijing.gov.cn/zfxxgk/11H000/qtwj22/2019-01-29/content_ba1b1748041b48ba8fa08dbb78baad94.shtml, 北京市政府信息公开专栏 .

152　岳阳春，于志宏，管竹笋 . 从伦敦东区看北京新首钢地区——让奥运会成为城市发展的助推器 [J]. WTO 经济导刊，2018（10）：39-44.

图 4-20 上海新天地的海派文化空间特征
资料来源：作者拍摄

图 4-21 三高炉博物馆水下展厅
资料来源：筑境设计

图 4-22 北京首钢园区四座高炉
图片来源：作者据 Google Earth 地图改绘

作为大事件的冬奥会之于北京，是国家战略的落位。与国家战略推动的核心大事件导向相辅相成，文化导向和邻里导向这两种更新引擎在首钢园区更新进程中各司其职、相得益彰，多管齐下给园区注入更全面的空间再生和产业活化的持续动能。

4.2.2.2 以文化为导向的首钢园区更新引擎

文化为导向的更新引擎是将文化作为更新的催化剂与驱动力，其核心是文化产业的植入。鲍德里亚（Jean Baudrillard, 1970）所指的"物"的消费属性即文化属性，文化产生的心理共鸣和教化作用共同被纳入了消费行为，推动了城市空间的产业更新和活力再生。[153]

上海新天地营造的现象级消费，究其根源就是一种文化消费。"老年人觉得怀旧，年轻人觉得时尚，外国人觉得很中国，中国人觉得很洋气"[154]，依托里弄空间的梳理与重组，浓浓的上海气质就是场所更新后清晰呈现的核心文化符号，由此产生了本地人基于场所与心理认同的海派文化、游客基于都市观光的奇观式文化以及中共一大会址叠加的红色教育文化（图 4-20）。

首钢园区十里钢城的浓郁工业风貌，对于首钢人而言是共有集体记忆和家园式的场所；对于北京市民而言是京西充满工业猎奇奇观的神秘工业大院；对于中国钢铁业而言是自主工业崛起的民族梦想；对于到访的外国友人而言是可与欧美后工业时代重工业遗存更新产生共鸣的发生场。"钢铁记忆"就是这块土地独有的文化 IP，这也是其作为文化符号对外输出的核心特征要素。

首钢园区的文化导向更新引擎如何打造一个现象级的文化消费

153　让·鲍德里亚.消费社会 [M]. 北京：中国社会科学出版社，1970.

154　赵晨钰. 新老上海情迷出版人 [EB/OL]. [2003-03-19]. http://www.people.com.cn/GB/14738/14754/14765/1752166.html.

符号呢？多元复合，拼贴集仿，采取多样的文化存余物进行演绎再现[155]，以三高炉博物馆为代表的更新正是以这样一种方式来诠释"钢铁记忆"这一核心文化主题。

三高炉博物馆同时承担了几种不同的文化物质载体：钢铁企业核心工艺的视觉文化、首钢集体记忆精神家园的人文文化、面向城市的工业风貌体验文化（图 4-21）。

首先，高炉是钢铁厂的核心工艺构筑物，相较于轧钢车间动辄几百米水品展开的横向空间，高炉是纵向向天空伸展的百米巨构，视觉特征非常鲜明和具有标识性。因为工艺原因，高炉布局往往密集成群，更强化了其作为钢铁厂视觉中心的标志性。首钢园区就是四座高炉丁字形集簇布局，这样雄浑有力的天际线构成和工业巨构群落堪称是北京市绝无仅有的都市奇观（图 4-22）。德国北杜伊斯堡风景公园（图 4-23）、卢森堡贝尔瓦科学城、墨西哥蒙特雷 3 号高炉钢铁博物馆（Horno 3 Steel Museum）（图 4-24）、美国伯利恒高炉艺术文化园区、德国多特蒙德凤凰工业区西区，其保留的炼铁高炉都当仁不让地成为区域的景观和视觉核心。

其次，关注空间符号的同时，我们也必须对物质视角在这块土地上进行一种人文投射。三高炉博物馆还须成为重塑首钢集体记忆的载体，通过唤醒这片土地及相关人群的集体自豪感，实现首钢人精神家园的心理重构，也为衰退土地进入崭新的更新周期建构必需的心理准备和心灵支点。三号高炉改造博物馆是一个多维度的历史切片集合，以人本的视角，通过浸入式的方式带领观众进入高炉内部，审视特定时代的工业遗存和它所承载的集体记忆，建构曾经峥嵘岁

图 4-23　杜伊斯堡风景公园高炉区和贝尔瓦科学城高炉区
资料来源：作者据 Google Earth 地图改绘

图 4-24　蒙特雷高炉博物馆高炉区和伯利恒高炉公园高炉区
资料来源：作者据 Google Earth 地图改绘

155　克罗德·列维－斯特劳斯. 野性的思维 [M]. 李幼蒸，译. 北京：商务印书馆，1987：25.

月的时空通感，通过空间和展陈个体叙事的微观而具象的层面[156]、在探究以首钢为代表的中国宏大的城市发展转型之路的同时通过这座建筑向每一位朴素首钢人真诚致敬、向首钢百年伟大变革和华丽转身致敬。最终择址在这座"精神家园"举办"2019年首钢百年庆典"，完美诠释了城市大型文化事件作为文化导向助推更新的催化与引擎的核心意义。

再次，高炉的改造也是在重塑面向未来的城市空间，是更新架构的从内向封闭工业性到外向开放城市性的桥梁。作为昔日首钢园区炼钢工艺的重要环节和承载了首钢人集体记忆的明星高炉，首钢的三高炉博物馆已经将三号高炉的价值抽象化，并叠合了现代生活对其保护和再利用的诉求，成为新的文化符号。与之相似，汉堡港城的易北爱乐厅和温特图尔苏尔泽工业区的卡瑟琳娜苏尔泽广场都经历了历史符号和现代符号融合的文化导向过程，这样的符号性场所正是首钢园区更新打造的城市工业风貌体验文化的有机载体。

三高炉博物馆为都市艺术活动提供了具有唯一性的场所。针对平均深度超过 4.5 m 的原高炉冷却晾水池——秀池，更新植入有 844 个车位的地下车库，同时提供 2 000 m² 的环形水下展厅，这是完全独立于三高炉博物馆的临时展厅，圆环形的内部空间充满现代感，和高炉形成鲜明反差的同时为当代艺术的介入提供了可能的舞台，美国 MOMA 当代艺术馆和嘉德文化交流中心都有进驻意向。

三高炉博物馆为都市展示活动提供了具有唯一性的场所。在高炉罩棚内标高 13.6 m 的环桥和 9.7 m 的环状博物馆依托高炉围合的半室外空间为博物呈现之外的各种活动和发布提供了弹性空间，

156　薄宏涛. 当首钢遇上奔驰[EB/OL]. [2018-11-27]. http://www.jinciwei.cn/k348884.html.

2018 年 11 月 23—24 日，奔驰长轴距 A 级轿车在此举办了中国上市盛典，此举成功吸引了全国车友的目光（图 4-25）。

三高炉博物馆为都市演绎活动提供了具有唯一性的场所。标高 41.3 m 的高炉罩棚顶的环形观光区和西向的观光平台都为登高远眺园区各个方向的风景以及与石景山、永定河隔空对话提供了绝佳的场所。标高 72 m 的原载荷 50 t 天车梁一端被置入玻璃栈台，除登高揽胜的工业旅游之外，未来也必将成为首都一处最炫酷的空中秀场（图 4-26）。2018 年 12 月 31 日北京卫视（BTV）2019 跨年演唱会会场选址首钢秀池，在水下展厅屋面搭建舞台，营造了无与伦比的湖中冰上秀的视觉效果，令世界为首钢的更新效果侧目（图 4-27）。

此后，BTV 又连续两年将跨年演唱会均选址三高炉片区，高炉本体二层炉台平台也以"全球首发中心"面世，大量顶级发布会和会议展示在此举行，这些都证明了其独特的城市魅力。

这一系列文化导向的场景营造已经引起了城市乃至国家能级的聚焦关注，也必将不断在未来给园区注入强劲的更新动能！同时"钢铁记忆"这一具有唯一性的核心文化主题也得到了极佳的诠释，完美解决了文化符号式开发给工业遗存更新带来的雷同危机。

4.2.2.3 以邻里为导向的首钢园区更新引擎

作为拥有重要区位和重要历史价值的大片区工业遗存的首钢，大事件导向和文化导向是政府为将其转化为城市新的活力场所或文化空间而进行的长期战略投资。偌大的首钢园区除了拥有此类重要历史价值的建构筑物外，仍有大量具有工业尺度美学但不具备典型特征的工业厂房。基于对北京市域范围的大街廓封闭园区导致的重干道轻支路的批判性反思，在对这类工业历史风貌建筑进行更新时，首钢园区的规划理念采用了"新城市主义"作为设计指导原则，即采用邻里 TND 导向的更新引擎，尊重地方传统，保留和延续工业区

图 4-25 奔驰发布会
资料来源：作者拍摄

图 4-26 空中秀场
资料来源：筑境设计

图 4-27 BTV 跨年晚会
资料来源：首钢新闻中心

的符号和特色。

"新城市主义"的产生就是针对勒·柯布西耶（Le Corbusier）及其支持者提出"现代城市"带来的非人性化的机器时代滥觞的反思，是城市规划领域的"后现代主义"思潮。"新城市主义"理论倡导城市中心区的复兴，重组城郊绵延带并将它们变成可以真正提供邻里社区的小镇。这些小镇应有清晰的边界、混合使用的功能和不同社会阶层的居民。它们应具有人性化尺度、可识别性的形态和城镇中心，并且应为步行者设计道路并限制车行交通。[157]这样的理念对于长期以来"功能至上"理念指导下的北京规划产生的城市病而言，确实是对症下药。

北京市规划院施卫良院长和总体所鞠鹏艳所长携手以公共交通为导向的开发（Transit-Oriented Development，简称 TOD）理念之父、美国规划大师彼得·卡尔索普（Peter Calthorpe），为首钢园区北区设定了以依托城市轨道交通和域内有轨小火车系统的公共交通优先主导型开发模式和小街区密路网的传统邻里区开发模式为特征的规划格局。

从城市道路路网密度平均值来看，北京主城为 5.59 km/km^2，上海主城为 7.10 km/km^2，上海黄浦区更是达到 14.06 km/km^2，[158]上海路网密度比北京高出 27%，这就是为什么其道路拥塞程度相较北京低的缘故（图 4-28）。同时由于上海道路断面普遍小于北京，且老城保留小尺度街道较多，在街道生活层面量多而质高，其城市街道生活丰富度和宜居度自然优于北京。由于产业结构单一和城市化欠账等原因，石景山区路网密度值竟然只有 4.42 km/km^2，在北京市排名末

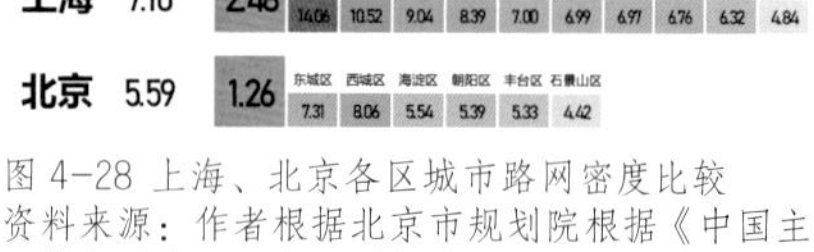

城市	总密度	行政区路网密度标准差										
上海	7.10	2.48	黄浦区	虹口区	长宁区	静安区	徐汇区	普陀区	闵行区	浦东新区	杨浦区	宝山区
			14.06	10.52	9.04	8.39	7.00	6.99	6.97	6.76	6.32	4.84
北京	5.59	1.26	东城区	西城区	海淀区	朝阳区	丰台区	石景山区				
			7.31	8.06	5.54	5.39	5.33	4.42				

图 4-28 上海、北京各区城市路网密度比较
资料来源：作者根据北京市规划院根据《中国主要城市道路网密度监测报告（2018 年度）》改绘

---

157 谭峥. 新城市主义的语境：批判与转译 [J]. 新建筑，2017（04）：1.
158 数据来源：《中国主要城市道路网密度监测报告（2018 年度）》。

位。在首钢园区更新的规划设计中，针对北京市乃至石景山区路网密度偏低的问题，结合园区内原有路网密度极低完全不能满足城市职能转换后的使用需求问题，提出了小街区密路网的道路设计原则。依托原有园区主要空间肌理，北区顺主动力管廊和铁路线路走向布局城市主路，并以此为中轴展开架构全区路网体系；南区在清晰对接南北联动的基础上，结合区域内二炼钢、三炼钢两个巨型建筑聚落的空间走向布局路网体系。北区规划路网密度值大幅攀升至 9.00 km/km^2，南区更达到 9.90 km/km^2（均未计算街坊路），实现了较高的标准（图 4-30）。同时大幅攀升的路网也直接界定了更多小尺度的街区，为以邻里导向推动更新、重塑园区活力做出了物质保证。

　　在首钢工业遗存更新的规划中，小尺度街区能通过顺应既有厂区肌理的布局为更多的工业遗存、现状植被、现状路网和基础设施的保护和再利用提供良性的基础，结合遗存的新建、加建建筑拥有较高的贴线率，提供积极城市生活的友好界面。可以预料，在更大的街廓布局下，更宽的路网、更大的退距、更多的渠化、更大的拐角都会对既有基地的遗存要素造成更多不可逆的伤害。正是基于小街区的街廓特征，园区大量遗存得以保留，尤其对于五一剧场片区，五一剧场、加速澄清池、十四总降、九总降、精煤车间、7000 风机房、第二泵站、冷却塔、沉淀池、五制粉车间、洗涤塔、软化水水塔等一系列建筑遗存得以完整保留其风貌特征。在小街区密路网的原则指引下，各地块内建筑注重围合空间，有效界定街道、院落和广场，步行道路的叠加提升了邻里单元内部的空间多样性。同样的手法在北京最具邻里空间活力的三里屯太古里南区中同样存在，为街区带来了丰富的空间触感和高黏性的城市活力（图 4-30）。

　　邻里导向模式在欧洲也有大量经典实践，1992 年伦佐皮亚诺（Renzo Piano）中标的柏林波兹坦广场（Potsdamer Platz）城市设计

图 4-29 首钢园区北区（上）、南区路网结构（下）
资料来源：筑境设计

图 4-30 首钢北区五一剧场片区街区（上）与三里屯太古里街区（下）比较
资料来源：作者结合 Google Earth 自绘

中遵循 1980 年代 IBA "批判的重构"思想，选择营建一组具有欧洲传统特征的小尺度街区。规划呈现典型的邻里式空间建构原则，不规则三角形用地内十条街道和两组广场为两德统一后缝合柏林墙留下的城市疮疤提供了完美的空间解答，塑造了新柏林最大的商业中心和最具魅力的场所（图 4-31）。

与之相类似，其后开展的国王十字街区（图 4-32）和汉堡港城（图 4-33）的复兴建设也遵循了邻里导向这一街区建构原则。国王十字南区在两座车站间的三角形空间设置了南北贯通的林荫大道，北侧则围绕谷仓综合体营建街区，汉堡港城结合原港口码头和船坞系统展开街区布局，两个项目均在回溯历史记忆、延续城市文脉的基础上为创造城市积极的邻里空间做出了出色解答。

4.3 首钢园区空间再生策略

物理环境的设计与再造手法有小规模、短周期、以点带面触发并激活周边更新的都市针灸，有利用特定的空间线索梳理串接具有城市价值的物质遗存的都市链接，也有兼具针灸和链接特征将肌理破碎、缺失和断裂区域进行缝合补白的都市织补。首钢园区更新以组合拳的形式择取差异化空间再生策略，将三种手法在有空间或事件对位关系的重要节点并用，以期使物理环境的再生更加整体和有机，呈现了多策略、多手法共治的更新图景。

4.3.1 城市尺度下的园区空间再生

4.3.1.1 都市针灸，局部点状更新

对标欧洲有代表性的城市更新案例，可以看到点状针灸式更新的触媒建筑在区域更新中均起到重要的锚点作用。伦敦国王十字的国王十字车站和圣潘克拉斯火车站为街区带来持续人流和空间活力，谷仓综合体为街区注入艺术活力；贝尔瓦科学城在高炉里设置国家级实验室的产业孵化器是重振南部旧工业区经济的决心表征；汉堡

图 4-31 波兹坦广场街区分析
资料来源：作者结合 Google Earth 自绘

图 4-32 国王十字街区分析
资料来源：作者结合 Google Earth 自绘

图 4-33 汉堡港城街区分析（Am Sandtorkai, Dalmannkai 区）
资料来源：作者结合 Google Earth 自绘

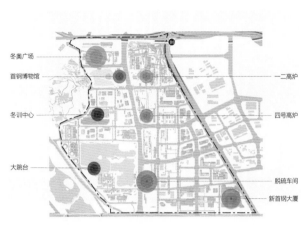

图 4-34 园区北区西侧锚点建筑
资料来源：筑境设计

图 4-35 西十冬奥广场航拍图
资料来源：筑境设计

港城在空间对位上选择了易北爱乐厅、过海社区和国际海事博物馆三处触媒建筑来引爆整个片区的持续更新活力。以上项目都有匹配其落位产业的核心特色单体，且均是以保留建筑更新而成，这些保留建筑本身就具有较高的历史、社会或文化价值，以优质的历史建筑匹配重要的当代功能，更新后的它们在场区内形成极有辐射力的锚点，由点及面带动区域的城市活力。类似汉堡港城以三处触媒建筑引爆整个片区的规划思路，首钢北区规划中，在西片区选择了四个核心锚点项目来进行都市针灸，它们是西十冬奥广场、三高炉博物馆、国家体育总局冬训中心和单板滑雪大跳台（图4-34~图4-53），东片区的核心锚点项目分别为一二高炉、四高炉、脱硫车间和新首钢大厦。下面重点介绍北区西片区四个锚点建筑（图4-34）。

（1）首钢西十冬奥广场

作为首钢园区北区启动的首开项目，其落地具有重要标志意义，奥运的超强品牌极大地提振了城市传统地缘认知地图中该区域的影响力。在绿色奥运、节俭奥运理念的指导下，冬奥组委在永定河畔石景山东麓选择了首钢园区西北角的这块热土（图4-35）。

冬奥会广场基地南侧的秀池与西侧的石景山及永定河生态绿色

图 4-36 料仓、主控室改造为办公建筑
资料来源：陈鹤拍摄

图 4-37 筒仓改造为办公建筑
资料来源：作者拍摄

图 4-38 联合泵站改造为办公建筑
资料来源：陈鹤拍摄

走廊为该项目带来了无与伦比的外部自然环境。项目自身也具有深厚的历史沉淀，项目名称来源于地块北侧的原京奉铁路西十货运支线，这是百年前首钢建设的起点。基地内部的筒仓、料仓、供料通廊、转运站及供水泵站密集布局，这些是园区一号、三号炼铁高炉炼铁工艺的巨大复杂系统中的重要组成部分。储料区原有南六筒和北十筒，因修建 S1 号低速磁浮线拆除西北侧三筒，留存南六筒和北七筒；供料区因修建通往小西门的支路拆除了三号高炉料仓，留存一号高炉料仓及 N3-3、N3-2、N3-17、N1-2 四座转运站；还留存了为一、三高炉循环冷却水提供动力的联合泵站及配套锅炉房水塔一座，一号高炉供料主控室一座，三号高炉返矿仓、空压机房一座以及干法除尘器压产发电控制室一座（图 4-36 ~ 图 4-38）。

这一组工业遗存借由冬奥 IP 的强大助推，被改造成集办公、会议、

图 4-39 N32 国际会议中心
资料来源：陈鹤拍摄

图 4-40 联合泵站配套水塔及后勤区改造为冬奥展厅
资料来源：筑境设计

展示和配套休闲于一体的综合区。[159] 总计建筑面积 8.7 万 m²，其中转运站和料仓、筒仓、主控室、联合泵站是主要办公建筑，N3-2 转运站南侧加建了国际会议中心（图 4-39），联合泵站西侧结合水塔加建了奥运主题展厅（图 4-40），返矿仓一座和空压机房改造为倒班宿舍（即工舍假日智选酒店）（图 4-41），干法除尘器压差发电控制室改造为星巴克冬奥园区店（图 4-42）。最终冬奥广场从"大院文化"出发，围绕遗存界定的不规则五边形院落形成一组较高水准的、有强烈工业感的综合办公园区。

图 4-41 返矿仓和空压机房改造为倒班宿舍
资料来源：作者拍摄

（2）首钢三高炉博物馆

博物馆建筑利用原炼铁三号高炉及其冷却晾水池秀池改造而成。高炉北侧紧邻冬奥组委办公园区，其东侧为晾水池东路，南侧为秀池南街，西侧秀池一直延伸到石景山东麓山脚下，高炉与石景山上的功碑阁遥相呼应。三高炉博物馆总建筑面积 1.68 万 m²，秀池车库总建筑面积 3.13 万 m²（图 4-43、图 4-44）。

图 4-42 干法除尘器压差发电控制室改造为星巴克冬奥园区店
资料来源：黄临海拍摄

高炉本体结构为环绕炼铁炉心的四梁八柱承托起来的 80 m 直径环形铸铁厂，巨大的圆锥台形罩棚顶标高 43 m，高炉最高点煤气放散检修平台顶为 105 m，罩棚内首层为运铁火车及鱼雷车通行平面，二层 9.7 m 为出铁场平台，是炼铁的主要工作面，三层 13.6 m 参观

159　薄宏涛. 工业遗存构建的"大院"：首钢西十冬奥广场[EB/OL]. [2018-08-20].
　　http://www.360doc.com/content/18/0820/11/58771319_779666765.shtm.

图 4-43 三高炉博物馆鸟瞰
资料来源：筑境设计

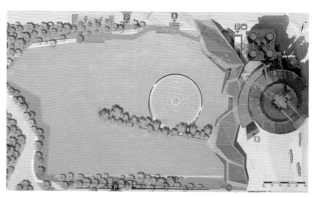

图 4-44 三高炉博物馆总平面
资料来源：筑境设计

图 4-45 三高炉博物馆水下展厅
资料来源：阴杰拍摄

图 4-46 三高炉博物馆水下展厅施工过程
资料来源：作者拍摄

图 4-47 三高炉博物馆秀池改造，资料来源：黄临海拍摄

环桥结合外部引桥（引桥被拆除）供游人参观之用。本体内主要利用一、二两层布置博物馆、发布展场、特色书店和奥运特许商品店。高炉北侧四座热风炉和热风总管及重力除尘器（原下降管已断裂并局部拆除）作为主要构筑物被保留。西侧原三层主控室被拆除，代之以单层"人工化丘陵"的三座附属建筑，分别为临时展厅、学术报告厅、纪念品销售及配套餐饮。平均水深 4.5 m 的悬湖秀池内部植入水下停车库，提供 844 个机动车位，车库内还包含一座圆形水下展厅及配套临时展厅。该项目作为 2019 年首钢建厂百年庆典献礼工程展示于众人（图 4-45~图 4-47）。

（3）国家体育总局冬训中心

因国家奥运冰上训练队主场首都体育馆改造，冬训中心在训练场地空窗期为训练队提供一处高水平的训练生活基地。项目包含了七个建筑单体子项：精煤车间改造为训练中心、运煤站改造为冰球馆、金工车间改造为配套餐饮、水厂车间改造为网球馆、冬训中心配套宿舍一、冬训中心配套宿舍二、冬训中心配套地下车库。项目用地南侧为四高炉南路西延，北侧为用地内部区域道路，东侧为电厂东路，西侧为西环厂路，紧邻石景山。建设项目总建筑规约 7.6 万 m²，主要使用功能为冬奥比赛、训练用房及其餐饮住宿配套设施（图 4-48）。

精煤车间原为 36 m×180 m 单跨钢桁架人字坡储煤车间，运煤站原为 85 m×95 m 四跨钢桁架四折坡屋面厂房，金工车间原为一对单跨混凝土弧形桁厂房及一栋三层办公组成的 U 字形建筑。结合功能需求将精煤车间改造为训练馆，运煤站改造为冰球馆，作为两个主要训练比赛用馆（俗称四块冰），将金工车间改造为配套商业用房。精煤车间由于功能上植入了三块冰场，体量大大增加，设计上采用化整为零的手法将巨大的体量拆解为东西纵向四组体量，在东西山墙上还原精煤车间 36 m 跨的体量关系（图 4-49），原有车间抗风柱、柱间支撑和天车梁均被完整保留，覆盖以深灰色钢屋架（图 4-50），外墙"首钢红"色彩运用（图 4-51）传承了原有建筑在空间中的色彩关系，齿槽板开槽密度不同的四种板材由密到疏的变化表达了速度、空间和密度的概念。冬训中心配套公寓为假日酒店秀池店，金工车间为配套商业，网球馆改造及冬训中心配套宿舍为网球运动场地及冬训队宿舍，冬训中心配套及地下车库为展览性质用房，配套餐饮设施及停车。

（4）首钢单板滑雪大跳台

此项目作为国际雪联新设比赛项目，在平昌冬奥会首次成为正式比赛项目，是 2022 北京冬奥会城六区唯一雪上竞赛项目。单板滑雪大跳台选址群明湖西岸，冷却塔东南侧。安保区划定为环绕群明湖，北侧至群明湖北路以北，东侧至晾水池东路以西，南侧至群明湖南路以南，西侧至丰沙线铁路以东。安保区占地约 13.2 hm²（不含水面），跳台占地面积（含结束区）约 5 500 m²。跳台起点距离冷却塔 30 m，距离丰沙线铁路保护距离 25 m，考虑到日照、风向以及少占湖面等因素，跳台布局方向为东偏南 10°。跳台总长度

图 4-48　精煤车间总平面图
资料来源：筑境设计

图 4-49　精煤车间东侧透视
资料来源：陈鹤拍摄

图 4-50　精煤车间室内
资料来源：陈鹤拍摄

图 4-51　精煤车间"首钢红"外立面
资料来源：陈鹤拍摄

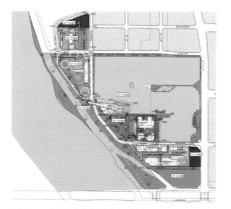

图 4-52 单板滑雪大跳台区域总平面
资料来源：清华大学建筑设计院、筑境设计

图 4-53 单板滑雪大跳台透视
资料来源：作者拍摄

图 4-54 "西四、东四"的规划架构
资料来源：筑境设计

约 160 m，出发区高度 47.5 m，结束区为 -4 m，总落差 51.5 m，造型最高点 61 m（图 4-52）。

"飞天"的概念在跳台设计中被作为核心形态语汇，大量敦煌壁画的意象渗透在设计中，以突出在构筑物在空中飘逸的感觉，弱化其体量感。飞天曲线与单板大跳台结构所需的曲线相对吻合，另一方面飞天汉字中的含义与英文 Big Air 一词，都有在空中飞腾，飞翔的含义。[160] 大跳台依托冷却塔，有浓厚的工业色彩，结束区抵达群明湖畔，又与自然结合，在巨大的工业尺度下，为市民提供了柔软而亲切的城市空间（图 4-53）。

4.3.1.2 都市链接，区域跳跃式更新

首钢园区北区西四、东四共八组都市针灸的锚点建筑通过都市链接完整架构起了大北区的更新规划主干骨骼（图 4-54）。

北区西侧冬奥广场、三高炉博物馆、冬训中心和单板滑雪大跳台通过两湖绿脊和滨湖高线公园链接。规划首先以两湖为依托建构纵向巨大脊状带形绿廊，这组脊状空间自南向北链接了冬季训练中心、首钢三高炉博物馆、冬奥广场三组锚点建筑，同时还串接了邻里商业中心、五一剧场、星巴克咖啡冬奥园区店和首钢工舍假日智选酒店等重要建筑单体；沿群明湖北侧的滨湖高线公园对接两湖绿脊后向西链接了单板滑雪大跳台及电厂、由冷却塔改造的香格里拉酒店，形成了西区的 Z 字形核心架构。

北区东片区的一二高炉、四高炉、脱硫车间和新首钢大厦则通过中央绿轴和高线公园链接。对接基地东北金安桥交通枢纽后经由区域中央的 N4-4 转运站接入高线公园系统，自北向南穿过一二高

160　THAD 清华建筑设计院．清华大学建筑设计院院庆 60 周年经典作品合集 [EB/OL]．[2018-10-13]．http://www.sohu.com/a/259159097_99918863．

炉结合部，经四号高炉穿过中央绿轴抵达南侧端点园区展示中心脱硫车间，再向东进入城市创新织补工厂，最后抵达新首钢的大脑——新首钢大厦。这组 C 字形的规划高线系统在脱硫车间和 N4-3 转运站两点跨越晾水池东路和西侧 Z 字形架构，形成东西联系的两条纽带。通过都市链接的更新推动，园区物理环境的再造界面迅速自北向南从秀池区域进入了群明湖区域，实现了区域的跳跃式更新。

4.3.1.3　都市织补，面状区域更新

与宏观规划反复论证调整的十年长周期（2004—2014 年）相对应，园区启动物理更新的空间活化和产业导入的微观进程呈现出"被压缩了的适应性更新"的状态。对于首钢园区这样近 $10km^2$ 的巨大园区而言，转型绝非易事，在核心旗舰项目尚未明确的周期内也必然需面对一段彷徨，但其更新在产业 IP 清晰之后突然全面加速，进入落地实施的快车道。与温特图尔苏尔泽工业区长达 30 年的典型适应性更新有所不同，首钢经历了小启动区试水——撬动旗舰项目——带动衍生项目——落地关联产业的过程，而该过程在短短五年周期内已见成效，我们可以将其称之为"被压缩了的适应性更新"。

（1）小启动区试水

在 2014 年得到国家发改委的资金支持后，首钢在北区最北侧的西十筒仓区域率先开展了更新探索，西十筒仓创意园区应运而生。项目包括六座原有储料筒仓和一座高炉供料料仓，分别由华清安地、英国思锐（Series Architects）和比利时戈建（Nicolas Godelet Architects & Engineers）设计。有趣的是六座筒仓采用了集合设计的模式，每家设计单位设计两座筒仓，自西向东依次分别由英国思锐、比利时戈建和华清安地设计，立面处理中三家单位选择的圆形、竖向梯形和方形的不同开洞模式让这一组建筑呈现了动人的多样性和

复杂性兼具的生长感，为园区的改造更新带来了一股新风。

（2）撬动旗舰项目

西十筒仓创意园区的出现令首钢拥有了撬动旗舰项目的第一块支点。首钢多次向北京市的报告表明了首钢转型改变的决心，市领导和集团领导在石景山上俯瞰园区指点江山的讨论也最终促成了冬奥组委办公园区在 2016 年的入驻。同时，首钢作为北京市工业长子、长期以来的全市地区生产总值贡献重点企业，响应首都转型号召毅然在钢铁行业最为利好的时期减产停产并以企业自筹资金的方式搬迁河北曹妃甸另建钢城。冬奥概念的引入也是北京市对首钢老园区转型的积极政策鼓励和支持之举。

（3）带动衍生项目

在冬奥概念明确后的一年内（2016—2017 年），首钢北区先后落实了国家体育产业示范园区、国家体育总局冬季训练中心及相关配套设施、2022 年冬季奥运会单板滑雪大跳台赛场及相关配套设施的建设，这类直属涉及奥运及相关运动产业的迅速落位充分体现了奥运这种顶级城市公共事件对产业的超强助推作用。

（4）落地关联产业

直接涉奥产业迅速落地也带动了大量关联产业寻求合作落地，腾讯体育、IDG、中国银行、铁狮门等一系列奥运关联衍生上下游产业开始在运动传媒、运动研发、企业总部、金融服务、商业服务等端口发力，逐步为一个完整的城市成熟产业链条集齐了拼图。

针灸锚点建筑被链接后形成了核心规划结构，既有遗存肌理下空间再生的规划逻辑已经明晰。规划以此为基础补白缺失肌理区域，进行由点及面的都市织补，从而呈现出总体逻辑清晰的新旧肌理融合状态。园区也从第一个"压缩了的适应性更新"阶段进入"稳步加速有机更新"的新阶段。

北区一系列项目结合重要针灸式锚点建筑进行空间及功能织补。围绕单板滑雪大跳台，织补制氧厂南区腾讯视频全球演播厅、1.6 万制氧厂房＋氮气车间办公改造的体育研发创新中心、3350 车间改造的展示中心、制氧厂北地块主厂房改造的录播厅、冷却泵站改造的赛时检录中心、大跳台配套冷却塔及电厂改造的香格里拉酒店；围绕冬训中心，织补假日智选秀池酒店、五一剧场及制粉车间片区整体改造（含五一剧场黑匣子剧场、十四总降＋水厂改造及加建的办公研发楼宇、澄清池改造及加建的商业街、五制粉改造的儿童运动体验中心、7000 风机房＋二泵站＋九总降改造及加建的商业中心及配套办公、临群明湖北岸备件库改造的商业街、软化水车间改造及加建的办公楼）；围绕三高炉博物馆，织补秀池地下车库、水厂车间改造的网球馆、红楼迎宾馆、假日智选网球馆公寓酒店；围绕冬奥广场，织补星巴克冬奥园区店、假日智选工舍酒店、北七筒临时性利用改造。

除上述四大功能性织补区域外，园区还在区域间完成了群名湖环湖公园、复建园区厂东门、群明湖牌坊及彩画长廊修复、五泵站改造、高线公园群明湖北示范段等景观性织补。结合金安桥交通枢纽及一、二号高炉改造空间织补了工业遗址公园、N3-4、N4-3、料仓、联合泵站、料仓、备件库、破碎车间改造的办公创意园区、极限运动公园。（图 4-55）尤其值得一提的是，结合中央绿轴原焦化和烧结厂区肌理织补打造的中国国际服务贸易交易会[161] 五年会址（2021—2025 年）必将成为继奥运概念后驱动园区全面更新的又一核心 IP。

根据《加快新首钢高端产业综合服务区发展建设打造新时代首

161　在货物贸易领域，进博会侧重于进口，广交会侧重于出口，服贸会聚焦服务贸易，三者相辅相成，共同构成新时期"中国制造"和"中国服务"全面发展的展会促进平台，推动形成以北、上、广为龙头的全国会展新格局。

图 4-55 围绕锚点建筑进行的区域性都市织补
资料来源：筑境设计

都城市复兴新地标行动计划（2019—2021年）》（简称"行动计划"）的表述，2021年底，首钢园区北区、东南区将全面建成，2035年左右，首钢园区将完成整体更新升级，建成传统工业绿色转型升级示范区、京西高端产业创新高地、后工业文化体育创意基地，成为具有全球示范意义的新时代首都城市复兴新地标（图4-56）[162]。

4.3.2 单体尺度下的建筑空间再生

4.3.2.1 缝合与叠置（水平织补和垂直织补）

都市织补的概念是多维度的，既可以是在既有空间肌理逻辑下见缝插针的平面织补，亦可以是在竖向空间上加建的垂直织补。

冬奥广场联合泵站的水平织补，采用多层展示媒体中心缝合东侧联合泵站和西侧原锅炉房小水塔，在水塔区域展厅降低高度至一层，凸显水塔伞帽的同时也为办公区内部向西南石景山方向打开了巨大的景观视线通廊，让内与外的交流通达缓畅。水塔二层的四个窗口分别指向功碑阁、三高炉、秀池和天车广场四个方位，由此形成独具魅力的框景，被称为"首钢之眼"，通过它可以用一种独特的切口方式一窥园区重要的工业景致，也建构了办公园区和特定重要景观节点的视线衔接[163]（图4-57）。

首钢工舍假日智选酒店结合保留返矿仓和空压机房的工业遗存，采用垂直织补的方式向竖向发展，既巧妙地将空压机房改造为酒店大堂和部分客房，将返矿仓改为酒店餐厅和特色酒吧，又通过垂直植入两个中庭及叠置的新建客房，有效解决了127间客房的功能需求。

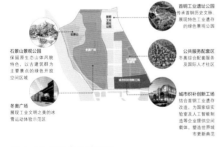

图4-56 北区产业落位图
资料来源：北京市城市规划设计研究院/筑境设计

图4-57 首钢之眼
资料来源：筑境设计

162　新首钢三年行动计划发布[EB/OL]. [2019-02-15]. http://www.shougang.com.cn/sgweb/html/sgyw/20190215/2783.html.

163　薄宏涛. 中国特有的一个立体工业园林——北京西十冬奥广场[EB/OL]. http://www.archcollege.com/archcollege/2018/08/41546.html#，2018-08-28.

建筑外观上红色的遗存外墙和深灰色的加建叠置部分呈现了戏剧化的视觉对比，鲜明地表达了垂直织补的有机更新状态（图 4-58）。

首钢北区长安街北界面的城市创新织补工厂除水平织补缝合厂区肌理之外，采用垂直织补方式解决较高的容积率压力。楼宇内部植入的新结构承托建筑向更高的空间发展，而低区保留了原砖结构厂房外墙。垂直织补的低区工业厂房依托高线公园形成地表及空中步道双层人行系统，营建了一组具有浓郁工业遗存氛围的连续工业场景化休憩场所。此外，金安桥片区 N3-4 和 N4-3 办公楼也采用了类似的垂直织补手法。

图 4-58 首钢工舍
资料来源：作者拍摄

4.3.2.2 内嵌与包络（结构加固和风貌保持）

工业遗存再利用进程中的风貌留存很大的挑战来自加固形式，差异化的加固形式往往意味着完全不同的效果呈现。加固的常见原因有原混凝土标号过低、柱截面不足、基础或梁板承载力不足等问题，常规较经济的技术手段无外乎增大混凝土截面和碳纤或钢板包粘这两类，可解决荷载不足、柱子轴压比不足、梁板柱抗震抗剪切能力不足等问题。但这类相对经济的加固形式的最大弊端就是会严重破坏原有遗存的表观效果。换言之，老柱子、老梁被包粗包大之后，完全看不到历经时间岁月留下的痕迹，这样的加固是为加固而加固，完全失去了工业遗存"保留"的意义。

首钢园区建设的起点是根据结构鉴定报告对原有建构筑物的"安全消隐"（消除安全隐患）。通常情况下，供料皮带通廊等转运设施外维护结构通常采用的镀锌钢板或玻璃纤维板等维护材料都是非耐久性材料，判断其风化腐蚀状态绝大部分需要拆除。此外，很多钢结构的附属构件由于口径尺度较小不抗锈蚀且在停产后无人维护，处于高锈蚀和高风险的状态，亦需要拆除并视美学诉求判断是否需要恢复。

图 4-59 包钢加抗屈曲约束支撑等加固手段
资料来源：作者拍摄

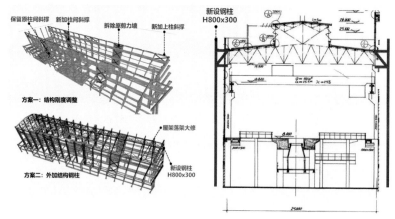

图 4-60 "外旧内新"和"外新内旧"两种加固模式的研究分析
资料来源：筑境设计

正式建设流程需依据鉴定报告拟定全面的加固方式。鉴于加截面和粘钢手段对风貌造成的严重破坏，设计可选择增加结构抗屈曲支撑来应对抗震要求（图 4-59）。在旧建筑内部加建新建筑物的"外旧内新"或在旧有建筑物外部包裹新建结构框架的"外新内旧"两种模式，其核心都是释放既有结构梁柱，使其不再承担地震力荷载，转而由新结构承担（图 4-60），具体的判断标准是在风貌价值上外观或是内部效果谁为第一性的问题。当然，造价问题也是需要关注的另一个核心判断标准。

首钢园区北区冬奥广场大部分采用了包钢粘钢增加屈曲支撑的加固方式，冬训中心精煤车间则选择了"外新内旧"模式，电厂改造香格里拉酒店、第五制粉车间改造等采用了"外旧内新"模式，二泵站木屋架采用了局部增强木结构口径的方式（图 4-61、图 4-62）。

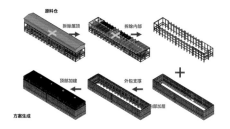

图 4-61 内嵌的加固方式以保存外部风貌
资料来源：筑境设计

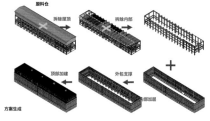

图 4-62 外包的加固方式以保存内部风貌
资料来源：筑境设计

4.3.2.3 并置与对偶（新旧并置和新旧对比）

三高炉干法除尘器罐体和其西侧的一三高炉压差发电控制室改造为星巴克冬奥园区店呈现了鲜明的新旧对比的并置效果。项目最初为凸显八个干法除尘罐体和七层检修平台间富有强烈蒙德里安线条和色彩构成的"七横八纵"构图，决定拆除遮挡罐体的三层高控制室。当拆除到仅剩一层结构时，决定将留存的一个既不遮挡罐体同时又具有强烈水平感的单层混凝土框架改造为星巴克冬奥园区店。保留主控室框架层高达 6.3 m，设计选择了一种轻介入的方式，将建

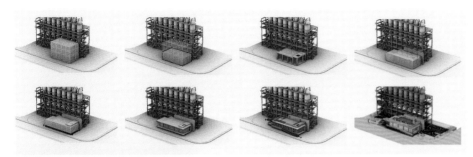

图 4-63 压差发电控制室改星巴克生成逻辑及
呈现新旧对比的地梁系统
资料来源：上图筑境设计，下图作者拍摄

筑地坪提升到 1.3 m 标高，让新建筑具有了轻盈的漂浮感，背后沉重的罐体形成并置效果，也将原建筑的地梁系统以一种工业考古视角的"遗址"样貌呈现出来，强化了自身的新旧对比（图 4-63）。提升的地坪催生了建筑西侧和北侧的坡道处理，西向坡道外饰灰色氟碳漆钢条编织网，充当外遮阳系统过滤掉下午的西晒问题，同时提供了一个朦胧的半透明界面，柔化了西侧和园区的界面关系，也令建筑强化了东方气质下的轻盈感，与东侧干法除尘罐体呈现的厚重感形成强烈反差对比（图 4-64）。

图 4-64 压差发电控制室改造星巴克的轻重对比
资料来源：黄临海拍摄

对于三高炉博物馆而言，鉴于其绝无仅有的工业巨构（炼铁厂炉本体＋热风炉＋重力除尘器）与自然风光（秀池＋石景山＋永定河）双重核心资源，设计采用了正负双鹦鹉螺螺旋线的参观流线让参观者可以以充分浸入的方式游走于自然与工业、静谧和热烈之间[164]，实现空间效果的反复关照和对偶（图 4-65）。

游客先经过高炉南广场西转，穿越附属建筑的巨大门洞，通过保留的原晾水池分仓堤坝进入湖面纵深，拾级而下进入湖中。整体玉璧状水下展厅在池内的加建通过内环高质量清水混凝土壁面和外环手工剔凿的纵向肌理人造石齿槽板幕墙形成了细腻与粗犷的鲜明材质对比，以璞玉开凿打磨的状态暗示首钢精神的存在（图 4-66）。

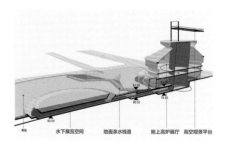

图 4-65 正负双鹦鹉螺螺旋线的参观流线
资料来源：筑境设计

164　薄宏涛 . 工业遗存的"重生"与城市更新 [EB/OL]. [2018-08-08].
http://www.sohu.com/a/245867614_569315.

图 4-66 水下展厅形成的粗犷和细腻质感的对比
资料来源：夏至拍摄

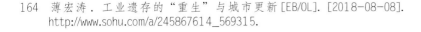

顺沿功勋墙解读首钢百年历史重要时间节点，进入玉璧状水下环形展厅内空 12 m 直径的静水院，仰望三高炉，营造由自然而工业的对偶式场景（图 4-67）。

首钢之火指引，穿过水下东甬道回到博物馆新月形序厅一路攀高到达 9.7 m 出铁场平台，以玻璃展廊环绕高炉本体，呈现轻盈与厚重的质感对偶。沿梯攀爬盘旋上升直至在 42 m 罩棚平台破空而出远眺湖山美景，体验"会当凌绝顶，一览众山小"的豪迈气概，[165] 同时再次回述由工业而自然的对偶场景。

夜幕降临，北区夜景照明的两座标志建筑——秀池边火红的三高炉和石景山上璀璨的功碑阁隔湖相望，再次呈现"历史和当下""工业与人文"的关照与对偶（图 4-68）。

4.3.2.4 嵌固与植入（局部加建和地下更新）

鉴于工业建筑基于工艺的布局有其独特的高密度特征，地下空间较难利用。以嵌固植入的方式利用工业遗存地下空间在首钢园区的应用体现在对大型开放空间（水域、广场、绿带）的地下空间的有效利用。

在三高炉秀池改植入的车库即是一种较好的嵌固手法。车库植入的目的有四：其一是充分利用水下空间解决工业遗存更新普遍存在的停车困难问题，不单解决了自身停车还可惠及周边；其二是将原有平均 4.5 m 的晾水池水深减小到 1.0 m，提升水域利用安全性；其三是高炉本体可利用展陈空间有限、滨水增建的附属为满足配套功能也无法提供足够的展陈空间，向水下要空间就成了必由之路；其四是结合现状柳堤设置的水下展厅丰富了博物馆的动线组织和空间丰富度，较大程度上提升了博物馆的整体品质（图 4-69）。

图 4-67 水下展厅静水院与三高炉的对话关系
资料来源：黄临海拍摄

图 4-68 三高炉与石景山功碑阁的对话关系
资料来源：黄临海拍摄

图 4-69 三高炉、附属建筑及水下建筑爆炸图
资料来源：筑境设计

165 薄宏涛. 工业遗存的"重生"与城市更新 [EB/OL]. [2018-08-08]. http://www.sohu.com/a/245867614_569315.

秀池水下展厅和车库连接的西入口采用了方尖锥形钢制料斗自下而上反向嵌入地库上水面，料斗重新转换空间角色在水下的嵌入（图4-70），让这个充满特色的工业构建重获新生。料斗顶部切开1.2 m见方的空间完整覆盖一块2.4 cm厚透明亚克力板，让水光摇曳和鱼戏莲叶间的粼粼光影投映到地库内，为从车库进入水下首钢功勋墙的甬道做出了空间引导（图4-71）。

由于园区工业建筑普遍基础埋深较浅，大面积利用地下空间需对原厂房进行大范围基础和边坡支护，因而会带来较高成本支出，园区只对其他零星建筑结合地表景观空间进行了地下植入的更新。在电厂酒店和西侧保留的烟道烟囱之间利用电产花园设置了两层地下室，解决停车和酒店后场功能。同时考虑未来烟道变身烟道画廊酒吧，新建地库西侧外墙采用局部拓展延伸和基础加固的方式和烟道下部公共楼梯接驳，预留了地上地下互动的连贯动线的可能性（图4-72）。

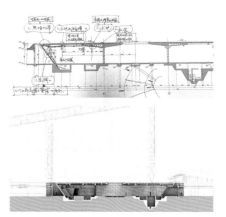
图 4-70 水下展厅的嵌入与剖面关系
资料来源：筑境设计

4.3.2.5 封存与再现（面层涂装和旧材保持）

工业遗存更新实践中历史风貌的封存与再现是一个重要的技术课题，实践面对的材料对象一般为钢铁构建、混凝土、砌体、涂料和木构件，根据其材料特性，处理方式各异。

（1）钢铁构件

除锈：对于钢铁构建面层，原有漆面大面积剥落及表层的锈蚀是时间流逝的印记。为保持立面表皮的历史信息，施工将除锈处理等级从ST3级降到ST2[166]，进而改为用500 kg/cm² 的高压水枪冲洗，最终选择了300 kg/cm² 的水压，既可以除污除尘、打落漆面剥壳，

图 4-71 地下车库的光线嵌入
资料来源：筑境设计

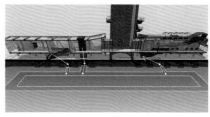
图 4-72 秀池地库和电厂酒店烟囱酒吧的地下植入
资料来源：筑境设计

166　ST2、ST3指工业手工机械除锈的等级标准。ST2指彻底手工和动力工具除锈，钢材表面没有可见油脂和污垢，没有附着不牢的氧化皮、铁锈或油漆涂层等附着物。ST3指非常彻底地手工和动力工具除锈，钢材表面应无可见油脂和污垢，无附着不牢的铁锈、氧化皮或油漆涂层等，并且比ST2除锈更彻底，底材显露部分的表面有金属光泽。

结合局部手动清除，不会对底漆造成过大破坏，做到了历史信息的维持和保存（图4-73）。

涂装：鉴于大量类似卢森堡贝尔瓦科学城高炉孵化器采用普通漆涂装会带来遗存风貌缺失的问题，首钢三高炉项目团队进行了油漆的反复组分调整和打样。在经过长达十个月的探索性试验之后，团队最终选择了一种具有90%透明度以及10%反光率的类树脂漆作为防锈处理的罩面剂，该漆一方面能够阻止钢铁的进一步锈蚀，另一方面保持了原有工业漆面的色彩甚至锈蚀痕迹，将时间的烙印完美封存在其表皮（图4-74）。

防火漆：冬奥广场防火涂料采用了SKK超薄型涂料加深灰色罩面漆的处理方式来表达钢构件的精致美以期和既有混凝土构件形成反差，而三高炉首层钢梁钢柱则采用了厚型防火涂料以节约成本，采用手工滚涂而非机器喷涂，控制涂料相对平整又不失粗粝的表观效果，结合深灰色罩面漆表达契合高炉气质的粗犷的力量感。由此可见，在必须要进行防火涂装的前提下，设计师对于涂料色彩和表面肌理的选择对于保持工业遗存风貌至关重要。

（2）混凝土面层

首钢园区冬奥广场在南六筒更新改造中采用了水泥漆二次罩面解决开口处理面、爆筋修补面和固有混凝土面层色彩不均的问题，但完成面色彩统一也带来了面层过新失去材料时间性的问题。在对北七筒的改造中，设计师就坚持不用二次罩面剂处理，但立面又显得过于斑驳，效果同样不佳。由此可见，在保留既有材料效果的大前提下，需要控制筒壁开孔率进而减少洞口处立面在整个立面上的占比，否则开孔过多带来的修补问题导致的立面材料色彩反差很难处理，从而人为造成了混凝土面层风貌控制的难题。

（3）砖砌体结构

图4-73 高压水除锈后透明漆涂装，保留钢板锈蚀原貌
资料来源：作者拍摄

图4-74 首钢的漆面反光率研究，从左至右分别为90%、50%、10%
资料来源：作者拍摄

图4-75 砖砌体内衬加固手段
资料来源：作者拍摄

砌体结构尤其是砖砌体结构能呈现其清晰的建构逻辑和温暖的质感，在遗存更新中应尽可能保留其原真状态。如存在固有墙面严重扭曲变形的问题，比较理想的处理是采用保护性拆除收集旧砖进行二次砌筑。而变形不大、相对完好的墙体则可以结合内保温进行内侧双向挂钢丝网片抹灰加内保温的组合墙面处理，既解决了墙体加固问题，也有效提升了原有厂房的热工性能（图 4-75）。

对需要保护的历史涂料，需清除其表层的尘土和污渍，以恢复其表观色彩及质感。首钢工舍酒店采用了德国进口粒子喷射清洗的方式，保持了涂料的沧桑痕迹，效果颇佳，但成本较高（图 4-76）。成都中车创智港项目也采用了粒子喷射，但使用了木工锯末代替进口粒子，较大节约了成本。此外对于某些遗存既有涂料色彩过于刺眼（如金安桥片区 D 区备件库的群青色工业警示色）需要清除的，如果墙体基材强度尚好，可选择大面积高压水枪冲洗剥色再现原砖色彩，如果墙体基层无法承受大压力冲击，可以选用类似德赛堡一类的脱漆剂涂刷清洗去除涂料。

（5）木构件

木构件通常为早期工业建筑建设的建材选择，不易考证年代，如五一剧场片区 7000 风机房南侧第二提升泵站的木构屋架，虽然国检中心出具的鉴定报告显示其建造时间为 1974 年，但设计团队结合厂史、厂志判断认为该建筑应该为 1930 年代建造，后相关木结构专家通过桁架构造形式也做出了相似判断。因此设计采用全面保留，局部替换腐蚀构件，结合结构验算局部替换口径不足的小构件的方式完整保留了木桁架的历史风貌（图 4-77）。

4.3.2.6 利用与统筹（遗存利用和设备综合）

工业遗存更新在单体层面面对的再利用问题，对于微观层面的很多工业构配件同样适用，有效的构配件再利用既是工业逻辑和伦

图 4-76 首钢工舍酒店粒子喷射清洗的涂料外墙
资料来源：作者拍摄

图 4-77 第二提升泵站保留木构屋架
资料来源：作者拍摄

理的延续，又常会是空间中的生花妙笔。上海东外滩老船厂 1862 时尚艺术中心利用原烤漆车间两翼巨大的钢制总风管布置嵌入式空调风管浑然一体，上生新所蒸锅间改造多功能厅则利用原制剂蒸熬的玻璃钢排风除尘总管内置新的空调风口（图 4-78），相映成趣，都是设备和原有遗存很好结合的案例。

三高炉附属配套餐饮排烟是通过地下风道引导厨房排风，通过顺沿热风炉总管，在 3.9 m 标高进入现状遗存热风总管，然后上行至 31.6 m 接入原热风回压管后排出，契合工业逻辑且符合油烟高空排放原则，亦减少了附属建筑独立设烟囱排烟带来的形态干扰（图 4-79）。

首钢冬奥广场在联合泵站原保留的混凝土门形排架体系内最初设计内置两层办公空间，后因人员增加需变为三层，导致在常规结构机电系统下净高过低，设计师结合泵站北侧混凝土连续墙设置了设备夹层，通过在排架上增加钢抱箍的钢梁板结构体系和侧送侧回的空调系统使得三层的最终使用净高均达到了 2.9 m，巧妙地解决了问题。联合泵站冬奥展厅采用了料仓拆除的方尖锥钢制料斗作为展厅主承重柱，营造极具工业风格的展览空间，虽然实施后期因非技术原因被拆除了一部分，仍不失为工业构配件再利用的一次有益尝试（图 4-80）。此外，筒仓办公楼混凝土壁开洞后废弃的混凝土块材、泵站的水泵、铁厂的火车头、鱼雷罐车、渣包车等遗存要素都在景观设计中得到了很好的再利用。

将冬训中心原有老厂房的钢桁架涂装成深灰色，为了展现工业特征采用天花桁架露明的手法，因冰面温度低有强烈冷辐射直达屋顶桁架，形成局部结露，后通过调整气流组织、增大换风量等方式才得以解决，可见工业遗存空间效果的实现和功能的实现之间需要有良性的工种配合。

图 4-78 1862（上）和上升新所（下）的风管处理
资料来源：作者拍摄

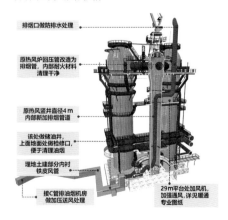

图 4-79 三高炉利用遗存现状管路高空排烟
资料来源：筑境设计

图 4-80 联合泵站利用废弃料斗建构的展厅
资料来源：筑境设计

图 4-81 北京地铁一号线与首钢的平行关系
资料来源：筑境设计

4.4 首钢园区的公共性再造

4.4.1 首钢园区更新与城市空间转型的关系

在空间维度上，一个世纪前，选择在石景山脚下建厂是基于工业生产的需求：北侧的京奉铁路西十货运支线可以把河北龙关山、烟筒山和唐山开滦矿的铁矿石和原煤运至此地，西侧的永定河则可以满足大量工业用水的需求，厂区向东 15 km 之外才是北京城高大的城垣，完全无须考虑生产的噪音、废气、废水对城市居民造成任何影响。北京首钢位于北京城六区最西的石景山区，首钢厂东门距共和国心脏的天安门广场直线距离 19 km，似乎并不是一个遥不可及的距离，基本等同目前已投入使用的通州副中心到天安门广场的距离。北京市最早建设完成的"中"字形地铁线路中的地铁一号线架构起了通向石景山的轨道交通渠道，可以从天安门西乘一号线直达古城站。然而，一号线到达古城站并未一直向西延伸，而是向西北转弯去了苹果园。我们可以在地图上清晰读出一条和首钢厂区东边界相似的平行线（图 4-81），以及这条平行线背后的城市疏离。

在时间维度上，首钢历经 70 年在京西永定河畔的发展，尤其在新中国成立后去消费性高生产性的需求下蓬勃发展，建了十里钢城，钢铁产能攀居全国顶峰的时候，北京城市化进程的大饼也摊到了石景山，污染、交通、能源等一系列城与厂的矛盾日益凸显。千禧年北京获得 2008 年夏季奥运会举办权，北京日报"要首钢还是要首都"的讨论正是北京城市产业结构转型"去重工业"原则在首钢发展命题上的清晰映射。这个重要时间维度的背景极大地推动了首钢减产转型的格局改变。首钢在 2011 年全厂迁建河北唐山曹妃甸，为首钢北京园区真正转型提供了物质储备。2022 年北京冬季奥运概念的落地则扮演了第二个时间维度上的加速器的角色，首钢园区从工业性到城市性的更新正式进入快车道。

4.4.2 首钢园区更新的区域空间开放化

"生产性"需求导向下建设的首钢园区和"消费性"需求导向下不断完善的城区呈现出两种完全不同的城市肌理，城市生活在这个交汇面上陷入了无法融合的两难。作为巨大产业综合体的钢城大院，这个空间近十平方公里的区域在道路格局、路网密度、公共空间配置、功能布局、人口密度、市政配套等各个层面和城市都是疏离和割裂的。

城市更新中区域空间的开放化，意味着在城市交通系统、景观系统、市政系统、城市空间结构、城市功能这五个维度上都应该在更新的进程中被充分纳入既有城市系统，成为城市肌体的有机组成部分。

首先，交通系统的链接是开放性的生命线。更新项目区位于主城，如伦敦国王十字，本身就紧邻火车站，具有极好的交通可达性，在城市更新过程中应思考如何合理利用交通优势，在高速运转的物流集散和交通运输中抓住机遇，[167] 构建一个持续性、连接性和渗透性的区域框架，吸引和整合因交通而导入的人流，为区域带来持续活力是类似区域复兴的目标所向；而项目区位在市郊，如卢森堡贝尔瓦科学城、汉堡港城和北京首钢园区，因与主城距离较远或自身

167　罗童.国王十字总体规划，伦敦，英国[J].世界建筑,2002（06）：70-71.

地处城市尽端，在城市更新中应思考如何架构交通网络，接驳主城共同发展，积极疏解和引入主城人流，为自身活力输入提供条件。

对首钢园区来说，随着园区厂东门的迁建和围墙破除，园区和城市的基础物理边界被彻底打破。在外部交通体系的建构中，阻隔首钢园区西边界的货运风沙线的全埋地工程使园区内部和永定河大堤无缝衔接，而东边界则与外部区域道路对接贯通，三条城市快速路的汇聚全面提升了原有薄弱的道路系统。长安街西延线门头沟跨线大桥、阜石路、莲石路三条城市主干快速主路东西向缝合城市五环和六环，形成区域完善的日字形道路路网；城市轨道交通低速磁浮 S1、M6、一号线西延段 M1、环线 M11 的规划建设将轨交网络和园区交叠合一，系统重构区域城市交通系统（图 4-82）。曾经横亘在京西的城市梗阻大幅推动了南北丰台、海淀，东西石景山、门头沟四区联动发展。在逐步完善的外部交通系统中，园区内部交通通过串接 TOD 中心的遗存有轨小火车和园区无人智能电动巴士系统、空中非机动车道、共享单车和空中高线步廊、地面绿道的慢行系统共同营建园区内和城市无缝对接的便捷绿色交通网络。这些交通措施将从根本上提升园区交通的可达性和便捷性。

其次，在景观系统和市政维度上，通过京西城市生态的走廊梳理、打通及建构，使永定河、石景山、门城湖公园、园博园、南大荒湿地等城市能级的郊野公园彻底贯通，同时和月季园、古城公园、体育公园等城市公园共同形成园区周边的生态开放空间体系（图 4-83）。园区原有工业用水、电、气供给退运，园区小市政和城市市政全面并网，这一切都让首钢园区真正意义上融入了北京市域的版图。

再次，城市空间结构维度上，园区空间开放化则从消解这个巨大的工业斑块，使之转化为若干更具活力的中尺度城市斑块开始。规划总用地 863 hm² 的园区依长安街西延段划分为南北两区，其中首钢自持的一二联动改造运营部分为南北两区合计 645 hm²（图 4-84~图

图 4-82 首钢区域的城市交通分析
资料来源：北京市城市规划设计研究院

图 4-83 首钢区域的生态开放空间
资料来源：北京市城市规划设计研究院

图 4-84 首钢园区 2012 版控规
资料来源：北京市城市规划设计研究院

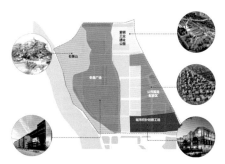

图 4-85 首钢园区北区功能分区
资料来源：北京市城市规划设计研究院 / 筑境设计

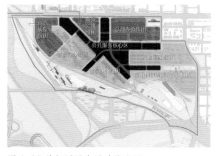

图 4-86 首钢园区南区功能分区
资料来源：筑境设计

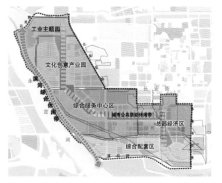

图 4-87 首钢园区南北区联动规划结构及功能分区
资料来源：北京市城市规划设计研究院 / 筑境设计

4-86）。园区北区规划总用地面积 291 hm²，总建设量 183 万 m²。根据厂区原有遗存及自然状态自西向东依次规划石景山公园及滨河生态治理带（保留原生态山体风貌特色，以古建筑群为主要景点的绿色开放空间区域）、两湖冬奥广场片区（展现工业文明之美的冰雪运动体验示范区，包含奥组委办公区冬奥广场、体育总局训练中心、单板滑雪大跳台及相关匹配套）、金安桥交通枢纽一体化及首钢工业遗址公园片区（城市重要的交通枢纽接驳区域，传承首钢历史文脉，展现特色工业遗存的绿色景观公园）、城市创新织补工厂片区（国家级实验室及人工智能制造等企业空间载体，首钢集团新总部办公场所）和公共服务配套区（冬奥综合配套服务及国际人才社区，提供区域有效的常住人口和积极城市生活配套）共五大片区（图 4-86）。南区总规划用地面积 354 hm²，分为创意展览、商务会议、总部办公、创意办公、产业园区、前沿科技研发、综合配套区和公共服务核心区共八大组团，集中打造二炼钢 + 总部办公，月季园 + 特色会议，三炼钢区域 + 城市展演，核心品质城市公服四大 IP（图 4-87）。园区东南区规划总用地面积 218 hm²，土地整理出让后用于市场型商业开发。

在城市功能融合的维度上，规划中贯穿整个园区的城市公共休闲带则连接了金安桥 TOD 中心、北区一二高炉工业遗址公园、中央绿轴公园和南区各产业组团中央的公共服务核心区及中央公园，进而向东和东南片区西侧城市公园接驳，从而把南、北、东南三大区域有机链接在一起（图 4-88）。原有长安街以南金融街长安中心片区和南区融合为一塑造了长安街南界面，北区则和中海地产的大片开发融合，界定了长安街北界面的同时衔接了东北方向的首钢特钢园区。这样，整个首钢—古城片区的割裂状态被完整消解，相互融合后完美重构了区域肌理，从封闭走向开放。同时，园区更新导入的体育、媒体、研发、科创、教育、商业、娱乐、居住等产业也会允分衔接周边四区的既有产业，使得疏通血脉梗阻的城市机体充分焕发活力，极大改善石景山西区地区传统产业单一、缺乏区域统筹等痼疾，全面带动区域整体发展。

4.4.3 首钢园区更新的空间结构邻里化

邻里规划的基本原则是城市邻里单位既被看作较大整体中的一个单元，其自身也应被当作一个单独的实体，子系统单元各部分被组织在一起形成一个有机的整体母单元。对于首钢园区而言，从封闭转为开放的过程中需要通过空间尺度及功能转换将原工业体系的整体单元转换成相对独立的聚落体子单元，同时子单元的尺度更适宜人性化活动。聚落间可彼此支持并聚合成更大的功能超级聚落，进而成为城市复杂巨系统中的重要组成部分，从而实现空间结构的邻里化。园区更新采取了"布局重构"和"尺度重构"两种邻里化空间重构策略。

（1）变工艺流程导向决定的工业布局为人性化生活导向下的城市布局。

园区的工艺布局在肌理上的特征呈现就是巨大的工艺聚落斑块，斑块间的主要联系是空中的多介质及动力管廊和地表的铁路轨道，这两套系统作为各工艺厂的主要能源、动力、原料和半成品间流动的主要输送动脉在园区肌理中异常清晰，而车行交通的路网则呈现相对稀疏的弱联系状态（图 4-89）。再城市化进程就是要完成工业化导向下消费性到生产性的逆操作，体现在空间肌理上，即打散原有工业大斑块及其串接的工业动脉，代之以城市路网的介入和由此产生的空间尺度和肌理的异化。以学界公认的易于附着积极城市生活的人性化小街区密路网重新架构园区的空间骨骼，街区基本模式网格为 180 m 宽，130~180 m 进深不等，在这个尺度上，人可以很愉快地在五分钟内步行穿越街区，街区间的联系也自然成了一种步行优先的状态（图 4-90）。

图 4-88 首钢园区北区原工艺导向下的肌理特征
资料来源：筑境设计

图 4-89 首钢园区北区规划小街区密路网结构
资料来源：筑境设计

以环绕冬训中心的五一剧场六个地块（铁狮门六工汇项目）为例，我们可以清晰地看到街区园区更新再生后的邻里式空间结构（图4-90）。区域呈九宫格状布局，冬训中心精煤车间300 m长的尺度横跨了两个地块，下部以过街楼形式保持城市道路的贯通，北侧的运煤站改造冰球馆和职工宿舍改扩建的运动员公寓假日智选酒店共同形成区域的核心，南、北、东三侧六个地块结合保存的软化水车间水塔、五制粉车间、九总降、二泵站、7000风机房、浓缩池、冷却塔、洗涤塔、空压机房、十四总降、五一剧场、水厂制水车间环绕布置在冬训中心周边（图4-91），形成了以冬训中心为核心的运动、竞技、培训、健身功能的空间内核，和与之配套的商务、商业、休闲、演绎功能外圈环带，中央代征绿地结合五制粉儿童运动公园、冷却塔浓缩池运动休闲公园和五一剧场东演绎休闲公园三个主要公园共同建构了区域空间内南北藤蔓式脊状生态轴线，成功链接了南北两侧的群名湖和秀池，充分发挥了区域空间的景观优势，营造了开放式的城市邻里结构。

区域邻里结构以"一廊四轴"的规划格局展现了经典的凯文·林奇（Kevin Lynch）式城市五要素——道路、边界、地区、节点、地标的空间生成逻辑（图4-92）。南北向中央生态走廊结合三个城市公园链接两湖区域，东侧的商业轴线则通过新建办公建筑清晰界定空间边界后链接北侧地标——由三高炉、南部重要节点建筑7000风机房、二泵站和九总降组合改造而成的六工汇商业心。

东西向三条轴线为邻里街道提供了非常清晰的节点对位关系；南部制粉车间片区轴线东部起点为九总降西山墙，穿过儿童运动公园串接了制粉车间转运站、文创办公内庭院到达西侧电厂酒店，并收束于电厂酒店165 m烟囱的园区制高点；中央冬训中心轴线西起精煤车间与冰球馆间的竞技大道，中致浓缩池、冷却塔界定的运动休闲公园和两栋新建办公楼，收束于区域地标——四高炉；北侧

图4-90 首钢园区北区冬训中心及五一剧场、制粉车间片区总图
资料来源：易兰景观/筑境设计

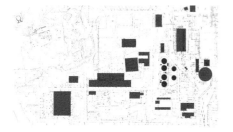

图4-91 首钢园区北区冬训中心及五一剧场、制粉车间片区工业遗存分布
资料来源：筑境设计

图4-92 首钢园区北区冬训中心及五一剧场、制粉车间片区空间结构图
资料来源：易兰景观/筑境设计

五一剧场轴线西起与三高炉南广场一街之隔的加速澄清池和十四总降改造后围合的商业小广场，经五一剧场东演绎休闲公园再到网球馆北街角公园，最终收束于石景山制高点功碑阁（图 4-93）。

五一剧场片区街区城市支路四高炉南路西延路、电厂路、电厂东路、群名湖北路、五一剧场街等道路尺度均采用道路红线 20 m、双向机非混行 12 m 车道的设置，利于营造慢速缓行车型系统；主要建筑街道界面基本为 35 m，步行街道 12 m，对应主要建筑物高度 20 m、24 m、30 m，商业建筑高度 12~15 m，同时提供众多尺度、功能、空间感各异的外部空间，其空间尺度的高度/间距比例基本都处于 1~1.5 区间，适宜亲切邻里空间氛围的塑造；五制粉西侧半围带型合内院、九总降和六工汇商业中心间围合的可穿越式院落、运动员公寓不规则四边形院落、加速澄清池商业聚落围合步行街道、精煤车间与冰球馆间围合运动主题街道，以及前面提到的多个休闲景观公园，共同营造了区域丰富的邻里感及多样化城市生活的场所空间（图 4-94）。

（2）变工业巨尺度关系为巨+中+小尺度聚合的人性化尺度关系。

工业厂矿基于工艺优先和节材节地工艺间动线最短、能耗最少的布置原则在总体布局中呈现出强烈的密度特征，而密度和超尺度带来的压迫感正是通过尺度重构来重塑邻里特征的。巨、中、小三种尺度关系的重构运用是更新项目中最为普遍的通用法则，从伦敦国王十字圣马丁设计学院谷仓中庭的嵌入缝合，到卢森堡贝尔瓦科学城高炉孵化器的精密链接，再到上海上生新所哥伦比亚俱乐部环廊的织补，无一不是用尺度重构的方式来重塑邻里空间关系并加强人性化空间活力的。[168]

诺伯格·舒尔茨（Norberg Schulz）曾这样解释人的尺度和密度构成之间的关联："营建地区与周围地区相比是否具有同一性，要

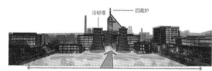

图 4-93　首钢园区北区冬训中心及五一剧场、制粉车间片区三组东西向空间轴线
资料来源：易兰景观/筑境设计

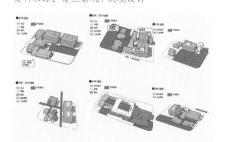

图 4-94　首钢园区北区五一剧场、制粉车间片区外部空间分析
资料来源：易兰景观/筑境设计

168　徐梅. 转换与更新——我们身边的工业遗存复兴 [J]. 南方人物周刊，2019（1）：26-33.

看它是否达到一定密度。稠密作为其特征可认为是地区满足人的基本要求之一……总之，密度是和一般了解的'人的尺度'相对应的。"如果说城市的场所感是"像温暖地披在肩上的外套"[169]，那么，这种织物对肌肤"拥挤"的保护正适合作为首钢园区复杂高密度工业系统带来的"拥挤"的通感。"栖居的基本特征就是这种保护"[170]，"拥挤"正是以一种强大的"干涉力"带来保护的感受。首钢园区工业遗存更新中正是通过近人空间的小尺度空间单元的植入和缝合，建构起工业巨尺度和人性尺度的有效关联，将"压抑"转换为"亲切"，重新带我们进入一种熟悉的、邻里式的、人性化城市空间。

西十冬奥广场片区作为曾经的一、三号高炉的主要供料区，区域内原有料仓、转运站和皮带通廊等工业遗存都是完全依据生产的工艺流程布局的，缺少城市空间的秩序感，巨型工业尺度也让人缺乏亲近和安全感。设计在几十乃至上百米的工业尺度和精巧的人体工程学尺度之间植入了一到两层的中尺度新建筑，锈蚀耐候钢门头、玻璃门厅和边庭、遮阳棚架等建构筑物尽力弥合了原有大与小尺度的差异。保留的锅炉房小水塔改造的特色奥运展厅和干法除尘器前压差发电室改造的咖啡厅等一系列和人性尺度相关的小尺度建筑也为园区塑造细腻丰富的尺度关系增添了精彩的亮色（图4-95、图4-96）。

通过一系列插建和加建的建筑，原有基地内散落的工业构筑物被细腻地缝合了起来，工艺导向下建立的布局被转化为一个充满活力的不规则五边形城市院落布局。设计正是希望以"院"的形式语言回归东方最本真的关于"聚"的生活态度。作为老北京最充满人

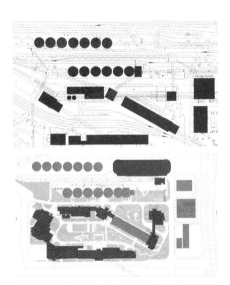

图 4-95 西十冬奥广场总平面尺度缝合改造前后比较
资料来源：筑境设计

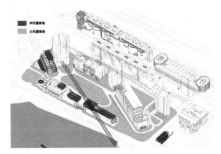

图 4-96 首钢西十冬奥广场的尺度缝合
资料来源：筑境设计

---

169 诺伯格·舒尔茨. 存在·空间·建筑 [M]. 尹培桐，译. 北京：中国建筑工业出版社，1990.

170 孙周兴，王庆节. 海德格尔文集 [M]. 北京：商务印书馆，2018.

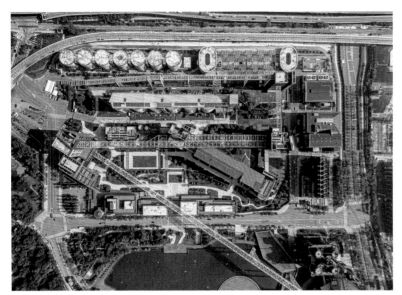

图 4-97 首钢西十冬奥广场的五边形大院
资料来源：筑境设计

情味的一种居住和工作的邻里空间模式，"大院"的气质是摆脱了
工业喧嚣之后的宁静和祥和，体现了后工业时代对人性的尊重，也
是顶级花园式办公所必需的特质[171]（图 4-97）。在后奥运时代，这
个冬奥办公"大院"将再次迎来空间重构，结合设计预设的东、南、
西三个向度的开口，封闭院落的打开将使其更具城市感和公共性，
院落也由此转换为开放的中心放射式城市广场。

4.4.4 首钢园区更新的公共空间公平化

　　随着产业升级和新产业注入，与之伴生的是中产阶级对下层人
口原住民的置换式导入。原产居共同体被打破后带来的"士绅化"
问题是大部分工业遗存更新中最突出的社会矛盾。对于首钢园区而
言，其更新区域是原厂生产区，未涉及生活区，因此物理空间最重
要的避免"士绅化"问题的着力点在其更新后公共空间使用的公平
性。更新完成后，首先要保证公共空间的开放性和可达性；其次要
保证其提供的服务是面向城市的，服务人群是全体市民而非局部特定
人群；再次是其更新区域需尽可能强调功能混合布局和社会资源的合

171　薄宏涛. 中国特有的一个立体工业园林——北京西十冬奥广场 [EB/OL].
　　[2018-08-28]. http://www.archcollege.com/archcollege/2018/08/41546.
　　html#.

理配置。

遗存更新关注的公共空间再造，通过塑造街道、广场、院落等开敞空间作为"活动的孔隙"提供具备可达性、更适宜人游憩和停留的场所，从而为工业遗存更新后的城市空间提供更多的生活活力和多样化的公共行为，这就是工业遗存人性化尺度再塑造和开放性公共空间系统梳理和建构的空间和社会意义。

在公共空间系统中，对于场所与路径有一个基本的两分关系——向心性与长轴性。在中国传统城市空间中，街道无疑是具有长轴性的行进路径，而向心性的广场概念是很模糊的，多数仅是由街坊转化的院落充当聚会意义的"场"。对于大部分院落而言，其位置都位于长轴性的街道的一侧，人们到达的明确性及期待感被自然地削弱。而在欧洲，广场多是到达的路径中部或端部的一个放大节点，在行进中人们会自然地通过或抵达期待的场所，这是欧洲广场的聚会精神形成的物化原因之一。罗西（Aldo Rossi）也曾有过这样的关于城市生长的论述："未经规划的城市则没有精心设计而形成。城市以适应它的功能而发展，在发展过程中显现出城市特征，在配置上最主要是依照城市成型之前的核心逐渐扩张的建筑物而发展的。"[172]言简意赅的为中心广场在城市发展过程中的重要性做出说明。另一方面，欧洲文艺复兴运动使人本主义（Humanitas）精神深入人心，建筑空间亦表现出强烈的平等思想，其公共性场所更拥有出色的开放性和平等性。"意大利人虽然在欧洲各国中有着最狭窄的居室，然而作为补偿却有着最广阔的起居室。"[173]芦原义信的这句话明确

172　阿尔多·罗西.城市建筑[M].施植明，译.台北：博远出版有限公司，1992：84.

173　芦原义信.外部空间设计[M].尹培桐，译.北京：中国建筑工业出版社，1986：7.

地表达出其广场所属的公共性及开放性。

大多欧洲中世纪城市的生长均以广场为核心来规划发展城市空间系统，即使其形态从带状街道广场向中心广场转变，但是作为城市生长核心的位置从未变更过。广场不仅是市场中心，还身兼政治、生活中心的社会职能，其在城市空间中占举足轻重的地位也是顺理成章。首钢园区更新规划的公共性再造进程中，既有工业尺度及肌理重构后，新的公共空间系统的建构及其开放性就成了空间公平化的主要关注点。为了让首钢园区新创造的广场成为公共空间的主角，设计在两湖片区通过巨大的城市生态脊椎串接一众广场群落，通过院落到广场的转换、立体叠置的院落广场、中心汇聚的广场群落等手法共同营造积极的城市开放空间，汇聚多方活力和公众活动，兑现城市公共空间的公平化。

（1）院落到广场的转换

北京首钢冬奥广场南院天车广场利用旧有转运站和联合泵站间处理水渣的渣池和两侧天车形成了一个积极的城市公共空间，原有渣池填埋后留出的大草坪结合两侧锈迹斑驳的天车梁成了冬奥广场南院不规则五边形院落的核心场地，也自然成为当下使用者——冬奥组委在园区中最惬意的室外交流活动和集会场地，2022年北京冬奥会启动酒会就曾在此召开。在冬奥期间，受制于奥组委一级安保线范围，这个院落作为内向型空间而存在，但我们有理由相信在后奥运时代变身为创意园区的冬奥广场将打开西南、东南两个街角广场，天车广场（图4-98）必将全面开放顺利融入城市空间系统，成为环秀池区域城市积极公共空间系统的重要组成部分。

（2）立体叠置的院落广场

冬奥广场是以群体围合城市广场，单体建筑层面，园区更新进程中同样呈现了具有城市型院落及广场空间的叠合策略，三高炉项

图4-98 冬奥广场天车广场
资料来源：陈鹤拍摄

目向城市提供了多维度的公共空间。三高炉南区城市广场是北区最大最集中的开放空间，为丰富性社会活动提供场地。博物馆建筑中和社会互动性最高的报告厅、临时展厅、衍生文创产品销售和配套餐厅均脱离高炉本体独立在岸线布置，不单承担博物馆的配套职能，更能在闭馆时段提供最大化社会活力外溢的可能性，转而为城市生活服务。高炉本体中，大量原有工艺空间同样被释放为城市展厅。炉体东侧扶手梯可直达炉体罩棚内标高不同的四个检修平台和原有出铁场平台秀场，该空间可以和博物馆环形展厅平行使用，作为核心展示空间，在提供震撼的工业遗址体验的同时为各色城市顶级发布提供场所。罩棚外部的六个检修平台则如同六个叠置的城市方院，充分提供人和自然及城市的互动空间，再造这片土地上不曾拥有的城市活动。通过独立的垂直电梯动线，在博物馆闭馆时段也可实现空中吧台、秀场、新品发布展示、科普教育、社群交往、文化舞台等多种功能（图4-99）。曾经工艺需求的高空平台呈现出强烈的多维度立体城市意味，多样化的城市行为通过多股动线和原有构物有机交织为一体，令工业性转化为城市性。[174] 类似立体叠置的院落也较大丰富了园区的公共空间系统，令园区的公共空间对城市公众而言拥有了独特的辨识度和极强的吸引力。对企业员工而言，保留集体记忆的场所转换成公共空间也是对他们最大化的情感尊重。

（3）中心发散的广场群落

规划从园区最北端的城市院落（天车广场）向南依次布局了三高炉南北广场、五一剧场东广场、冬训广场、冷却塔西广场和九总降广场最终来到群明湖北岸，这一系列的广场开放空间与保留形成

图4-99 三高炉各层检修平台呈现的关于院落与广场的立体城市特征和多样化活动
资料来源：筑境设计

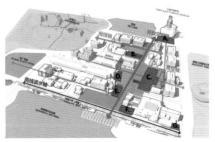

图4-100 首钢园区北区冬训中心及五一剧场、制粉车间片区带形广场群落结构图
资料来源：易兰景观／筑境设计

174 转化的"无"首钢三高炉博物馆[EB/OL]. [2018-11-25]. http://home.163.com/18/0808/18/DON4V1AU0010808H.html.

的南北绿化通廊共同架构了两湖（群明湖到秀池）区域的城市公共
空间系统，结合城市生态脊椎串接起一个巨大的广场群（图4-100）。
而首钢两湖区域公共空间的塑造正是通过脊状带形广场群的组织模
式，使这组公共空间系统兼具了规划生长主轴和多义的广场空间汇
聚功能，避免了传统中式公共空间公共性不足的问题，具备足够强
的开放性和可达性，是未来城市生活不可或缺的活力发生场。

　　从生态系统上看，这根"脊"串接了大量保留林地形成了两湖
间的绿色生态廊道，绿带地下的涵管也有效地连通了两湖水体，结
合西向涵管最终和永定河水系连成动态自洁的自然水网，彻底甩掉
了工业晾水池的"工业"二字。

　　从开放空间上看，轴线串接冬奥中央广场、三高炉南北广场、
五一剧场东广场、冬训广场、冷却塔西广场、九总降南广场七个或
围合或半开放的广场及群明湖北侧滨湖绿地、五制粉车间东南绿地、
九总降西绿地、澄清池西绿地、五一剧场东北绿地和秀池南滨湖绿
地六块开放绿地，可以提供依托周边建筑差异化功能的多样城市生
活体验场所，而居于中心位置的浓缩池冷却塔广场以城市大客厅（图
4-101、图4-102）的姿态成了广场群落汇聚的核心，也成为无差别
服务城市人群的公平性公共空间。

　　从城市功能上看，带形广场群周边附着了高线公园、儿童运动
体验中心、邻里商业中心、冬季训练中心、冰球运动综合馆、运动
员公寓、办公研发楼宇、剧场剧院、商业街、博物馆、临时秀场、
咖啡店和酒店，可以说除了销售型居住产品没有之外，包罗了一个
完整城市应含纳的绝大部分功能，实现了城市功能的高度混合。广
场群落提供了相对配置均衡的开放空间，都以开放的姿态迎接城市
的怀抱，将极大改善和提升原石景山区产业业态单一、第三产业发
育不良的现状，成为北京优质城市生活的重要示范区域，也尽力从

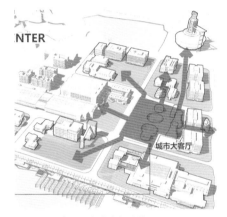

图 4-101 中心汇聚的广场群落
资料来源：易兰景观 / 筑境设计

图 4-102 浓缩池冷却塔广场的开放性
资料来源：易兰景观

空间结构和功能配置上避免了"士绅化"空间不公平的发生。

4.4.5 首钢园区更新的城市记忆空间化

在首钢园区工业遗存更新进程中，从物理空间视角看，封闭厂区因城市道路的贯通和轨道交通的大力发展正积极融入城市空间，小街区密路网的规划空间格局也让园区一改工业巨型斑块的状态转而呈现宜人的城市邻里结构，通过缝合和再造，遗存工业尺度也全面转向民用尺度以满足人性化城市生活的场所诉求，强调功能混合布局和社会资源的合理配置以及公共空间的易达性都是实现空间公平性的物质保证。

从人文视角的思考则更多聚焦于空间的情感表达及场所精神的再现，通过建立软性的城市记忆和刚性的城市空间的纽带重拾场所记忆，重新唤起市民对衰败场所的信心，提供城市复兴的心理准备。附着城市集体记忆的公共空间才能驱离陌生感，促动工业遗存更新后城市人口的区域性回流。

老旧工业园区的都市性与公共性再生是基于城市功能定位和产业转型的统筹，将工业性转化为城市性是其都市性及社会性的体现，承载了集体记忆的物质载体在多大程度上被珍视被留存就是更新的人文属性了。熟悉的场景和空间场景中附着的共有记忆以及清晰准确的在地文化认知是真正激发空间公共性的密钥。

阿尔多·罗西提出的市民集体记忆发生场所在于场所和日常生活的关联式记忆。对于工业园区而言，其建设之初就是按独具特色的产居共同体模式打造的，由于生活和生产的区域闭环形成独立性的微缩社会，在这样的场域空间中，场所必然同时强烈附着着生产、生活两种记忆，彼此交织密不可分，从而形成一种更加强烈的社会主义工业化集体记忆，而其记忆的物质载体正是园区内大量存在的密集工业遗存。因此，可以得到这样的结论：保留的遗存数量和质量与一片土地被尊重的程度是具有正比效应的，与其集体记忆的传承是同样具有正比效应的。

首钢园区在工业遗存保留上做出了巨大努力，园区北区总计保留 350 项，其中文物 3 项（共 8 个建构筑物），强制保留工业资源 32 项，建议保留工业资源 14 项，其他重要工业建构筑物 20 项，增加其他保留建构筑物 281 项（图 4-103）。群明湖—秀池两湖片区保留的遗存就有 130 多项，重要遗存包括氧气厂制氧主厂房、冷却泵站、3350 车间、1.6 万制氧厂房、氮气车间、液氧气储气罐、空分塔、液氮气储气罐、氧气厂冷却塔、群明湖、五制粉车间、天车梁、备件库、软化水车间、软化水水塔、7000 风机房、二泵站、五泵站、九总降、洗涤塔、电厂冷却塔、自备电厂、电厂烟囱、精煤车间、金工车间、运煤站、浓缩池、浓缩池冷却塔、水厂机修车间、五一剧场、加速澄清池、重力澄清池、十四总降、三号高炉、秀池、重力除尘、空压机房、返矿仓、北七筒仓、南六筒仓、转运站 N 3-3、转运站 N1-2、转运站 N 3-2、转运站 N 3-17、料仓、返矿缓冲仓、一炉原料主控室和一三高炉联合泵站以及泵站锅炉房水塔。大量保留工业遗存可以保证遗存覆盖未来改造的每个地块，从而作为工业记忆的载体被永久存留。这些遗存包括了炼铁、制氧制氮、软化水、储煤制粉、电力及变电、冷却、鼓风等各厂的生产系统内容，同时还包含了办公、控制室、后勤用房、职工倒班宿舍、剧场等配套生活及文娱功能，在"产—居"两个向度上为全景式呈现原有厂区的工作和生活记忆提供了最好的物质载体。

在晾水池东路东北角的金安桥交通枢纽一体化及工业遗址公园地块遗存更加丰富，基本完整保留了一二两座高炉、附属热风炉、烟囱、上料通廊、转运站、冷却水泵站、出渣口及渣沟、储水渣池、渣池天车及天车梁、出铁口、铁水运输铁轨及鱼雷车、高炉控制室、

图 4-103 文物保护和保留工业资源规划图
资料来源：北京市城市规划设计研究院

各种除尘器甚至观察环桥的引桥（图4-104），可以说极佳地保存了完整的高炉储料、上料、鼓风、炼铁、出铁、冷却水循环、出渣、储渣、除尘等一系列流程，提供了一组完整的炼铁工艺实体标本的"体验式博物馆群"。"高密度的领域作为'图'被体验，而低密度的领域与之相比则构成更中立的'地'。"[175] 在这样密集的工业遗存集成区域里，你甚至很难清晰描述工业实体的"图"和承载记忆和活动的"地"之间的主客体关系，这不是难于辨析的罗生门，而是一种随时转化的主客体关系，因为书写记忆的"物"和留存记忆的"场"原本就是那个共有集体记忆中一出难以磨灭的剧目，很难说是物附着了记忆，还是记忆记录了物，人和物都是记忆共同的组成部分，难辨彼此，融合为一。

这种"图地并置"的密度布局是首钢园区的一大典型特征，也是园区保留大量工业遗存的写照。由于工艺布局的导向，这种密度构成和传统中国城市虚实相生的城市肌理有较大差异，反而更接近欧洲的城市肌理特征（图4-105）。1540年，意大利托斯卡纳画家安布罗吉奥·洛伦泽蒂（Ambrogio Lorenzetti）的油画第一次准确呈现了"城市空间和体量彼此相互关联"的城镇形象，"这种整体形象正是中世纪城市设计最重要的贡献之一"。[176] 这种整体关联的形态和空间特征正和园区的空间语汇找到了共通点。在这种密度式布局所产生的整体形象中，高炉更是提供空间和心灵双重庇护的异化城市特征核心空间要素。

这种整体形象一旦失去，就会使得城市特征迅速消失，人们将

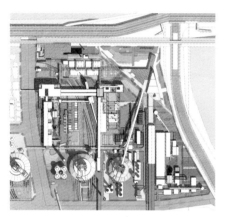

图4-104 首钢北区金安桥片区的密度图地关系
资料来源：筑境设计

图4-105 中世纪小镇与首钢园区北区金安桥片区整体关系的比较
资料来源：上图，L.贝纳沃罗.世界城市史[M].薛钟灵，余靖芝，等译．北京：科学出版社，2000:519；下图，筑境设计

175　芦原义信. 外部空间设计[M].尹培桐，译.北京：中国建筑工业出版社，1986: 7.

176　埃德蒙·N.培根. 城市设计[M].黄富厢，朱琪，译．北京：中国建筑工业出版社，2005: 95.

不再拥有城市庇护的心理屏障。这样的心灵庇护所，我们可以称之为"家园"。三高炉博物馆在整个北区规划中就是作为首钢人、首钢精神和大量在地集体记忆的"家园"而存在的。

这座 2 536 m³ 容积的高炉在它大修升级后的 1992 年是全国最大容积的高炉之一（图 4-106），它的改造是原有厂区在物质上从工业性迈向城市性彻底转变的重要标志，而在心灵层面，它的永久存续和更新活化意味着荣光依旧、记忆依旧、活力依旧、家园依旧。它不再是一座宏大封闭园区内单一生产铁水的钢铁巨构，而是一系列面向城市展开怀抱的积极空间的集合体。它是一座铭记首钢百年历史荣光的工业建筑，是一座炼铁工艺的科普基地，是一个当代艺术和工业遗存结合的圣殿。它是一座立体都市，空中的每一层工艺平台都会转化为三维空间中的街道、广场、院落和都市舞台，它是博尔赫斯《小径分岔的花园》中不同路线的节点分叉导向不同平行时空的集合。在不同的场景创造差异化的语境下，时间和空间的范型被折叠和并置，它可以是一座记忆之城，可以是一座时间的迷宫，也可以是一座通向梦想的巴别塔，是未来北京引以为傲的城市复兴新地标。

五一剧场作为园区社会主义集体生活中非常重要的群体活动的空间载体，在更新中不单希望原汁原味地保持其历史风貌特征，还希望其空间使用性质能够得到传承和延续。1 500 座的大型电影院在当下的市场中几乎没有生存空间，因此在"屋中建屋"的逻辑指引下，原电影院的结构升起被取消，转换空间为巨大的平层多功能场地，内部引入的黑匣子剧场则因其内容和形式更加更时尚和灵活多样，更契合市场需求。而小剧场在功能使用意义上延续了"观与演"的逻辑，又从空间视觉体验上触动了集体记忆的神经末梢，唤起老首钢人对逝去的一代芳华的心灵通感，合而大同地做到了对集体共

图 4-106 首钢三高炉改造前后对比
资料来源：黄临海拍摄

有记忆的保存和演绎（图4-107）。与之相类似，园区原动力管廊变身为"首钢天际"高线公园、冷却塔变身为酒店宴会婚庆礼拜堂、自备电厂变身为香格里拉酒店、筒仓变身为转播录播厅、转运站料仓变身为企业总部办公楼、空压机房控制室变身为星巴克咖啡店、水厂机修车间变身为网球馆、风机房变身为商业中心等，这些都是根据既有工业遗存自身空间特征量体裁衣转换功能，保留遗存延续记忆的重要更新手段。

由上可见，北京首钢园区强制保留的工业遗存种类和数量均较多，不仅保留了炼铁流程的诸多重要工艺节点，还保留了两个工业晾水池（群明湖和秀池）和大量遗存肌理（植被、管廊、轨道），首钢园区自身的工业遗存条件和决策层对工业遗存的价值认知态度均较高，这些都为保存和延续在地的集体记忆做出了有力保障，也为首钢园区在之后的转型与发展中所需的心里保障提供了较好的基础。[177]

4.5 首钢园区更新产业活化

如果说都市性与公共性的再生是工业遗存更新的过程导向，那么功能与业态的活化再生就是工业遗存更新的结果指向。物理空间的再生是更新具体的手段，而产业功能的活化是更新核心的动能。老旧工业园区活化再生是城市统筹考虑其功能转型的要点所在，都市性与公共性的再生理应由城市总体战略部署指导并辅以政策支持，以匹配其城市能级的空间诉求和产业业态导入进行更新。

4.5.1 城市能级与产业活化的关系

前文述及的伦敦国王十字、卢森堡贝尔瓦科学城、汉堡港城三个现象级的城市更新案例，其所属城市从城市能级来分析，根据全

图4-107 首钢五一剧场改造前后对比
资料来源：上图，作者拍摄；下图，筑境设计

177　吴唯佳，黄鹤，陈宇琳. 复兴的首钢——保护工业遗产的突出价值，融入京津冀协同发展 [J]. 城市环境设计，2016（04）：358-361.

球化与世界城市（Globalization and World Cities，简称 GaWC）[178] 公布的 2018 年《世界城市名册》，伦敦是全世界仅有的两个超一线城市之一，卢森堡是世界一线城市，汉堡是世界强二线城市。在后工业时代，这些城市都希望通过有效的城市更新来提升其在世界城市网络中的节点形象，进而提升该城市在世界范围内的综合竞争力，即便是目前仍位居世界二线城市的汉堡，也仍有在全球化视野下以城市更新为契机在当今世界城市格局中跻身一线的雄心。这三个案例之所以能出现现象级工业遗存更新是因为它们的旧工业区更新无一例外都是匹配城市能级，紧密联系城市整体转型发展战略，由政府牵头，有清晰战略目标引导机制的建立、产业的导入和空间的再造，且有政策扶持、资金充沛，借城市更新之力实现产业调整后的城市复兴战略部署，巩固并强化其在世界城市格局中的地位。

　　城市工业遗存更新强度定位均与其城市能级有紧密关联。首钢园区选择的城市复兴之路，究其原因就在于北京，作为中华人民共和国的首都，其顶级城市能级决定下的经济活跃度、土地渴求度、人口密集度和产业落实度这几个向度的因素都为项目策略做出了积极背书。在总体规划明确提出城市土地不再增量发展的大背景下，首钢园区作为京西地区最大的可整片发展用地，要充分承载城市全面产业结构调整和进一步产业升级的梦想。同时，北京作为世界一线城市，正抱着勃勃雄心试图冲入世界超一线城市之列，北京首钢的工业园区更新正是其城市整体经济转型的缩影和城市复兴战略拼图中的重要支点。

　　区别于欧洲常见的工业遗址公园式的静态保护，以北京为代表

178　《世界城市名册》是由全球化与世界城市（GaWC）研究网络编制的全球城市分级排名。GaWC 自 2000 年起不定期发布《世界城市名册》，这份榜单被认为是全球最权威的世界城市排名。

的中国一线城市的工业遗存必将以更加积极的姿态加入城市化进程的步伐中，动态更新的态度也无疑使这些曾经因产业结构调整而寂静的土地重新热切地承载崭新的城市功能。伴随着冬奥这一超强 IP 的注入，首钢园区内体验性运动主题及其相关产业的开发、高端制造业研发中心、国际人才社区等一系列新兴业态踏步而来，全面兑现从工业性到城市性的积极转变。这样的更新姿态不但让园区破除了封闭性并积极融入城市空间肌理，更努力落地升级产业，助推乃至引领城市区域的全面产业升级及活力提升。园区正全速建设北京西部顶尖的复合性城市区域，社会和经济效益双丰收指日可期。

城市的能级和雄心决定了更新强度的选择，也决定了经济结构转型选择的产业活化策略。从产业活化策略的一体两面来分析，一类产业活化路径应该充分尊重既有产业，立足本地进行原发性升级，这样的模式有助于充分利用原有支柱产业的生产资料，避免产业全面淘汰造成的大量基础设施浪费，同时也有利于原产业工人的技能提升和岗位转型，避免陡然转产造成原产业工人大面积下岗进而诱发社会矛盾；另一类产业活化则应展望未来，切实契合城市乃至国家的发展战略，积极导入新兴产业综合全面发展，为城市整体产业结构调整和更好的市民美好生活需求做出智力储备和产业支持。

4.5.2 首钢业态再生的"工业+"模式

4.5.2.1 首钢产业活化的城市背景

北京首钢转型更新思路上下半场的变化过程正印证了城市总体功能定位对于工业企业转型及其遗存更新的指导作用。

2000 年，北京成功申办 2008 年夏季奥运会推动了城市去工业化产业构想背景下的企业转型；2007 年，首钢发挥在京津冀协同发展中的战略支点作用建设河北曹妃甸首钢京唐项目；2011 年，首钢全面停产，北京市政府批准《新首钢高端产业综合服务区控制性详细规划》。这上半场的十年间，首钢思考的重点是增量开发、盘活资产、平衡企业负债。

2014 年，北京首钢获批成为全国老工业区搬迁改造的 1 号试点基地，同年国家出台了老工业区改造的试点政策《北京市人民政府关于推进首钢老工业区改造调整和建设发展的意见》。2015 年，首钢提出不再仅仅追求高容积率、高开发量的增量模式，而是向钢铁和城市综合服务商两大主导产业并重和协同发展转变，[179] 思考一二联动的保护性开发。可以说，这下半场，首钢顺应城市整体定位和国家功能转型、减量提质的指导方针，调整步伐，走出了一条属于自己的崭新可持续发展的城市更新之路。

此外，根据《北京城市总体规划（2016—2035 年）》，三环以内强化中央政务功能的设想将呈现鲜明的服务业溢出现象，这也将极大地推动传统相对偏远的五六环间城市空间、城市职能的跃迁并带来长足的产业升级和发展。由此，需要西部地区更多地区在首都崭新一轮城市化进程中真正承担起在"一核、一主一副两轴、多点、一区"（图 4-108）的城市布局中架构中轴两翼、两翼齐飞的城市职能，这正是首钢在城市新一轮总体规划中承担的城市职能发生的深刻变革。在这样的新一轮城市发展浪潮中，首钢园区的更新需要敏锐把握时代脉搏，阔步前行，园区的更新复兴为深化当下北京城市供给侧改革，助推城市化进入下一个精耕细作的发展周期奠定了良性基础，为北京打造城市复兴新地标提供了优秀范本。以首钢园区为代表的西部板块崛起也将很好地平衡北京城市传统东重西轻的格局，与通州城市副中心产生对话，为西部树立产业结构调整示范。

4.5.2.2 首钢的钢铁产业升级

基于钢铁企业原有二产的强大势能，产业升级活化并非易事。在园区更新中植入新产业，是立足本底原发性产业升级还是空降植

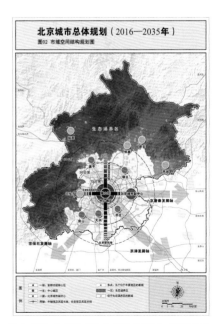

图 4-108　北京城市总体规划（2016—2035 年）市域空间结构规划图
资料来源：http://ghzrzyw.beijing.gov.cn/zhengwu xinxi/zxzt/bjcsztgh20162035/202001/P020 200102687733811135.jpg.

179　危俏斌. 空间 多样化 个性化——现代城市中心广场设计中的体会[J]. 中外建筑，2004（01）：102-103.

入崭新产业，这是一个基本两分式的判断。通过国际上著名的多特蒙德和汉堡模式都证明了原发性产业升级的蓬勃生命力，城市产业原发性升级的"工业＋"模式远比从零开始的产业升级要更有基础也更具张力。

北京首钢园区钢铁板块产业升级有几点主要制约因素：（1）由于历史原因，厂区内工艺布局不合理，南北炼铁区与炼钢区距离过远，铁水通过鱼雷车运送到南区过程中运输动能消耗较大，铁水也存在一定热损，严重制约了生产效率的提升；（2）机器设备的老旧、空间不足，无法上马新生产线的困境也制约其顺应钢铁行业从粗钢生产转型特种钢的产业升级趋势；（3）受制于铁路及公路运输，首钢的成品钢对外销售受到运输成本的制约；（4）受制于周边土地及衍生企业的配套问题，钢铁生产过程中产生的水渣、硫化物、氮化物等转化为水泥、化肥等相关产品的产能不足，导致产生大量工业垃圾。

2005 年，国务院批复同意首钢择址搬迁的重要意图就是从根本上解决北京首钢园区为城市带来的重交通、重能耗和重污染的城市负荷，释放工业土地的潜能，导入新型产业，从而做到城市区域整体产业转型和全面提升，最终助推城市总体规划落地。首钢决定迁址河北唐山曹妃甸再建钢城，正是顺应国家和北京市产业转型的大势而为，是顺时代潮流的决定。在正式迁址曹妃甸前，首钢在2004—2006 年间陆续完成向首钢秦皇岛钢板材有限公司、河北迁安市首钢迁安钢铁有限责任公司转移部分钢铁产能并新建热轧钢材薄板生产线的工作，一定程度上弥补了园区整体迁移曹妃甸前压产、减产的产能真空。京唐公司（首钢和唐钢的合资落地企业）通过吹砂造地打造的 30 平方公里的恢弘滨海钢城则通过合理规划、技术创新完成了原有钢铁企业的大幅度技术革新和产能升级。具体体现在：（1）通过自主研发克服技术难关，新建 5 500 m3 容积炼铁高炉，大规模提升了炼铁产能；（2）实现一键式炼钢的全自控炼铁、炼钢工艺，大幅提升了生产效率、生产安全并改善了炉前工作强度；（3）铁区、钢区毗邻布局，最大限度压缩传送距离，大幅提升了铁钢转换效率，铁水通过短距离拖拽式铁水包运送，有效解决了运输热损问题，大量节约了炼钢工艺能耗，炼钢到轧钢实现工艺零距离衔接；（4）增设新型轧钢生产线，变传统长材为新型板材和新型长材，大幅提升了以汽车板、家电板为代表的特种钢铁产品的行业竞争力；（5）结合曹妃甸深水港口的运输便利，原材料的输入、成品钢材的输出效率得到了极大提升；（6）通过海水淡化系统获取工业用水，析出的浓盐水之类衍生用品供给关联化工企业；（7）利用热法低温多效海水能源梯电水大循环，发电供给厂区及市政使用；（8）回收企业生产余热，供给企业自用及市政热网；（9）配套同步建设的匹配产能的水泥厂、化肥厂，做到全部消化钢铁生产衍生废渣、废料。正是通过上述一系列技术革新，首钢在传统钢铁产业板块重新达到行业巅峰，产能和环保治理得到了跃迁式的升级。此外，由于原北京园区各主要工艺厂的技术骨干大量以班车往返京唐之间，解决了原厂核心人员再就业的问题，同时大量后续招聘的技术人员和工人在曹妃甸逐渐落户安家，推动解决了当地的财税和就业问题，加速了当地的城市化进程。

4.5.2.3 首钢的非钢产业升级

除了传统钢铁产业通过堪称伟大的搬迁实现全面产业升级外，在非钢产业的转型升级上，首钢集团同样做出了巨大的产业调整，以期实现企业在非钢板块转型为城市综合服务商的战略目标。

20 世纪 80 年代，时任首钢总公司党委书记、董事长的周冠五就已构想了首钢宏大的产业转型版图：（1）为解决北京首钢老园区历史原因造成的工艺效率偏低的问题，筹划在山东齐鲁、日照，广西柳州建厂搬迁；（2）通过国际招投标 1.2 亿美元在海外并购了秘鲁铁矿公司、组建远洋运输船队；（3）兼并中国北方工业集团所属 13 家军工厂、原冶金部所属两家地质勘察设计院、原中国有色金属总公司所属 3 家建筑企业；（4）发展汽车、空调、洗衣机、冰箱及微电子等高端制造业；（5）涉足金融，组建全国第一家企业全资的商业银行——华夏银行，与长江实业公司联手收购香港东荣钢铁股份有限公司、宝佳集团等 4 家香港上市公司等等。这些构想和努力试图让企业和企业人从心理层面打破既有产业铁饭碗的"厂区界墙"，真正直面市场经济大潮的洗礼，直面竞争推进集团转型，走出首钢"非钢化及财团式道路"[180]，堪称宏图大略。然而，时势造英雄，彼时首钢所面对的外部资源和环境压力和今日的首钢不可同日而语，企业并没有强劲的外力和内部动能推动转型落地，这些构想也随着周书记的退休戛然而止，令人扼腕。

当下的首钢则顺应存量时代的大潮而动，毫无保留地投身于企业的产业更新和转型的重任之中，开拓首钢钢铁产业外的另一大主导产业——城市综合服务。类同于多特蒙德式的工业原发性产业升级，首钢的城市综合服务的产业方向也选择了一条基于自身优势产业链条的延伸升级道路。首钢发展出六大全资子公司推动六大非钢产业板块落地：（1）首钢生物质能源产业基地的鲁家山循环经济（静脉产业）基地实现对城市废弃物全方位做大限度资源化利用，是园区改造建设过程中废弃物处理和能源供应的重要保障；（2）首钢环境产业有限公司开发了建筑垃圾再生骨料生态砌块，包括光致发光储能砌块、"斗型"储水砌块、生态盲道砌块、新型透水砌块等高附加值产品；（3）首钢自动化信息技术有限公司的光伏超级充电站在石景山区启动建设，太阳能为此提供了充足的能源，实现了电力上的自给自足，每天可为80辆电动车充足能量；[181]（4）首钢机电有限公司自主研发制造安装的充电桩在首钢办公厅、首钢医院、园区服务公司、石景山区政府、北京恒誉、北汽新能源等单位共43台，公司正在承接北京经济开发区立体车库充电桩、首都机场等地充电桩的配建共计500台；（5）首建集团机运分公司研发了太阳能薄膜发电系统安装；（6）首钢国际工程技术有限公司智能交通技术，包括交通信号控制系统、交通监控系统、智能识别检测系统，已应用

180　首钢总公司,中国企业文化研究会.首钢企业文化(1919—2010年)[M].北京：中共中央党校出版社，2011：140.

181　北京最大光伏充电站动工 年底建成可日充80辆车[EB/OL].[2015-10-30].http://www.hn.sgcc.com.cn/html/cz/col544/2015-10/23/20151023171740729293791_1.html.

于北京市多个城区和山西等地（图 4-109）。

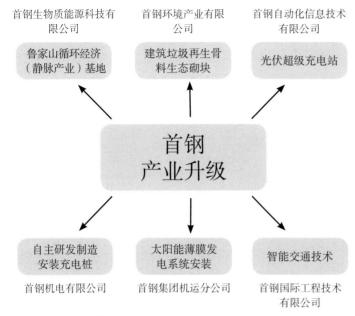

图 4-109 首钢原发性产业升级图解
资料来源：作者根据相关材料自绘

除上述六大板块之外，首钢集团全资子公司首钢建设集团承接了园区改造的绝大部分建设工作。一支只拥有工业建筑建设经验的团队通过引援挖潜，保质保量及时完成了园区内重要项目的建设任务，该团队也被成功打造成一支战斗力强悍的建设队伍，为做大做强基建产业奠定了坚实的基础。

4.5.3　首钢业态再生的"文化+"模式

4.5.3.1　以传统文化为锚固点的产业活化模式

立足本体文化，首先就是要充分挖掘首钢的工业文化，打造工业文化标杆 IP，通过工业文化的特有魅力形成有效的传播效应，从而唤起土地记忆和认知觉醒，推动更新进程的软环境塑造。

《新首钢三年行动计划》曾提出要深度挖掘老工业区历史文化遗产与工业遗存人文价值，融入现代元素，释放传统工业资源的生命力。再具体落到实处说，就是要在更新中推进首钢主厂区、二通厂区等工业遗存的保护利用改造，重点建设 3 号高炉改造工程、脱硫车间改造工程，因地制宜建设博物馆、产业孵化基地、休闲体验设施。利用铁轨、管廊、传送带等工业遗存建设铁轨绿道、空中步道，营造城市特色公共空间，打造新首钢文化的时代新地标[182]。

一部首钢史就是半部京城工业史。这座建厂百年的北京市工业长子，经历了民国的艰难起步期、日寇的苦难强占期、新中国白手起家恢复产能的艰苦奋斗期、成长壮大狂飙突进的大发展期、产业去产能裹足不前的阻滞期和园区求复兴涅槃重生的更新期，呈现了从民族工业起步到自主知识创新全面攀登行业高峰再到后工业化周期产能转化后的伟大城市复兴，是工业文明发展更新的典型代表。对其历史的认识，就是对北京的一支历史脉络和工业文化发展脉络的认知，以类似"欧洲文化之都"的概念力争通过对于首钢的文化挖掘重识企业历史价值、重塑企业自豪感、重构企业集体记忆载体。2019 年首钢的百年庆典系列活动就是以企业传统文化催生城市大型文化事件，全面助力首钢园区产业转型活化。

作为 2019 年首钢百年庆典系列活动主会场之一的三高炉博物馆就是以传统文化为核心的产业活化锚点建筑。三高炉博物馆是由首钢明星高炉改造而成，它提供了 1.68 万 m² 的常设展览、临时展览、学术交流、社会科普、配套餐饮等功能，还依托相邻的秀池提供了水面下近 844 个车位和 2 600 m² 的水下临时展厅，这既是全国首次尝试以炼铁高炉改造文化建筑，又是首钢企业、首钢人的一次精神家园的空间重构。

拟建成的博物馆区将用于展示首钢百年厂史，对首钢历史、钢铁工业生产发展历史进行阐述（图 4-110），成为重要的北京市工

图 4-110 历史照片：首钢新设备进厂时万人夹道欢迎的盛况
资料来源：作者翻拍于首钢博物馆筹备办公室

182 世界的新中国，中国的新首钢 [EB/OL]. [2019-12-10]. https://zhuanlan.zhihu.com/p/85267398.

业及首钢企业文化传播的窗口、传承这恢弘工业发展史的实体史书、锚固所有首钢人集体记忆的精神家园。高炉原出铁场平台围绕保留高炉本体改造为全球发布中心，2018 奔驰 A 级长轴距轿车发布会点燃了这块场地。紧随其后，高炉南广场、高炉附属设施、水下展厅及屋面水上舞台成了城市大型文化活动的策源地。北京卫视 2019 跨年联欢晚会、2019 京交会石景山分会场、2019 抖 in 北京城市美好生活节、2019 北京市冰雪文化旅游节、2020 北京新年倒计时活动、百年首钢"洽是风华正茂"书画摄影展、2019 首钢园环境舞蹈展演等一系列城市文化活动都蜂拥而至。"一带一路"全球青年领袖荟萃——北京·2019 活动、"百年包豪斯中国行"北京首钢工业遗址公园站、"百年首钢·城市复兴"论坛等也落户三高炉，为首钢园吸引了顶级学术视野的关注（图 4-111）。2020 年后，三高炉又陆续承接了如电竞北京 2020、2020 年中国国际服务贸易交易会分会场、2020 中国科幻大会、2021 迎冬奥相约北京 BRTV 环球跨年冰雪盛典、2021 英特尔至强系列新品发布会等顶级大会，内容的广度和影响力均在持续强劲提升。

除三高炉片区，在园区内还有诸如北京 2022 年冬奥会吉祥物和冬残奥会吉祥物发布会、"冰火铸梦、丝路飞天"首钢高塔光影秀、北京市民快乐冰雪季等重要城市文化活动不断引爆园区的文化 IP，让园区的更新在城市文化的视角下获得持续的高曝光度。

4.5.3.2 以符号文化嫁接为手段的产业复制模式

以传统文化为锚点的产业活化在于对既有文化的挖掘和传承，而符号文化嫁接的产业复制模式则在于有效地创造一个文化符号，并据此设定一系列产业链条，即产品线，通过产品线的衍生平移复制达成快速更新开发的目的。

通过符号植入为触媒激活工业遗存业态升级，并以此为传播和

图 4-111 首钢各种城市文化活动
资料来源：首钢新闻中心

复制的靶标。以美国巴尔的摩、波士顿"节庆市集"为代表的商业模式，通过符号文化嫁接植入迅速复制了商业游乐设施、办公楼宇和配套公寓为产品线的滨水更新。国内工业遗存更新领域较为成功的是上海临港集团"新业坊"品牌，其提供的以工业风貌为典型特征，结合总部经济，结合产学研合作的特色产业组合模块为其成功复制打下了基础。虽然符号文化的嫁接移植常会导致项目个性缺失以致风格趋同，但这种"产品线"思维更贴合当下国内普遍的地产开发逻辑，更容易被接受，更具操作的普世价值。虽然"新天地"模式的商业复制也一度造成"特色"商业街区的滥觞，导致看起来似曾相识成了其主要特色，但我们仔细考究上海新天地、武汉天地、佛山岭南天地几个"新天地"系列正牌力作的时候，还是可以看到差异化的地域文化特征在项目上的清晰烙印。换言之，一定程度上的符号复制不是错误，粗制滥造、不加思考的照搬式复制才是问题的症结所在。

以当下首钢在中国工业遗存更新领域的文化影响力，完全有理由也有条件梳理打造并输出类似"首钢园"的符号文化，形成独特的产品线，在广阔的工业遗存更新领域，尤其是在同类型重工业产业腾退产生的工业遗存更新中有重大示范意义。

首钢园区更新是大事件导向推动的，类似冬奥这样的顶级 IP 固然难以复制，但并非没有机会结合城市特征创造城市大事件或文化大事件，并以此作为行之有效的更新引擎。上海城市空间艺术季和深圳双年展"城市文化＋产业"模式就是很好的工业遗存产业活化的榜样。

对于塑造符号文化形成独特的产品线，江西景德镇宇宙瓷厂工业遗存更新做出了很好的示范。项目对文化符号进行再造、凝练、提取并逐渐形成完善产业链条和独特可传播的文化 IP，做出了富有成效的实践，打造了"陶溪川"模式。在项目更新推进的五年里，"陶溪川"先后经历了从文化 1.0 到文化 4.0 的符号文化升级打造。文化 1.0，厂区景点化改造，重塑宇宙陶瓷厂辉煌的工业时期场景；文化 2.0，强化文化体验功能，填入适应年轻人需求的功能业态；

文化 3.0，健全文化产业链条，完善服务功能，强化对创新元素的吸引能力；文化 4.0，输出文化，树立样板，构建"陶溪川"系列 IP，并向外推广"陶溪川"模式。首钢园区完全有条件依托自身产业空间特色、文化特征、城市文化能级逐步形成自身清晰的文化 IP，借奥运之东风振翅，扶摇直上九万里，打造无与伦比、独具清晰辨识度的特色符号文化。

首钢园区结合其工艺特征呈现的规划布局和适配钢铁业特色产业空间的特色产业组合模块都值得充分梳理并整合固化，比如结合超大超长空间（炼钢、轧钢）设置的相似产业链条的办公产业集群模式、结合超长空间（精煤、储煤）设置的"体育 +"产品线、结合高大空间（高炉、储料仓）设置的"演艺 +"产品线、结合高大空间（料仓、风机房）设置的"创意 +"办公产品线都是能有效复制嫁接的业态组合。

如果首钢集团能和目前已经在园区运营的相关运动、艺文、创意、媒体、商业、总部公司全面缔结战略合作并形成稳定的供应商产业链集群，同时整合上游对存量开发遗存更新有兴趣的金融资本，整合下游熟练掌握工业遗存更新施工且掌握特殊工法的建设团队协同输出，则非但"首钢园"的符号文化必然可以成为全国乃至世界顶级的产业更新 IP，首钢集团也完全可以成为顶级工业遗存更新城市运营服务商！

由上可见，国内相关工业企业如能充分结合其所在具体城市能级、适配恰当产业特征、深挖文化底蕴、善于宣传推广且有恒心在长效的时间维度上收获更新的红利，则都有可能走出一条属于自己的特色更新之路。

此外，除了形成符号文化和固化产品线以输出之外，首钢园区通过有效宣传、持续曝光、精耕细作、悉心运营，可以持续做大做强"首钢园"的文化 IP，在其 IP 统领下的产业物业都能获得品牌 IP 能效放大下的溢出红利效应，这一点在持有运营的工业遗存更新实践中尤为重要，其创造的价值从长远来说甚至会形成难以估量的规模。这就是超级文化 IP 的价值意义，其对应的更新、宣传、管理、运维也会水到渠成成为一种模式效应，鼓舞众多工业遗存更新实践放弃短视、迎难而上，从根本上迎来存量发展百花齐放的春天。当然，根据首钢园区目前的更新状况，企业主要的精力投放点还是圆满完成"三年行动计划"、圆满完成冬奥会的相关建设和配套服务工作，尚未在独立文化品牌 IP 的价值营造层面倾注力量，这或许可以成为企业在后奥运周期的一个核心关注点。

4.5.4 首钢业态再生的"产业+"模式

工业遗存更新活力再造的项目成功有三个支点，可以协同的区域产业更新为其一，项目自身的核心 IP 改变区域认知为其二，项目更新产业包含一定居住人口的功能混合为其三，三者缺一不可。在传统产业更新中多以文化、教育、艺术为产业切入点植入传统业态，由核心奥运 IP 改变区域认知，再加以混合居住功能激发区域活力，首钢遗存更新就是依托这种多向度产业植入模式发展而成。

另一类渐进迭代的传统产业模式因为首钢园区更新一次进程仍在持续中，因此暂未涉及，但相信在未来后奥运周期的长轴更新进程中必将持续出现。

4.5.4.1 原发性植入的传统产业模式

（1）"体育＋"产业

冬奥与首钢的握手，为打造一个全球首次在如此宏大的工业遗存更新环境中的奥运呈现做出尝试，同时也为首钢园区城市更新推出了冬奥的超级核心 IP。

冬季奥运的运动概念帮助首钢打开了运动关联产业的多扇窗口，2017 年 2 月 28 日，国家体育总局与首钢总公司签署了《关于备战 2022 年冬季奥运会和建设国家体育产业示范区合作框架协议》[183] 更是全面推进了"体育＋"模式的业态活化进程。在此框架

---

183 王歧丰. 首钢老厂房将改建冬奥训练场完善核心区服务功能 [EB/OL].
[2017-03-01]. http://bj.jjj.qq.com/a/20170301/007167.html.

协议支持下，首钢集团通过充分利用既有工业遗存空间特征结合体育产业需求，全面探索以体育业态促动遗存再生活化的新路线，结合赛前训练、赛中使用、赛后再利用，积极探索中国特色的冬奥资产赛后再利用的可持续运营模式。示范区建设主要涉及五个方面：建设冬奥核心区、共同建设国家体育产业示范区、建设体育总部基地、成立京冀协同发展体育产业基金、争取体育产业自由贸易区的特殊政策。[184]

作为首钢北区实施落地的第一个项目——西十冬奥广场，总面积近 8 万平方米的园区将汇集冬奥组委各个部门的办公、会议职能，以及就餐、休闲和临时性住宿功能，它也成了北京市政府支持首钢转型积极导入的核心。它是首钢北区乃至整体园区功能定位落地的核心锚固点和撬动点。随着冬奥组委办公园区、国家体育总局冬季训练中心和冬奥会大跳台项目的落地，奥运的巨大 IP 效应和国际奥委会尤其是巴赫主席的大力褒奖（图 4-112）使首钢园区在城市大型公共事件助推转型层面收获满满。[185]

冰雪 + 钢铁，这会是一种绝无仅有的场景，相信这也是 2016 年初冬国际雪联主席及一众高层在一个漫天飞雪的下午在首钢园区考察单板大跳台项目选址 3 个小时不舍离去时的心中所想吧。果然，2017 年 3 月份传来喜讯，2022 年冬季奥运会正赛项目单板滑雪大跳台项目落户首钢，首钢园不止拥有了冬奥概念，更真正拥有了冬奥赛事！这是一座依托首钢自备发电厂 4 座 70 m 冷却塔群的 61 m 高的单板滑雪跳台，因其流畅飘逸的构型线条而被命名为"飞天"，一个极富东方神韵的名字（图 4-113）。设计之初，曾经设想的通过冷却塔内增设电梯并在 55 m 标高的塔壁开口供运动员飞身跃出的

图 4-112 巴赫主席对首钢园区改造的褒奖
资料来源：首钢新闻中心

图 4-113 单板滑雪大跳台及冷却塔
资料来源：首钢新闻中心

184　国家体育总局与首钢总公司签署框架协议助力冬奥备战和体育产业发展 [EB/OL]. [2018-10-18]. http://www.sohu.com/a/127611113_501332.

185　薄宏涛. 工业遗存的"重生"与城市更新 [EB/OL]. [2018-08-08]. http://www.sohu.com/a/245867614_569315.

想法堪称完美，但最终因为原塔壁太薄、无法承受开洞后带来的整体刚度崩塌性衰减而被放弃。尽管遗憾错过精彩概念，但即将在冷却塔旁边拔地而起的"飞天"还是足够令人期待。首钢滑雪大跳台在 2019 年底完工并立即迎来了 2019 沸雪北京国际雪联单板及自由式滑雪大跳台世界杯赛事，它是全世界首例永久保留和使用的单板滑雪大跳台场地，这里产生的四块金牌将是唯一在北京主城城六区可以观赛的雪上项目奖牌！

　　首钢滑雪大跳台作为世界锦标赛永久赛址，促进了中国乃至世界雪上体育运动的发展。同时，综合考虑保留单板滑雪大跳台作为群众体育和旅游活动的冬夏全季设施，以满足体育文化传播和体育工艺测试研究等多方面需求，同时带动周边地块的发展。除冰雪运动之外，园区还汇聚了篮球、网球、游泳、潜水、极限运动、街头酷跑运动等众多高体验性的运动门类。

　　结合体育总局冬奥健儿训练需求，首钢园区北区范围规划设计通过对高大空间工业遗存（精煤车间、运煤站）的改造和加建提供四块国际化顶级标准的训练用冰面，以满足首都体育馆升级改造期间国家冬奥训练队短道速滑、花样花滑、冰壶、冰球等项目的训练需求[186]（图 4-114）。其中结合旧有精煤车间改造速滑、花滑、冰壶训练馆，国家队返回首体训练后，这三块冰面会全面面向公众，提供社会培训场地，助力实现习总书记提出的"三亿人上冰雪"的全民健身计划。同时，冬训中心利用既有运煤站改扩建冰上运动综合馆，这也是目前国内唯一一个达到北美冰球联盟 NHL 比赛标准的冰球比赛用馆，未来这里会成为北京市乃至全国首屈一指的冰球比赛用馆，也会成为北京市冰球队的主场场馆。

图 4-114 冬训中心、运动员公寓及网球馆
资料来源：陈鹤拍摄

186　李玉坤. 首钢冬训中心启用 国家花滑队入驻 [EB/OL]. [2018-06-22]. http://www.bjnews.com.cn/feature/2018/06/22/492103.html.

除主要训练用馆之外，结合园区原有职工宿舍用地，在充分尊重既有区域地貌、植被和空间肌理的原则下，改扩建洲际智选品牌公寓式酒店，这也是 2019 年 2 月 1 日习近平主席视察首钢园区到冬训中心慰问奥运健儿的场所。运动员公寓赛前提供运动员训练配套，赛后全面面向社会开放，无缝接驳城市生活诉求。原有软化水车间主机修车间厂房被改造为首钢网球馆并加建网球馆公寓，共同完善冬训中心的综合体育品牌配置功能。

除冬训中心集中片区之外，冬训中心东侧运动广场、主场馆间的户外运动街道，北侧金安桥片区的体育总局极限运动公园，南侧五制粉车间儿童运动公园，园区高线运动公园，石景山山体及永定河滨河运动公园等设施都极大地丰富了首钢园区北区的运动体验功能且具有很好的社会服务职能，充分体现了示范区的集聚效应，也放大了体育产业示范区的社会效应。随后还会陆续有全周期产业链条的置入，国家实验室、侨商创新创智中心、世界体育运动博览园都准备落户首钢园区，为创新动能持续助力。

（2）"多元文化 +"产业

跟随直接涉奥竞赛及训练项目，一系列多元衍生文化业态也在园区较为迅速地跟从性落位，重塑区域价值。

第一类是相关运动、培训、器材类厂商的展览展示、研发办公、企业总部和金融服务，如联想、IDG、中国银行等。第二类是相关媒体制作、采访、录播转播功能，如腾讯视频、腾讯体育等。第三类是与前述两类功能相配套的酒店休闲、商业服务，核心功能有由香格里拉集团运营的 2022 冬奥会单板滑雪大跳台项目配套首钢自备热力电厂及冷却塔改的酒店、洲际智选假日酒店秀池店、洲际智选假日酒店工舍店、由美国铁狮门集团运营的五一剧场片区办公群落、五制粉车间数字运动体验中心、九总降变电

图 4-115 腾讯体育转播中心、香格里拉酒店、智选运动员公寓、五一剧场、7000 风机房
商业中心
资料来源：筑境设计

站与 7000 风机房和第二提升泵站共同组成的商业综合体六工汇
Changan Mall 等（图 4-115）。

上述三类提供了由涉奥衍生业态建构的城市功能群落，第四类
非常具有特色的"文化+"产业是文化体验艺术类业态。美国铁狮
门公司对园区五一剧场进行了内嵌植入功能式的改造更新，在不改
变五一剧场外立面色彩、材质和肌理的前提下，进行内部结构加固、
空间更新和产业植入，选择性放弃原 1 500 座的传统电影院式观演
建筑功能，转而以更加灵活、当代的黑匣子小剧场置入，结合西侧
加建排练厅、北侧新建艺术综合楼及五一剧场东广场共同营造艺术

生态圈层，有望塑造京西顶级演绎文化聚集地。

知名导演张艺谋创办的 VR 公司当红齐天（北京当红齐天国际文化发展有限公司）依托首钢原炼铁一号高炉、控制室、高炉引桥等空间改造 So Real "超体空间" 体验中心，打造全浸入式线下视觉艺术娱乐体验中心，光影剧场、浸入式情景剧场与 VR、AR 等虚拟现实技术支持的体验式乐园三大主题被植入雄浑的高炉，以打造全国首个钢铁、奥运、科技主体的体验中心，必将成为年轻人追捧的网红文化热点。

由此，以五一剧场艺术聚落、一高炉超体空间、三高炉博物馆和艺术秀场为核心的文化体验艺术群落蔚然大观，形成京西的崭新文化产业高地。

园区的第五类业态——综合配套教育培训的文教类业态，则会为项目持续带来年轻的人流，注入创新、创业、研发的活力。正如前文述及众多成功案例以教育产业作为工业遗存更新激活的主要先导业态，首钢园区在城市创新织补工厂拟引进的人工智能制造研究中心、国家高新实验室区、金安桥交通一体化地块拟引进的德国包豪斯设计学院国际人才社区的配套国际学校、园区南区侨梦院首钢基金旗下新经济新空间创新学院——CAN+ 参加学院等都是这类业态的代表。

（3）"生活 +" 产业

一片城市区域通过更新获得崭新的功能植入之后，区域内完备的配套功能和一定量的居住人口就成了活力的基础保障因子，避免因居住失位导致活力缺失。作为德国新柏林的心脏和最大的商业中心，波兹坦广场为了实现功能混合保持城市活力，其规划中明确规定了 20% 的强制居住功能，以固定量可附着居住人口应对传统现代主义功能分区指导下产生的中央商务区地区晚间成为 "鬼城" 的痼疾。而对比当下中国的城市建设，我们很难想象在北京国贸或金融街、上海小陆家嘴或人民广场、广州的天河广场抑或深圳福田或罗湖 CBD 里有如此闹中取静的居住空间。由此，我国城市的功能混合度相对不高也可见一斑。

国内工业遗存改造"退二进三"的主要功能导向是将旧有厂区变更为创意办公园区，以北京 798、751，上海八号桥、红坊，深圳华侨城为代表的一大批创意园如雨后春笋般改变了旧有园区的风貌，也为曾经衰败的工业园区带来了大量人气，但遗憾的是，由于土地性质、规范限制等问题，罕有工业遗存能在改造中融入居住功能。不得不说这是我国工业遗存更新领域明显的一种类型缺失。居住的失位直接导致类似园区更新带来的日间活力无法交棒晚间活力，造成"8 小时园区"的遗憾现象。

而国际上对旧有工业遗存的改造则不乏改变为居住性质的经典案例。伦敦国王十字煤气包住宅、比利时安特卫普韦讷海姆筒仓公寓、德国汉堡筒仓公寓（Das Seed Silo）（图 4-116）、奥地利维也纳煤气罐新城（Vienna Gasometer）、比利时布鲁塞尔肥皂厂改造居住社区（Savonnerie Heymans）（图 4-117）等项目都是这一类型的代表。其核心意图就是提供居住可能性，达到功能混合目标，提升社群居

图 4-116 伦敦国王十字煤气包住宅、比利时安特卫普韦讷海姆筒仓公寓、德国汉堡筒仓公寓
资料来源：作者拍摄

图 4-117 维也纳煤气罐新城及布鲁塞尔肥皂厂改造
图片来源：作者拍摄

住人群活动黏度，最终到达更新的核心诉求——提升区域活力。

　　非常值得一提的是，尽管在最初规划设定中很难做到直接改变土地性质为居住，但首钢集团积极对接国家"千人计划"和北京市"海聚工程"等各类人才计划，努力争取到了为打造京西人才高地筑巢引凤的机会。园区在首钢工业遗址公园以东、城市创新织补工厂以北建设综合配套服务区作为冬奥综合配套服务及国际人才社区，完善大北区的整体规划功能职住平衡，提供宜居宜业的顶级社区。这为整个园区的功能混合度提升做出了巨大贡献，也为老旧工业遗存改造居住类型的突破做出了有益的尝试。

　　当然，除居住之外，酒店类类居住功能同样可以为功能混合的城市活力塑造做出贡献。南非开普敦筒仓酒店（The Silo Hotel）项目不单提供了类居住的酒店功能，更因杰出的设计以及文化功能的叠加（酒店以下为非洲当代艺术博物馆 Zeitz MOCCA）成了当地的顶级文化地标。上海的水舍、北京的榆社、桂林阳朔的阿亚拉、深圳的回酒店也是国内类似改造的顶尖案例。

　　首钢北区改造网球馆及新建运动员公寓也在一定程度上缓解了体育总局冬训中心区域的居住类型功能缺失，国家冰上运动队的速滑、花滑、冰壶、冰球等运动队的教练和运动员已经进驻。酒店类产品中，首钢工舍酒店以旧有空压机房改造精品酒店，为奥组委办公园区员工和到访的客人提供极富工业特色的居住空间。园区原自备热力发电厂及附属冷却塔区域将改造为香格里拉酒店，在冬奥期间是空中技巧大跳台竞赛工作人员及运动员的主要下榻处所，后奥运时期将依托令人印象深刻的永定河滨水生态涵养带、独具工业特色的居住体验和无与伦比的婚宴场所体验成为京西一处必到的特色酒店（图4-118）。

　　由此，以运动类高体验性业态为代表及其衍生的相关科研、文化、休闲、创新、居住配套等业态的定位彻底改变了传统园区的单一功能，

图4-118 1.电厂酒店，2.网球馆公寓酒店，3.工舍酒店，4.秀池酒店
图片来源：作者拍摄

推动着"24 小时活力区"的真正落地。

4.5.4.2 颠覆传统地缘经济的新产业模式

正如前述，基于互联网对于地缘效应的强大改变能力，越来越多区位并不在传统优势位置的项目凭借移动客户端点到点的空间体验输出迅速蹿红；一条体验馆的店面都选择在传统商业难以为继的购物中心顶层设点布局也说明了依托互联网传播的"打卡网红"原有传统商业的地缘规则是可以被逾越的。作为传统城市空间经济圈不繁荣地带的石景山区，在五棵松体育公园以西的区域基本属于严重商业不发育带，除了八宝山、八角游乐园之间的石景山万达、华联商厦和苹果园的喜隆多这三点之外，几乎没有成熟商业，依传统的地缘商业逻辑，商业人流是无法在商业带断裂的状态下蛙跳式到达首钢的。

然而在互联网作用下城市空间结构边界逐步消解重构的当下，首钢迎来了自己的机遇。"在新的线上线下融合的商业模式中，虚拟空间中的网点与实体空间中的'新零售体验店'，相互成为展示性的'橱窗'和进行体验和消费的场所。这种新的'内外'关系正在成为当下中国建筑普遍存在的状况。"[187] 工业遗存提供的大尺度空间契合了新经济、新文化需求，共享建筑学对传统空间边界的不确定性的颠覆，为众多新的"普遍状况"提供了大量试验场地。工业遗存往往退腾出较大尺度和较高弹性的空间，这恰恰对应了当下创新、创智型新经济对于办公空间共享、灵活、多变的需求，同时回应了高体验性商业服务业态对空间物理尺度的诉求。而工业厂矿厂区丰富多样的整体布局作为复杂巨系统模式也同样使得这类园区在新经济时代 + 自媒体的智力聚集和自发传播的研发、社交方式中具有独特的吸引力。[188] 这也成了达成线上线下互动链接、消解区位劣势的互联网传播"网红效应"的基础条件。

---

187 鲁安东. 棉仓城市客厅：一个内部性的宣言 [J]. 建筑学报，2018（07）：52-55.

188 薄宏涛. 工业遗存的"重生"与城市更新 [EB/OL]. [2018-08-08]. http://www.sohu.com/a/245867614_569315.

干法除尘压差发电控制室改造的星巴克冬奥园区店在 2018 年 3 月开业初期，商家一度担心项目所在的京西五环地段周边商业发育不成熟，园区自带产业人流量不足带来运营压力。但咖啡店顺应遗存自身特征更新的形态和空间都很好地呈现了基地强烈的工业风貌，清晰的差异化空间气质也通过"小红书"之类的网络和自媒体获得了很好的传播效应，迅速成了京西的网红打卡圣地。崭新商业传播方式带来的点对点体验式消费产生了强大的跨区域消费动能，冬奥园区店也迅速在网上蹿，人流如织，生意火爆，收益回报远超预期，成为北京众多星巴克连锁店中的运营标杆。传统地缘决定论设定的商业运行藩篱正逐渐在互联网经济的推动下被特色决定论所冲破，以适应性更新策略与弹性介入手段进行的更新正是这个工业遗存再利用项目保持和彰显独特魅力的起点和保障。

三高炉博物馆的推广模式也是一种典型的互联网思维下网红效应传播的模式案例。2018 年 11 月 23—24 日奔驰长轴距 A 级轿车中国上市盛典空降首钢，策划团队君为仁和极富创意地选择在高炉这一强烈工业环境中举办这款以年轻新锐为目标客户的新车宣发，"这才是新一代豪华轿车该有的样子"，之所以选择这里就是看中了这样的场景在年轻人中的话题性和传播性，尤其当演出嘉宾蔡依林娇小的身姿出现在高炉宏大的背景面前时，现场气氛瞬间燃爆，在朋友圈刷屏，整个直播覆盖线上人群达到惊人的 800 多万。此次奔驰发布成功吸引了全国车友的目光，首钢则非常好地宣传了崭新的面貌和极具吸引力的空间特色，尤其在这款车锁定的目标客户——年轻人群体中引起轰动，而他们，正是未来首钢高体验性运动休闲商业的核心消费群体。

奔驰发布会一个月之后的 BTV2019 环球跨年冰雪盛典晚会会场再次选址首钢秀池水下展厅屋面，网上直播同时有 30 多万观众在线观看，酷炫的舞美灯光令湖面大碗的冰面美轮美奂，更令人兴奋的是参演嘉宾包括了两代冬奥健儿武大靖、赵伟昌，歌手从"小鲜肉"许魏洲、坤音四子到实力唱将周笔畅、张韶涵，到"老炮"许巍、周华健，甚至中国摇滚教父崔健也压轴出场。这是一个涵盖了全年龄段的顶级宣发，再次令全国乃至世界为首钢的更新效果侧目。在过去的一年内，2019抖in北京城市美好生活节、2019北京市冰雪文化旅游节以及2020北京新年倒计时等活动纷至沓来，在传播层面令三高炉拥有了非凡的口碑和美誉度（图4-119）。有了这样的顶尖暖场预热，我们有理由相信首钢在未来新文化产业陆续落位运营形成聚集效应和不断能效叠加的互联网传播效应下将充满活力。

4.6 首钢园区更新的社会融合

4.6.1 首钢园区的产居共同体瓦解

新中国成立后经历百废待兴的梳理调整，全面开启了新中国社会主义工业化时期建设，我国现存大量工业遗存都是这一时期建设的，比如中国工业遗产保护名录中的阜新煤矿（始建于1953年，现为海州露天煤矿国家矿山公园）、大庆油田（始建于1959年，现建为大庆油田历史陈列馆）、北京焦化厂（始建于1958年，现为北京东部工业遗址文化园区）、杭州丝绸印染联合厂（始建于1957年，现为"丝联166"创意产业园区）、宇宙瓷厂（始建于1958年，现为陶溪川文创街区）、718联合厂（始建于1951年的华北无线电联合器材厂，现为798艺术区）、221厂（始建于1958年的青海矿区，现为原子城纪念馆）。[189]这些工业遗产和众多未遗产化的遗存一起构成了我国现存工业建筑遗存的主体。与生产性厂区相配套，同步建设的社会福利住宅"工人新村"正是那个时代产居共同体模式构成的重要一极。

对于北京市工业长子的首钢而言，其产居共同体的厂区—新村模式延续了近一个世纪，具有差异化时间维度下更为丰富的类型与

图4-119 2018奔驰发布会、2019BTV跨年晚会、2019抖in北京城市美好生活节、2020北京新年倒计时
资料来源：首钢新闻中心

189 中国科协创新战略研究院，中国城市规划学会.中国工业遗产保护名录（第一批）[EB/OL].[2018-01-28.].http://cnews.chinadaily.com.cn/2018-01/28/content_35597549.html.

样本色彩。

　　民国时期，为到园区指导建设和解决技术问题的美国专家在石景山上建造宿舍（现龙烟别墅厂史陈列馆），同时兴建了大量工人住宅；日据时期为更好地监控工人，防止攫取战争资源，兴建了大量为日本管理及技术人员居住的寮屋；新中国成立后50年代兴建15 700 m²金顶街职工宿舍以解决工人生活居住问题，这便是最具代表性的工人新村；20世纪80年代周冠五书记主政首钢期间，在古城到八角区域大规模建设首钢职工住宅及配套设施，住房面积从1981年的72 hm²，增加到1994年的193 hm²（相当于首钢建厂到改革前建房总面积的1.7倍）[190]，十万平小区、八千平社区、首钢古北居民区、首钢八角居民区、首钢古路小区、八角建钢南里、首钢古城影剧院等就出自这个时期。鼎盛时期的首钢几乎可以生产及发放所有职工的生活必需品，小至面粉、猪肉、牛奶、工作服、肥皂、洗衣粉，大至钢花牌电视机、洗衣机、冰箱等等；首钢拥有自己的子弟学校、食堂、电影院、职工俱乐部、浴室、医院、宾馆、交警队，拥有建设审批权和一定的司法裁定权，国务院于1992年7月23日颁发(1992)40号文件，正式确定首钢拥有投资立项权、外贸自主权、资金融通权[191]，首钢筹建了我国第一家由工业企业创办的银行——华夏银行[192]（图4-120）。当时的首钢可以说是一个彻底闭环的自给自足的工业生产—生活小社会。

　　首钢的工人新村经历了90年代的全面升级改造和新建，较之很

190　首钢总公司,中国企业文化研究会.首钢企业文化(1919—2010年)[M].
　　北京:中共中央党校出版社,2011:113.

191　首钢总公司,中国企业文化研究会.首钢企业文化(1919—2010年)[M].
　　北京:中共中央党校出版社,2011:136.

192　朱地.首钢战略:"三个代表"的实践——访罗冰生同志[J].百年潮,
　　2002（6）:4-10.

图4-120 华夏银行
资料来源：作者拍摄

多 50 年代末、60 年代建厂配建的工人新村有很大差异，在同年代横向比较有相对较好的居住条件。首钢员工也因承包制带来的收入利好普遍自我认同感较高。首钢新村工人社区配套水平相对较高，甚至拥有引以为傲的篮球馆、游泳池、戏水池等高标准配套，大量的托儿所、幼儿园也使首钢职工在同时期北京市民面对的入托难的问题面前显得比较有优越感，因此居民自豪感比较强，居住黏性较强。目前新村居住人口老龄化倾向并不是很严重，仍然还有相当数量青壮年在其中居住，并未体现出产居共同体打破后的强烈的衰败感。

石景山区的商品居住社区以八宝山一带的远洋山水为代表，由此向西新开发项目较少，基本还维持了 20 世纪 90 年代的状态，基本生活单元、社区配套服务产业链条尚在运转并未被打破。随着 2015 年后中海地产在古城西的建设开发，空间、功能及社会的裂痕初现，但仍在可接受范围内。

北京首钢园区减产停产后陆续建设的迁钢、首秦和京唐，都有较完备的匹配时代的生活配套。以京唐公司生活配套区为例，在一期基础土建及工艺安装、设备调试建设期间，峰值 4 000 人的技术团队安置在京唐公司厂前区的配套宿舍生活区中，两人一标间带卫生间配电磁炉，电影、健身、休闲等设施在生活区中一应俱全；一期投产后招聘的技术人员（应届大学生为主）均在唐山市落户，在距离京唐公司五公里的唐海县兴建了 30 万 ㎡ 居住小区，总计建房 42 幢 3 000 户。[193] 以成本价销售给职工，十年之后的今天，当年刚毕业的大学生已经在京唐组建家庭，结婚生子，家中也多有老人帮助照看第三代，由此已经在唐海形成了一个以新京唐人及其家属为代表的新的社会圈层，成功地塑造出一种新的社会身份"新工人新村"。甚至可以说首钢的产居共同体这种带有强烈集体主义色彩的小社会模式的社会主义空间化模式仍在异地延续着他的生命力。

鉴于首钢的数次"新村升级"和减产停产的渐进式实现，其居住单元经历了数次与城市嵌固、消解、融合和重新定义边界的过程，

193　依北京首钢设计院京唐公司相关资料计算。

已经与周边城乡空间和社会进行了有效整合，甚至可以说石景山区的城市化进程就是和首钢的不断生长、升级和演化伴生的。同时，从千禧年北京申奥成功，出现"要首都还是要首钢"[194]的舆论后，很多首钢工人和家属就已经在谋求走出单一钢铁产业，慢慢转型，比如笔者在石景山打车的出自司机有七八成都是首钢原工有职工。由此可见，相较于首钢，济钢、杭钢、青钢等企业的突然转产停产，就造成了企业和产业工人的严重不适应和诸多社会矛盾，较长周期的工业产业结构调整和遗存更新进程，是通过时间摊薄社会矛盾的一条有效路线。

4.6.2 首钢园区的再城市化进程

工业遗存与城市融合的再城市化进程中，城市或企业固有的保守封闭、创新动能不足确实是其成功转型再次腾飞的重要掣肘。传统重工业企业普遍存在产业链条自我闭环、衍生产业触角不足、转型思想及人才储备不足的问题，在产业面对社会结构性调整面前缺乏破局的决心和路线。

沈阳铁西区老工业区是国内较早对既有密集工业遗存进行改造的案例，但由于操作不善未能制定市一级更新战略，导致更新过程过度依赖地产开发的介入，不但原有大量工业遗存被夷为平地，大量新中国成立初期建造的苏联专家楼和根据苏式规划建设的"社会主义大院"这种特殊类型的学居住元素也损毁严重。且大量工厂关停后也未做好充分产业升级和融合建设，再城市化更是无从谈起。

对于首钢而言，这个百年企业非但没有因历久而丧失锐气，反而在"做天下主人，创世界第一"这种充满开放性和包容性的企业基因的指引下不断锐意进取与时俱进，先后有周冠五、朱继民两位书记堪称首钢"企业家精神"的代表人物，尤其周冠五书记作为《中国企业家》创刊号的封面人物，更是一时执改革开放后期业界之牛耳。周冠五锐意进取，推动承包制改革，跨行业全面发展，带领首钢达到第一个辉煌；朱亦民临危受命，顺应时代，引领企业成功产

194　阿君 . 要 "首钢"，还是要首都？ [N]. 人民日报海外版，2000-06-10.

业转移再续辉煌。就是这样的文化基因决定了首钢在第三次历史机遇面前，准确把握了自己的命运。靳伟、张功焰带领的首钢在新时代义成功引领了首钢的转型，传承文脉、减量增质，打造城市复兴新地标。2021年，长安街南北两翼的首钢8.63 km² 的主厂区范围内除南区3.54 km² 完成基础设施建设外，其余5.09 km² 全部建设完成，城市复兴建设取得阶段性成果。同期更新视野也从首钢园区扩大到"带动区域环境面貌、重大基础设施、城市功能全面提升，周边集中连片棚户区改造全部完成"[195]，即区域产居平衡的再城市化课题，从而带动整个京西"三区一厂"[196] 片区全面升级，真正做到社会融合。至2035年，新首钢区域城市更新建设工作全面完成，力争打造具有全球示范意义的新时代首都城市复兴新地标（图4-121）。新首钢园区不但会对首都城市格局和产业结构调整起到重要推动作用，还将通过北京首钢、曹妃甸京唐双园区的联动效应推动京津冀一体化进程，在更宏大的区域内实现跨城市全面系统更新。

首钢园区地处首都北京，拥有其他工业遗存更新项目难以匹敌的社会关注度、政策支持和罕有的规模与能级，这决定了其更新具有极强的城市复兴意味，对于推动城市区域及更大范围市域间的产业升级和社会融合做出巨大贡献。与之相对应的普遍意义上的工业遗存更新案例多是专注于生产区域的功能转换，而对微观层面居住的混合与社会空间的再造涉猎甚少，也就很难在社会融合领域造福城市。可喜的是，在近年的工业遗存更新案例中工业企业新村型居住的再城市化课题也逐渐进入了人们的视野。成都中车机车厂改造过程中，开发商和设计团队除了对原有厂区进行更新外，也将视野投射到了与厂区依偎而存的工人新村上。针对老龄化、同质化、空心化、空间衰败化等问题，这个五千户的巨大工人新村选择了就地

图4-121 新首钢区域更新范围
资料来源：北京市城市规划设计研究院

195　新首钢三年行动计划发布 [EB/OL]. [2019-02-15]. http://www.shougang.com.cn/sgweb/html/sgyw/20190215/2783.html.

196　新首钢高端产业综合服务区范围涉及"三区一厂"，包括首钢主厂区、首钢特钢及北辛安地区、首钢二通厂及周边地区、首钢一耐及周边地区、首钢铸造厂、原首钢二构厂及周边地区、门头沟区滨河地区，总面积为22.3 km²。

安置、系统提升的策略，梳理加固既有居住建筑，改善热工性能和居住舒适度，留存了原新村肌理和植被特征，维系了"熟人社会"的物理空间载体。同时，打通和城市对接的通道，改变社区闭塞的旧貌，引入新的社会人。开放空间和配套设施的全面提升不但惠及了原住民，更积极引入了丰富的城市活动和业态，以融入城市的姿态完成了再城市化的进程。

4.6.3 首钢园区的空间正义修复

根据哈维（David Harvey）空间资源分配的理论，对应工业遗存更新过程中存在空间正义（Spatial Justice）的三个主要议题，首钢园区的更新进程都给出了较圆满的解答。

第一类空间正义，利益相关者之间的差异协同。

首钢在发展定位上也走过了十年左右增量思维指导下的高强度、大开发的弯路，但在 2011 年《新首钢高端产业综合服务区控制性详细规划》获批后，企业及时调校了发展方向，立足更高的城市公共利益，依据可持续发展观，放弃了高强度开发思路，沉淀下来力争将首钢打造成为世界瞩目的工业场地复兴发展区域、可持续发展的城市综合功能区、再现活力的人才聚集高地、后工业文化创意基地及和谐生态示范区。[197] 这样的发展观的转变充分体现了首钢作为老牌国企的社会担当。

第二类空间正义，城市性贡献和城市整体更新整体统筹。

一方面，首钢作为北京城市更新过程的一部分，尤其是重工业遗存更新的核心区域在规划中就表现出了高度的城市思维：打开园区，开放石景山、群明湖、秀池、绿轴公园等可供市民游憩的公共资源，为石景山区城市景观空间的丰富性做出贡献；保留含四座高炉在内的大量原真性工业遗存及石景山上自隋代以来的佛道儒教文化遗存，为传承和丰富城市文化价值做出贡献；承建永定河跨线大桥，为石景山区和门头沟区的城市交通做出贡献；承建永久性冬奥会单

197　杨晨. 城市工业废弃地生态修复与景观再生设计研究 [D]. 西安：西安建筑科技大学，2014.

板滑雪大跳台，为城市提供奥运遗产和公共体育设施；承建体育总局冬训中心，支持奥运健儿备战，在奥运后也可支持全民冰上健身活动；承建社区商业中心、高星级酒店等公共建筑，补全完善京西地区相对不发育的城市配套服务功能。

另一方面，首钢工业遗产更新产业定位在全市整体层面统筹，与市域东部以 798 和 751 为代表的创意文化产业错位定位，强化体育、创新创智和城市服务功能，为城市功能整体提升、区域产业升级、城市功能完善提供了重要支撑。鉴于首钢工业遗存的重要性，对大量有代表性的遗存进行了保护，且采用了动态更新的原则进行利用性保护，让遗存拥有更长的服役周期和更丰富的城市功能。

由上述可知，首钢全面承载了城市更广泛的公共利益和城市利益清晰可鉴。

第三类空间正义，对最不利者境地的综合统筹。

首钢作为首都的工业企业转型标杆做出了十分出色的安排，提供了六种差异化的安置或再就业方式供员工选择。（1）提供去迁钢、首秦、京唐三大基地的再就业机会，在京唐主要工程技术人员每周安排通勤大巴往返京唐两地接送。（2）对于接近退休年龄的可选择企业"内退"，到规定的内退年龄可提前退休，到达法定退休年龄后再办理退休。（3）直接工龄一次性买断。（4）与石景山区统筹安置全区范围再就业。（5）留守负责园区各产基础安全和局部运行，后全部并入首建投园区管理部或集团下属园服公司。（6）转岗进入首钢建设公司旗下各公司，参与到园区的复兴建设中。（对上述安置都不满意者可自谋出路）通过上述六种渠道，首钢做到了对北京园区职工的 100% 安置。这六类安置中最具人情味的是后面两种，相当多对园区有较深厚感情不愿离厂的职工在新首钢园找到了自己再就业的机会，和企业一同走在更新的道路上。首钢职工刘博强就是最好的代表，这位曾经先后在轧钢厂、第二炼钢厂工作的焊工，在园区停产后进入首钢园区综合服务有限公司，2018 年接受国家体育总局的集中培训和学习，转型为首钢花滑训练馆内的扫冰车驾驶员，继续为园区谱写新篇章贡献力量。

值得一提的是，在《都市更新基本准则 12 条》的指导下，德国工业遗存更新进程中对于社会正义问题做出了很好的实践。汉堡海港城在开发过程中，为避免"士绅化"，增加民众参与力度，优先关注公众利益，通过政府主导干预，努力实现城市空间要素的再分配，修复非正义空间，尽可能追求平等与多样性。这是国内更新值得学习的地方。

国内很多工业遗存更新的思路还在沿袭传统土地开发的模式，即通过给原工业企业拆迁补偿金，收储原有划拨工业用地交由一级土地开发单位（省市城投或国资开发主体），整理土地后进入二级土地市场，走招拍挂流程价高者得之，而后根据一般地产开发模式进行商品开发。在这个传统流程中有四个问题环节：其一，原有企业接到政令腾退土地是一种单项指令，腾退后企业不再拥有任何后续开发流程中的话语权甚至是建议权；其二，一级土地开发单位对原有土地信息了解少，缺发情感关联，容易导致一次土地平整即对工业遗存造成较大破坏或拆除；其三，招拍挂环节中，地方政府为了获得最大化土地收益，大部分还是采用价高者得的定标方式；其四，招拍挂环节攀升的开发楼板价最终指向纯盈利目标导向的开发，遗存保护更新被漠视。

笔者参与的济南钢铁厂、杭州钢铁厂、天津蓝星化工厂改造项目都遇到企业骤然转停无所适从的类似问题。以天津蓝星为代表的一大批化工企业在滨海大爆炸之后一夜被关停，产业如何转型、员工如何安置都是一片空白。2015 年刚刚编制完成的济南东和遥墙机场整合空铁联运的城市规划和城市设计中因为不知济钢的停产计划，在区域的交通、产业、人口的综合统筹中完全没考虑济钢，济钢被一根红线划出，完全割裂在外（图 4-122）。在这样的背景下企业

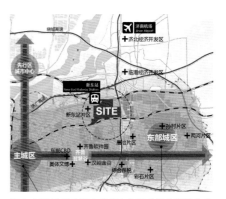

图 4-122　济钢片区与济南东片区截然分开的状态
资料来源：深圳市规划设计研究院 / 筑境设计

非常被动，基本状况是土地已经交出，厂区已经被拆去大半，企业还完全没想好未来何去何从，自然也就出现了后续大量来回扯皮的现象。很显然，在"非参与""象征性参与"和"实质性参与"三个层次的公众参与中，企业第一阶段经历了"非参与"，收储后的意见征询也多数属于"象征性参与"，这就导致了企业有企业的发展诉求和情感诉求，但缺乏沟通和发声渠道，更没有实际参与操作的技术和管理路线。

通常意义上认为在遗存更新中，利益相关者的参与往往更关心工业遗存再开发的经济效益，而对工业遗存的保护往往让位于经济价值。作为利益相关者的企业确实存在所谓私利导向，希望争取到更多的政府拆迁补偿、员工安置补偿和未来企业发展的政策支持，但必须指出的是，利益相关者也是企业相关者和情感相关者，他们与企业、场地、遗存、记忆有高于他者的关联，也有较深厚的感情。如济南钢铁厂在2017年7月突然停产，被告知需要搬家到日照，不到三个月土地上交收储完毕，在对待遗存的问题上，城投是"发展联盟"希望多拆，济钢是"反发展联盟"希望多保甚至希望扩大研究范围，把周边的露天矿床和地下矿井一并纳入保护研究范围，但鉴于土地已经上交，其诉求沟通不畅，很难落地。如果参与得当，会成为遗存更新中重要的意见来源。

针对上述问题，需要更好地将专业性的判断与群体的需求结合，充分发挥公众参与的优势，广泛听取社会各方意见，也需要规避公众参与的劣势，充分统筹城市发展、企业转型、职工安置、区域整体提升等多方面利益，将遗存更新专业者的技术理性转变为技术和社会整体价值最大化的综合理性。

综合理论与实践，笔者认为，工业遗存中的公众参与应当采用分层的方式进行差异化实施。首先，工业遗存作为城市乃至国家文明的公共财产，其价值层级超越了单纯利益相关者的范畴，因此对"公众"的界定也应当尽可能全面，尤其需要包含相关领域专家（如社会学、考古学、历史学、文化学者）和相关领域非政府组织（Non-Governmental Organization，简称NGO）等能够在遗产更新的过程中发挥作用的主体和组织。其次，需要差异性地处理不同层次公众的意见，如可以分为"利益相关的"和"广泛的"公众两个层次，对于"广泛的"公众参与，只需要将其作为纯粹技术性的内容予以吸收，将公众的判断和感受作为遗存保护、修复、更新的技术"蓝图"来参考，而对于"利益相关的"公众，则需要运用前述空间正义的原则对个人利益的保障予以关注。

4.7　首钢园区工业遗存更新的可持续性

4.7.1　首钢遗存更新中的生态可持续

4.7.1.1　首钢园区生态策略

钢铁业作为资源和能源密集型产业，必然也是高消耗和高污染排放大户。

位于北京首钢园区东南部的首钢二通机械厂在污染土治理之初，为了更准确地掌握厂区的土壤污染状况，专设设计小组进行可行性研究。从生产工艺、生产流程、厂区布局推测出各个环节可能形成的污染，并对每个生产环节的产品与产生的废弃物进行取样化验，将厂区内的污染等级定性分为一级污染：焦化厂；二级污染：炼钢厂、炼铁厂；三级污染：热处理；四级污染：铸造、锻造、铆焊；五级污染：机装、生产辅助区[198]，并确定了钢铁清理区、焦化区、炼铸钢区和炼铸铁区为污染比较严重的 4 个区域。针对以上污染等级划分，结合规划建设功能，综合使用生态修复和植物修复相结合的技术，分期实现治污目标。

首钢园区绿色生态发展策略考虑绿色生态示范区的共性，从区域统筹、空间布局、低碳生态建设发展等角度提出要求的同时也关注首钢自身特性，从产业转型、文化传承、运营管理等角度提出策略，形成六大方面 64 项指标体系，打造首钢园区 C40 正气候开发计划[199]。

198　章莉. 棕地景观规划设计中的土壤修复方法——以首钢二通机械厂改造景观规划设计为例 [J]. 华中建筑，2009，27（06）：211-215.

199　正气候开发计划是由 C40 城市气候领袖群（C40）、克林顿气候倡议（CCI）以及美国绿色建筑协会（USGBC）联合创立的。它的目标是创建一种既能实现温室气体排放低于零又具经济性的大规模城市发展模式。

　　首钢园区绿色生态及正气候发展的主要技术战略包括绿色建筑、能源、交通、废弃物管理、水资源、绿地生态空间、后工业文化资源、污染场地复修等。（1）绿色建筑。首钢园区绿色生态专项规划要求新建建筑100%达到绿色建筑二星级，40%以上达到绿色建筑三星级；改造建筑100%达到绿色建筑一星级，60%以上达到绿色建筑二星级，10%以上达到绿色建筑三星级。（2）可再生与清洁能源。首钢园区将充分利用可再生能源与清洁能源资源，包括集中式太阳能热水、太阳能光伏发电、地源热泵、水源热泵、污水干管换热、垃圾发电等，实现可再生能源使用率达到8%、贡献率达到7.6%。（3）绿色交通。园区绿色交通规划定量目标包括对外绿色出行比例不低于70%，对内部绿色出行比例不低于95%，项目地块出行起点15分钟可以抵达地铁、快速公交（BRT站）或有轨电车车站等。（4）废弃物管理。首钢园区内拆除建筑垃圾实现90%以上的资源化利用率。首钢建筑垃圾资源化处理项目目前已能生产多种具有行业先进水平的再生产品，包括道路用再生无机混合料、生态砖、再生混凝土、再生砂浆、再生透水混凝土、再生流动性回填材料、再生园林透水轻集料等再生产品，并将这些再生产品应用于实施中的二型材改造、脱硫车间改造及晾水池东路等建设项目中。（5）水资源。非传统水资源利用，通过雨水和中水替代部分自来水，可实现园区内非传统水资源利用率达到35%以上。提高雨洪安全格局，区域应对气候变化实现50年一遇暴雨零影响。（6）污染场地复修。详见下一小节首钢污染土地类型及治理。

　　前述技术策略共同支撑的首钢正气候发展项目[200]就是把正气候项目的能源需求最小化，碳排放减缓效率最大化，达到减少项目运

200　叶祖达.迈向"正气候"目标的中国城市规划建设路径图[J].南方建筑，2017（2）：34-39.

行阶段的碳排放量；同时正气候发展项目会带来外部效应，使更大范围的周边地区减少排放量，用来抵消开发项目本身产生的排放量，最终达到净负排放量的正气候效应（图 4-123）。[201]

首钢园区 C40 正气候分区示范区位于首钢园区的核心地区，位于长安街南北两侧。项目占地 33.29 hm²，拟建总建筑面积约为 96 万 ㎡。作为正气候项目核心区的直接投资、建设、管理与运营主体，首钢集团将通过对正气候项目范围内的 33.29 hm² 建设用地和相关道路与公共空间的设计、建造与运营管理，实施以下的节能减碳排放手段：建筑节能设计与绿色建筑建设；建筑采用可再生能源；项目街区规划设计协同鼓励公交与绿色出行；水资源管理减低相关能耗；生活固废回收、分类、再利用管理，建筑垃圾资源化利用，减低废物填埋量；垃圾再利用发电；城市绿地空间植林提升碳汇功能。同时，正气候项目会带动项目周边地区产生最大化的外部性减碳排放量效应，周边地区（场地外）的三个减碳战略包括：建筑节能/可再生能源使用、绿色交通、废弃物处理。此外，能源综合利用的被动策略也是首钢生态更新的重要内容。停产建设周期中将原有工业生产中的固废垃圾封闭式循环利用，拆除建设周期内原有厂房废料废土和废旧构件，采用工业垃圾焚烧发电，在解决工业垃圾填埋地不足问题的同时助推了综合能源利用。[202] 综合利用区域内石油、煤炭、天然气和电力等能源资源，实现多能源子系统间的协同、优化和互补，从而达到能源的利用效率最优原则。

首钢正气候发展项目位于首钢园区的核心区域。由于其得天独厚的区位条件和空间资源，它作为一个建设低碳生态示范区肩负了

201　叶祖达．中国城市迈向近零碳排放与正气候发展模式 [J]．城市发展研究，2017（4）：22-28.

202　张建敏，李传森．浅议工业垃圾发电的现状及发展对策 [J]．科技视界，2014（10）：271.

图 4-123 首钢园区 C40 正气候分区示范区位置
资料来源：作者根据相关资料绘制

北京城市发展的历史使命。首钢正气候发展项目以北京示范、全国领先、国际典范为发展目标，总体评价不以单体能耗定优劣，而是更关注对于区域及城市的总体贡献评价。通过主厂区与周边关联能源资源项目的建设以及与曹妃甸联动发展的机制形成区域联动，使首钢园区的绿色生态建设为京津冀协同发展带来更多正效应。

4.7.1.2 首钢园区生态系统

首钢园区关联区域生态景观系统的重塑，重点体现在两方面：京西城市生态走廊的梳理打通及建构和石景山山麓综合治理。

京西城市生态走廊建构分为三步实施。

首先去除永定河滨河带工业堆场的影响，园区北区将滨河煤厂堆场清除实行退棕还绿，通过风沙线下地工程缝合了石景山景观公园风貌带和滨河绿带及麻峪湿地，形成总面积约 1.1 km^2 的永定河 + 石景山生态景观带，其中规划公园绿地和防护绿地共计 84.2 hm^2（整个石景山设计范围是 53.4 hm^2，石景山规划公园绿地是 26 hm^2）。园区南区将原耐火材料厂和白庙料场进行清除，形成总面积约 1 km^2（含绿地之间的道路）的永定河生态景观带，其中规划公园绿地用地面积 90 hm^2。

其次，打造滨河土地生态涵养带（图 4-124）。首钢南区滨河湿地北段面积约 57 hm^2（含绿地及绿地之间的道路），依托遥望西山与石景山的景观优势，以后工业湿地为概念，强调工业遗迹与自然湿地的结合，棕地向湿地的转化。形成工业建筑掩映在湿地植物中，天山共色的优美景观，包括十八蹬广场、养马场/杨木湖、砖厂运动休闲区、砖厂公共艺术区、炉料厂自然科普区等区段。

再次，全线链接京西滨水生态斑块。园区周边分布众多绿色空间资源斑块，南侧为南大荒湿地公园、东侧为辛安公园、北侧为首钢北区工业遗址公园及石景山景观公园，东部的老山城市休闲公园、

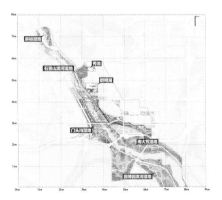

图 4-124 永定河滨河土地生态涵养带
资料来源：北京市城市规划设计研究院/清华同衡朱育帆工作室

石景山游乐园沿长安街西延线绿带自东向西延伸至月季园。依托京西山水格局、疏朗的景观空间，规划永定河大尺度生态景观带、后工业景观休闲公园带、长安街西延生态景观带三个区域尺度的公园带，沟通整合规划区内外绿色空间系统；结合规划区独特通风环境，规划三条通风廊道，沟通生态源绿地，改善城市微气候。利用工业厂区内的现状绿地斑块进行景观提升，在建设地块内形成社区微型公园。沟通园区北部的麻峪湿地和下游的南大荒湿地公园及园博园，作为永定河国家湿地公园中的绿色纽带，完善大尺度的生态格局，最终塑造了京西滨水生态走廊。

4.7.1.3 首钢园区污染治理

城市钢铁企业搬迁后的场地很大可能会遗留诸多有毒有害物质，对于此类土壤的修复和污染治理尚处于起步阶段的我国来说，场地的修复和再利用须寻求更完善的解决方案，以可持续发展的眼光来看待场地的生态环境营造。

在北京首钢园区中污染类型依各厂工艺流程各有差别，如焦化厂污染为多环芳烃为主的废气、废水和粉尘，烧结厂污染为二氧化硫为主的废气、粉尘、废水，煤场主要是煤粉的土壤污染，炼铁高炉则为重金属粉尘、水体、水渣、油渍污染，主动力管廊的污染则是高炉煤气滴漏形成的土壤污染。以整个炼铁工艺中污染最严重的焦化厂为例，焦化项目在生产过程中对环境产生污染的有废气、废水和粉尘。焦化废气主要是煤焦油蒸馏或石油裂化形成的苯蒸气、苯并芘及烟尘等污染物。焦化废水主要是生产工艺中产生的含酚、氨、氰、硫化氢和油等污染物的洗涤水和冷却水。焦化粉尘是含焦油、氨、萘、硫化氢、粗苯的粉尘、煤灰粉尘和含二氧化硫、一氧化碳的粉尘，如果是湿熄还有熄焦产生的水蒸气中带有的大量污染物。

首钢园区北区将厂区的内污染等级定性分为三级：焦化厂和精苯车间区域为一级污染；石景山和生产辅助区域因受污染较小或基本无污染被定位为三级；其余大部分均为二级污染（炼铁厂、制氧厂、煤厂、水处理厂、烧结厂）。针对以上污染等级划分，可以清晰区分重污染区、一般污染区和无污染区（图 4-125），规划设计中的开发强度、用地功能设定等均以此为依据展开。同时，结合各区条件综合使用物理、化学、生态修复手段相结合的治理方式，实现差异化、分阶段治污，同时为规划远期适应性调整做出指导和准备[203]。

对于污染土整治应采用开发时序结合的综合性污染治理手段。采用综合性的场地污染治理技术，将场地污染程度与开发时序相结合，根据不同阶段不同的污染情况采用不同的土壤污染修复方式。根据场地污染程度及污染物分布，采用挖掘、堆积、覆盖等方式进行污染土物理整治。将污染区域隔离封堵，将重污染土堆积土丘封存或做外运处理，浅层（5 m 以下）置换或结合景观造景（水域），也可采用腐殖质覆盖轻度污染土壤，通过微生物和植物根系的吸附作用改善土壤环境。处理时序上近中远处理方式各有不同，初期对轻度污染采用热脱附方式进行快速修复；中期治理重度污染为主，采用污染阻隔控制措施，削减对周围环境产生的影响，进一步采取热脱附、焚烧等工程处理方法；远期轻度污染修复面积较大，且污染物含量较低，采用生物修复、固化稳定化等相对低成本的绿色修复技术。

首钢园区集中了焦化厂、精苯车间的中央绿轴区域，是一级污染区，因污染强度高，采取原地治理，首先以原位阻隔覆盖法控制污染物不再扩散，再跟进采用生物通风法将土壤中渗透进的有毒物

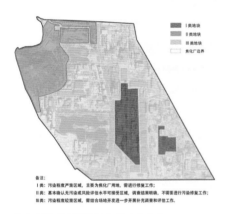

图 4-125 首钢园区污染图分级关系
资料来源：筑境设计

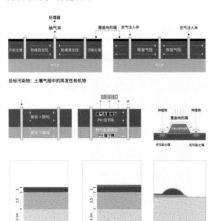

图 4-126 首钢园区原位阻隔法、生物通风法
资料来源：筑境设计

203 2016年获得批复的修正版《新首钢高端产业综合服务区控制性详细规划》中明确表述了在规划远期，土壤治理成功后可以进行二次开发利用。

质中和或排出（图 4-126）。原位阻隔覆盖法通过在污染区域安装隔离层，将污染区域与来自顶部的致污物迁移完全隔离，避免其随地下水向四周迁移，同时避免污染物向地表迁移与人体接触，或随地表水向四周迁移。生物通风法是通过在土壤中设注气井，注入空气或氧气促进土壤内微生物的好氧活动，以达到污染物降解的目的，同时通过抽气井排出处理达标后的废气。首钢生物通风系统施工流程为注射井、抽提井放线定位→注气井、抽提井建设→安装鼓风机/ 真空泵→注入空气或营养物质→抽提→监测→自检→竣工验收→完工退场。

　　首钢园区金安桥片区污染土治理主要采取土壤置换热脱附。原位或移位热脱附的基本原理是对污染土体进行原位加热，加热温度为 300~400℃，加热持续时间大约 7~10 天，直至土体内污染物处理完成。由于加热温度高，导致土体内的水分完全蒸发，土质成干燥松散状，土体结构遭到破坏，影响了土体原有的性质，既无法承担植物种植土的功能也无法提供足够的土壤承载力，因此需要将热脱附处理后的土壤移除。种植区域换填新土，热脱附后的土壤可以作为首钢专利透水砖的材料骨料二次利用，可以说是治污除污变废为宝的优秀案例。

4.7.1.4 首钢能源综合利用

　　首钢园区综合能源供应系统采用以综合能源站集中供应、用户端分布式能源为能源补充的供能方式。综合能源站将电力、供热、供冷等多种能源系统有机结合，通过多能源协调调度，提升综合能源利用效率，满足用户多种能源需求，形成综合能源站与用户端间互联互济的供能网络形态。

　　通过系统分析可知，首钢园区北区可用绿地面积约 9 hm^2，可供地热约 2MW；首钢园区北区建筑总面积约 128 万㎡，建筑占地面积约 8~10 hm^2。建筑顶部可设置光伏发电面积约 2 万 ~3 万㎡，光伏发电可用 2~3 MW。空气源热泵[204] 可设于绿地、建筑周边和建筑顶部，根据各个地块建筑方案的能源需求设置一定数量的空气源热泵。

为将园区北区可再生能源进行收集、储存、释放，新建一座综合能源站进行调控。规划在 1607-034 地块，新建地下综合能源站 1 座，建筑面积约 3 000 m^2。以变电站为主要能源，变压器、电储能、换热站、制冷机组、相变储能（储冷储热）约占 85%，进行统一调配；以分布式光伏、地源热泵、空气源热泵、能源数据云平台为辅，约占 15% 等，进行统一布置，实现冷热电多种能源的综合供给。

园区供电方式以市政电力供应为主，以分布式光伏等可再生能源发电为补充，以储能电池、制冷机组和用户侧需求响应为调节手段，高效满足电力需求。供热方式以市政供热为主，以地源热泵等可再生能源供热为补充。采用用户侧暖心宝与集中供热管控，并结合相变蓄热设备，实现热的智慧消费与按需供给，避免能源的浪费，大幅提高能源利用效率。供冷方式以高效电制冷机和集中热源＋溴化锂空调为主，以地源热泵等可再生能源供冷为补充。通过冷热同网集中供给，提高设备利用率；电制冷结合相变储能主要利用价格较低的低谷电，并优先消纳张北等可再生能源富集地区的风能、太阳能发电，特别是价格较低的弃风、弃光电量。通过冷热同网集中供给，提高设备利用率；通过用户侧暖心宝与集中供冷管控，并结合相变蓄冷设备，实现冷的智慧消费与按需供给，避免能源的浪费。

根据负荷预测，并结合首钢园区现状及规划情况，首钢园区供

---

204 一般一台 24HP 空气源热泵机组（功率 20 kW）可提供 800 ㎡ 建筑面积的供热或者制冷，一台 50HP 空气源热泵机组（功率 35 kW）可提供 1 600 ㎡ 建筑面积的供热或者制冷。

电主要来自 110 kV 群明变电站供电，光伏发电为辅；供热主要来自市政热网供热，地源热泵、空气源为辅；供冷以高效电制冷机和市政集中热源 + 溴化锂空调为主要冷源。根据园区冷热电需求和资源禀赋，区域内由 110 kV 群明变电站、集中供冷 / 热的综合能源、用户端的综合能源子站共同组成为区域供能的综合能源服务体系。

园区光伏一体化、地源热泵、交易可再生能源、低能耗建筑、交直流混合微电网、直流电器、无线充电、氢能燃料电池发电等能源技术有机融合打造零碳社区。建设分布式储电、储冷 / 热等储能设施，增加供能灵活性。打造交直流混合的智能微电网，保证"零闪动"供电。园区更新产生的建筑垃圾通过北京首钢生物质能源项目[205]（鲁家山垃圾处理厂）处理后并网进入市政电网。截至 2019 年 2 月底，北京首钢生物质能源项目累计垃圾进厂量 527 万 t，累计发电量 16.82 亿 kW·h，为城市区域能源综合利用做出了重要贡献。

4.7.2 首钢遗存更新中的空间可持续

4.7.2.1 保持园区工业特色风貌

首钢园区见证了新中国工业化、现代化的进程，是北京中心城区中完整保留各时期钢铁工业设施的最大厂区，在发展中形成了山、水、历史遗存并存的独特空间格局与环境风貌（图 4-127），在地理区位、空间资源、历史文化、生态环境上首钢园区具有得天独厚的优势。因此在园区更新中，以中央和北京市对首都城市的战略发展要求为指导纲领，以冬奥组委入驻为契机，以城市区域上位规划为依据，制定《新首钢高端产业综合服务区控制性详细规划》《新

图 4-127 首钢园区改造前卫星图　资料来源：拼合 Google Earth 地图（2010 年）

205　鲁家山垃圾处理厂是 2010 年北京市委、市政府确定的重大民生工程。2013 年 12 月点火试生产，项目日处理生活垃圾 3 000 t，年处理 100 万 t，为世界单体一次投运规模最大的垃圾焚烧发电厂之一，主要处理门头沟、石景山、丰台、东城、西城等区的生活垃圾。

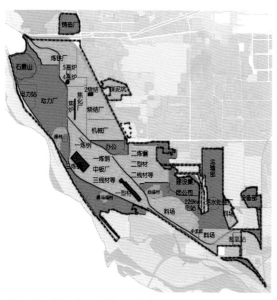

图 4-128 首钢园区更新前厂区分布
资料来源：北京市城市规划设计研究院，首钢工业区现状资源
调查及其保护利用的深化研究

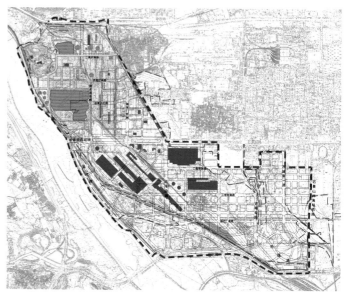

图 4-129 首钢工业园区工业遗存等级划分
资料来源：北京市城市规划设计研究院 / 筑境设计

首钢高端产业综合服务区地下空间概念规划》《新首钢高端产业综合服务区绿色生态专项规划》三项针对区域内文物、工业资源、场地特征等不同要素的详细控规，结合首钢园区功能定位与风貌构想、首钢园区风貌评价研究、首钢工业区现状资源调查及其保护利用的深化研究等多项专项研究成果，为保留老首钢工业印记、协调保护与发展矛盾、塑造园区新风貌、响应新的发展定位从而实现城市复兴的更新方针提供了有力支撑。

首钢工业区占地 8.63 km²，是北京市中心城区内面积最大的工业厂区。其中主厂区 6.53 km²，另有 2.1 km² 土地分布在厂区周边（图 4-128）。首钢园区内不搞大拆大建，据笔者粗略估计，各类保留再利用建筑约占现状总建筑面积的 35%。在深化落实以上园区文物及工业遗存的过程中，综合以上控规条例及研究专项成果内容，通

过对历史价值、制造工艺价值以及纪念意义的判断，统筹考虑园区
内建筑特色，积极活化利用现状工业要素，突出首钢历史价值、文
化价值、生态价值和空间特色，将首钢园区内的建构筑物和景观要
素划分为三个保护等级（图 4-129），最终在区域内划定了 3 处区
级文保单位、28 项强制保留工业资源和 13 项建议保留工业资源包括：
3 处区级文保单位，强制保留工业资源 36 项，建议保留工业资源
42 项，其他重要工业资源共 124 项（表 4-2）[206]。结合遗存重要度
分布，在 4.97 km^2 首钢工业遗存园区内划定 3.04 km^2 核心遗存区
和 1.93 km^2 积极利用区。针对以上遗存分类及重要度划分，在园
区物质空间层面通过整体保护、局部保护、要素保护的手段，对建
构筑物进行修整保护，重点保护首钢园区内"一山、一河、两池、
两园、两脉、多片"的景观结构。对于铁路、管廊、原料传送带
等工业元素及空间肌理，结合用地功能和场地景观设计加以利用。
在保留首钢神韵的同时，使首钢适应新时代的发展。

206　北京市城市规划设计研究院. 新首钢高端产业综合服务区北区详细规
　　划，2017 年 10 版。

表 4-2 首钢工业遗存信息统计及保护等级划分

	名称		结构形式	建造年代	建设规模（m²）	高度（m）	备注
区级文物保护单位	北惠济庙雍正御制碑		石碑	清雍正年间	15	5	整体严格保护
	石景山古建筑群	石景山出土文物区	—	清代	500	—	
		功勋阁	木构	1992 年	1000	40	
		碧霞元君殿	砖木结构	明末清初	130	5	
		天空寺	砖木结构	明末清初	122	5	
		古建筑群门楼		清代	60	7	
		天主宫遗址	—	清代	80	—	
	双眼古井		—	清代	1	深约 50	
强制保留工业遗存建构筑物	湿法熄焦炉		普通砖混结构	20 世纪 60 年代	206	主体 12 烟囱 20	
	群明湖冷却塔		钢筋混凝土结构	20 世纪 80 年代	298	35	
	空分塔		钢结构	20 世纪 90 年代	320	50	
	储气罐 – 东（5 个）		钢结构	20 世纪 90 年代	770	4	
	三焦炉		钢 – 砖混合结构	20 世纪 60 年代	2 284	20	
	4 号高炉		钢 – 混凝土混合	1994 年		约 100	半径约 35.5 m
	洗涤塔 –4 号高炉（2 个）		钢结构	1994 年		20	半径 3.1 m 半径 3.75 m
	浓缩池（4 个）		钢筋混凝土结构	20 世纪 90 年代	6 750	0	
	动力厂冷却塔（2 个）		钢筋混凝土结构	20 世纪 80 年代	295	34	
	冷却塔（4 个）		钢结构	20 世纪 80 年代		80	半径 28 m
	红楼迎宾馆 – 西院		砖混结构	20 世纪 80 年代	1 947	10 m/6 m	强制保留
	一焦炉		钢 – 砖混合结构	20 世纪 60 年代	2 200	20	
	一烧结主厂房		普通砖混结构	20 世纪 50 年代	7 796	35	
	原料除尘设备 –1 号炉		钢结构	2006 年	442	30	
	热风炉 –2 号高炉（4 个）		钢结构	1991 年		30	半径 3.52 m
	热风炉 –1 号高炉（4 个）		钢结构	1993 年		30	
	水渣池 –2 号高炉		钢筋混凝土结构钢吊车梁	1991 年		天车高 8	
	高炉除尘设备 –1		钢筋混凝土结构	1991 年	412/435	30	
	2 号高炉		钢 – 混凝土结构	1991 年		105.15	半径 35.5 m

续表 4-2

	名称	结构形式	建造年代	建设规模（m²）	高度（m）	备注
强制保留工业遗存建构筑物	1 号高炉	钢 - 混凝土结构	1997 年	2 500	105.15	
	3 号高炉	钢 - 混凝土结构	1993 年	2 500	105.15	
	干法除尘 -3 号高炉	钢筋混凝土结构	20 世纪 90 年代	792	30	
	料仓（南 6 个）	钢筋混凝土结构	1993—1995 年	1 140	30	
	首钢厂史展览馆	砖石结构	1919 年		4	强制保留
	碉堡	钢筋混凝土结构	20 世纪 40 年代	5	外露 1.5	
	红楼迎宾馆 - 东院	砖混结构 / 钢筋混凝土结构	20 世纪 50 年代	1 507	10/6	强制保留
	秀池	混凝土结构	20 世纪 30 年代建成，90 年代改造	63 450	0	
	高炉基座 - 日伪时期	钢筋混凝土结构	20 世纪 40 年代	15	2.5	半径约 3 m
	防空洞入口	钢筋混凝土结构	20 世纪 50 年代	5	3	强制保留
	料仓（北 7 个）	钢筋混凝土筒构	1992 年	1 900	30	
	储气罐 - 西（3 个）	钢结构	20 世纪 90 年代	980	4	
	群明湖	混凝土结构	20 世纪 50 年代建成，90 年代改造	280 074	0	
建议保留工业遗存建构筑物	煤仓	钢 - 砼混合结构	20 世纪 80 年代	3 600	35	
	五一剧场	砖混结构	20 世纪 50 年代	2 794	15	
	动力厂办公楼	普通砖混结构	20 世纪 90 年代	3 630	15	局部重点
	四、五焦炉	钢 - 砖混合结构	20 世纪 80 年代	4 270	20	
	储气罐（2 个）	钢结构	20 世纪 90 年代	900	10	
	结构车间	钢筋混凝土排架钢屋架结构	20 世纪 80 年代	2 650	15	
	锻造车间	钢筋混凝土排架钢屋架结构	20 世纪 50 年代	4 000	20	
	首钢档案馆	钢筋混凝土框架	20 世纪 80 年代	1601	20	局部重点
	3 号高炉水冲渣系统露天栈桥水渣池（1-3 炉）	钢筋混凝土结构，钢吊车梁	1993 年	250	天车高 8	
	干熄焦厂房	钢结构	2000 年	920		
	修理厂锄禾天骄车间	钢结构	2005 年	2 880	8	
	龙门吊推焦机	钢结构	20 世纪 60 年代	5 000	10	
	污水处理车间	普通砖混结构	2000 年	300	20	

续表 4-2

	名称	结构形式	建造年代	建设规模（m²）	高度（m）	备注
一般重要工业遗存建构筑物	二烧结除尘厂房	钢结构	20世纪80年代	250	30	
	精矿库	钢筋混凝土排架钢屋架结构	20世纪70年代	2 490	25	
	三高炉大精之分车间	钢结构为主	20世纪80年代	10 000	10	
	软化水车间	砖混–钢屋架结构	20世纪80年代	997	10	
	汽轮发电机房	钢筋混凝土排架钢屋架结构	20世纪80年代	5 400	20	
	花房	钢结构，桁架	2004年	1 000	5	特色要素
	焦化厂办公楼	普通砖混结构	20世纪90年代	18 600	4~12	
	精密车间	钢筋混凝土排架钢屋架结构	20世纪80年代	5 760	15	
	机械厂天车	钢结构	20世纪50年代	4 200	8	
	机械厂加工房	钢筋混凝土排架钢屋架结构	20世纪50年代	16 500	20	
	均热炉烟囱	钢结构	2005年	30	54	
	筛焦机	钢–钢筋混凝土混合结构	20世纪70年代	510	25	
	木型车间	钢筋混凝土排架钢屋架结构	1985年	1 940	15	
	脱硫设备	钢结构	—	2 800	4	

表格来源：作者依新首钢高端产业综合服务区北区详细规划说明整理绘制

在具体措施上，除需满足规划要求的容积率、建筑密度、地块控高、建筑退线等强制性要求外，新旧建筑一体化融合也是新建建筑与保留遗存的搭接引导要求。要在保证既有工业遗存资源独立性的同时，加强新功能的连续性，以小体量新建建筑织补、链接旧的巨型工业空间，对工业遗存一体化建设进行城市空间修复。根据首钢园区改造中卫星图（图4-130）可以发现，更新前后园区整体空间形态基本得以保存延续。更新还创造性地提出地区风貌引导的"首钢颜值"概念，以量化指标标识未来风貌（颜值是指建筑风貌及其空间品质的量度）。同时，多层次的保护体系使更新在充分尊重原有工业遗存风貌的基础上进行功能改造与和空间更新，提炼工业建筑的典型形象作为园区主要公共空间的风格基调和构成要素，延续工业之美。在规划设计中运用城市织补的理念，尊重原有环境肌理和历史印记，注重区域整体风貌的历史延续性，以肌理织补、空间织补、要素织补等多种方式，提高园区总体的"棕颜值"，提升地区"绿颜值"，使园区成为新首钢工业遗存和城市生态公园大系统的有机组成部分。通过对区域空间进行重组架构，将原本以炼钢工业生产加工工序为主导串联的厂区转变为以冬奥及城市生活服务为主导的空间脉络布局。

4.7.2.2 保持园区景观开放特征

首钢园区在20世纪80年代后一直推行"花园式厂区"的建设理念，园区内部两大水系群明湖和秀池都拥有很好的景观资源，加之石景山山麓及永定河滨河绿带的加持，整个园区拥有在华北地区极优越的综合景观条件。在视觉要素中，"工业与自然"的二元并置和强烈对比成为园区的鲜明风貌特征，因此"开放融入自然"由园区的景观策略上升到了更新的空间可持续策略。

冬奥广场项目中，原有南侧临秀池南街150 m长联合泵站（图4-131）的改造设计通过打破封闭大墙并植入开放式景观廊道、主入口通廊和公共空间的方式，建构园区内外景观的积极对话关系。办公园区基地内15棵被定点保留的大树成为石景山景区面向园区内部渗透绿色生态的绝佳桥梁。[207]

图 4-130 首钢园区改造中卫星图（2019）
资料来源：Google Earth

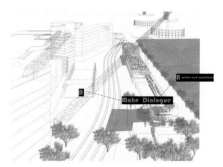

图 4-131 联合泵站内外的景观对话关系
资料来源：筑境设计

207　薄宏涛. 从高炉供料区到奥运办公园区——首钢西十冬奥广场设计[J].
　　建筑学报，2018（05）：34-35.

三高炉博物馆改造提出的"封存旧、拆除余、织补新"三条设计策略中，"拆除余"的思路旨在将自然融入城市，谨慎拆解不必要的构筑物，打开工业与自然对话的廊道。三高炉基地西侧拥有绝佳的自然景观，近景是秀池湖面，中景是石景山山麓和永定河，远景是西山山脉，层次如此丰富的景观系统与高炉呈现的工业复杂巨系统形成强烈反差。这样的环境对话特征纵观世界范围如美国伯利恒高炉艺术文化园区、墨西哥蒙特雷 3 号高炉钢铁博物馆和卢森堡贝尔瓦科学城高炉孵化器均不具备这样的条件，这样的"工业与自然"二元对话构成了首钢三高炉博物馆的核心风貌特征（图 4-132）。在最大化释放风貌特征的思想指导下，原有三高炉西侧三层高的主控室由于阻隔了炉体与湖面对话而被拆除，从而打开了高炉内部西向景观视线通廊。同时，从石景山方向湖面西向东远眺高炉也获得了相对完美的倒影关系。原主控室位置通过仅一层高的折板覆土地景式附属建筑缝合高炉和水岸线的关系，滨湖的环形栈道更进一步塑造了高炉和自然景观的无缝衔接。[208]

单体建筑的景观织补在群体空间中通过规划结构强化的都市织补得以实现。群明湖、秀池间南北联系道路两侧的宽阔的代征绿地形成了两湖区间的绿化脊椎（图 4-133），缝合了两湖的滨水空间，强化了景观联动；长安街西延段自南向北，依托原焦化厂、烧结厂区域形成北区中央绿轴，以自然的"一体"架构起了北区整体"一体两翼"的景观格局。

石景山山麓的综合治理同样以三个主要策略支撑完成。

其一是梳理历史遗存。石景山历经千年，最早的文化遗迹可以上溯至隋代，山上同时并存佛道儒的洞府庙宇，大部分为明清所建，

图 4-132 三高炉工业与自然的对话关系
资料来源：筑境设计

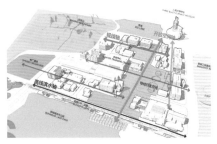

图 4-133 两湖片区绿化脊椎
资料来源：易兰景观／筑境设计

薄宏涛. 当首钢遇上奔驰[EB/OL]. [2018-11-27]. http://www.jinciwei.cn/k348884.html.

图 4-134 石景山景观综合整治
资料来源：清华同衡朱育帆工作室

如碧霞元君庙、元君殿、西山门、天主宫、金阁寺遗址、戏台遗址、东岳庙遗址等。山东北侧、南侧还有日据时期的混凝土碉堡。山东麓保存有原建厂时期美国专家所居白楼（现为厂史陈列馆），及日据时期所建红楼（现为红楼宾馆）。

其二是打通山体上下联系。东侧龙岩别墅入口处车行盘山道可驾车直达山顶的功碑阁。南山门打开之字形车行道可与东侧车道衔接，连通山南及山东。自南山门至西天门有一路蜿蜒的登山线路可达主要庙宇区，此处道路分为东西两线展开，西进可经悬崖栈道抵达功碑阁，东线则可通往石景山北区，北区的防空洞博物馆可以提供地下自东向西经电梯抵达功碑阁的路线。

其三是营造空间差异化区域（图 4-134）。石景山海拔制高点180 m，山顶建功碑阁一座，这是北区的建筑空间制高点。因山体坡势变化，建筑主要分为山南入口区、寺庙区、防空洞及功碑阁区、北山休闲区四个区域，此外还有西侧的永定河滨水区和北侧水厂区域，水厂区目前已经被S1号线保护带和电力石龙站基本占用完毕。石景山南山门西翼为山南入口区，主要为配套商业和山溪游线区；寺庙区是历史遗存的精华所在，除新建接待管理区外，尚有大量历史遗存庙宇景观；北山休闲区依托原有动力厂、食堂、机修车间等建筑物打造了创意、展示、商业街区；防空洞及功碑阁区则利用现有防空洞改造人防系统博物馆、光博物馆等功能，而功碑阁则作为首钢精神图腾般存在于石景山山巅之上。

4.7.2.3 优化交通基础设施系统

首钢园区更新后道路、空间、市政、景观等均纳入城市系统，完整融入城市。横亘在京西阻隔了南北丰台、海淀，东西石景山、门头沟四区联动发展的巨型工业大院解除封闭，打开重组，园区内部及与市域相关联的城市动静态交通系统被纳入城市整体系统进行重构。

对照国际上顶级更新案例英国国王十字街区在交通基础设施层面的举措，可以看到在其规划交通网时开发商 KCCLP 将"人"放在了第一位，步行、单车骑行与公共交通占据了交通网内的优先位置。基于"路网与街区的互相渗透是'人性城市'的基础"[209]，提升区域可达性成了开发的首要任务，为方便导入 TOD 枢纽的人流，摄政运河上的两座桥 Maiden Lane 与 Goods Yard 被加固与拓宽，2010 年开始启动伦敦巴克莱单车出租计划（Barclays Cycle Hire Scheme），在街区内设置大量专用自行车租车点，确保骑行的人们便捷使用、便捷出行。此外，12 条公交线路贯通街区，将街区内各个地点串联成网络并和国王十字 TOD 中心衔接为完整系统。

鉴于首钢园区宏大的城市尺度，其在优化交通基础设施系统层面的设计中提出比国王十字更完善的城市和园区尺度双覆盖的思路：对外统筹城市铁路、道路和轨交系统提升，对内搭建公交、无人巴士、小火车公交接驳系统，同时提出步行优先、非机动交通优先的原则，全面提升园区交通基础设施的城市化、可达化、人性化、生态化水平。

图 4-135 丰沙线入地范围
资料来源：筑境设计据首钢建设投资有限公司设计部资料改绘

---

209 http://www.cabep.com.cn/industry/201912-1122.html，2019-12-02

（1）城市铁路线统筹

长期存在于园区和永定河河岸之间割裂空间的货运丰沙线埋地工程（图 4-135）已基本完工，有效缝合了园区和永定河滨水绿地，建立了域内便捷的步行联系。

（2）城市大路网 + 轨道交通网

配合长安街西延线建设永定河跨线大桥——新首钢大桥，建立除南北莲石路阜石路之外的城市主干道网络，和门头沟区加强路网沟通；石景山金安桥至门头沟石场的 S1 号中低速磁浮线、地铁一号线西延线 M1 号线、新建环线 M6 号及 M11 号线，均将在较大程度上推动首钢园区和周边城市轨交网络的联系。

（3）串接 TOD 遗存有轨小火车

园区北区南有 M1 号线在长安街上的新厂东门站，北有 M6 与 S1 换乘的金安桥站，在两站间原厂区南北向货运主动脉上的现状铁轨成了未来园区运营时 TOD 有轨小车的主要通勤线路（图 4-136），也成为园区内部最便捷的清洁能源交通方式。

（4）无人智能电动巴士

百度无人驾驶客车 Apollo（图 4-137）已经在 2018 年 11 月在园区开通了五一剧场到冬奥广场的试运行段，2022 年冬奥期间，无人车通勤区域将覆盖整个北区，冬奥后承运能力继续扩容并南北联动全面覆盖首钢园区。

（5）公交车

随着园区打开围墙，道路全面纳入城市道路系统，首钢原厂内通勤公交车转入城市公交系统，同时多条新增公交线将进入园区，首钢原厂全面融入城市公交系统。

（6）空中非机动车道 + 共享单车

金安桥交通枢纽具备三重换乘条件，其一是轨交换乘、其二是

图 4-136 小火车线路示意图
资料来源：筑境设计据首钢建设投资有限公司设计部资料改绘

图 4-137 百度无人车
资料来源：作者拍摄

图 4-138 空中非机动道
资料来源：作者拍摄

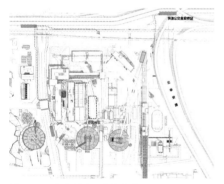

图 4-139 金安桥片区立体停车
资料来源：筑境设计

图 4-140 高线公园线位
资料来源：作者根据首钢建设投资有限公司设计
部资料改绘

TOD 小火车换乘、其三是共享单车空中非机动车道换乘（图 4-138）。使用者可在轨交换乘后直接扫码共享单车通过原空中货运通廊改造的非机动车廊道自东向西跨越晾水池东路接驳干法除尘东广场，然后步行到冬奥广场办公区。园区所有主要道路也结合道路断面设计布置了覆盖全园区的自行车专用线路，结合空中非机动车道创造了一个立体自行车骑行系统。

（7）立体停车

结合原有遗存的浓缩池、沉淀池、储焦仓等遗存空间，少量多点植入立体车库和塔库（图 4-139），满足单库 70~80 个车位的使用经济值，做到分散布局、就近取车、分散出车、避免拥堵，从而极大缓解了密集工业遗存区地下集中车库建设困难的矛盾。同时由于立体车库均以钢结构作为基本承重构件体系，在视觉效果上和工业遗存也具有较好的相容性。

（8）空中高线步廊

园区北区架构了巨型的环状高线步道，完成总长度将达 2.5 km，成为世界上最长的高线公园（图 4-140）。与曼哈顿混凝土高线铁路不同，首钢园区的高线步道主要依托原炼铁高炉煤气主动力管廊改造而成。首钢高线步廊分东、西两线纵向延伸链接南北区域，在群明湖东南角和干法除尘器以东跨越晾水池东路，缝合东西区域。

4.7.3 首钢遗存更新中的经济可持续

首钢园区更新兼顾了经济和社会两个维度的可持续发展，通过下面六个阶段的资金操作实现了园区发展的经济可持续和社会可持续。

（1）调整控规、补交地价

经反复研究论证，《新首钢高端产业综合服务区控制性详细规划》最终获批，通过控规调整土地性质，根据对应土地性质基准评估地价，补交土地出让金后以协议出让方式定向出让给首钢。

（2）企业自筹、财政支持

正如首钢在朱亦民时代果决地以自有资金建设迁钢、首秦及大规模迁建河北曹妃甸京唐公司一样，首钢集团在获得相关政策支持、确定园区开发一二联动走城市复兴之路后，亦注入了大量自有资金进行北京石景山园区的更新建设。同时根据国家发改委颁布的《关于推进城区老工业区搬迁改造的指导意见》，国家发改委和北京市亦有一定量相关专项政府基金介入支持了部分更新的实施。

（3）社会募集、基金介入

首钢集团通过银行融资、资产证券化、融资债券等渠道面向全社会募集资金，园区有美国铁狮门、新加坡金鹰、中国百度等公司注入资金。随后通过基金及关联公司成立新的基金公司共同支持成立组建投资公司，控股项目公司执行子项目的落地建设。

（4）土地流转、入市换资金

除大部分自持有运营之外，园区也有部分土地采用了市场流转的模式，即长安街以南、古城西街南延段以东的园区东南区 2.18 平方公里土地经一级整理后入市流转，招拍挂后以土地出让金补充企业自主资金并进行整体平衡和统筹安排。

（5）持有运营、长效回报

从一级土地整理到一二联动开发建设的理念转换的核心就是企业改变了一级土地整理发展商的心态，从单纯期望容积率推高获取更高的土地销售价值，转而关注在二级市场中更新完成后再开发的持有运营层面收获回报。在这样的运营行为模式下，有效运营招商，打造核心 IP，为持续推高自持有的物业价值加持助力，最终实现物业的高溢价资产升值，更加成了企业的核心关注点。伦敦国王十字街区更新中丰富的交通设施（公交、地铁和火车等）促进旅游业为该地区带来源源不断的经济增长，大型企业与政府单位的入驻带来的商机将使租金、地价稳步上涨。住宅单元的售价 7 年内已经增长一倍且总体趋势持续看涨，并吸引了半数海外买家在国王十字置业。这样的更新促动土地增值的动能正是首钢长期经济可持续环节所看重的。随着整个区域交通系统的完善、生态系统的提升和文化价值的凸显，大量运动主题、关联产品及总部办公、高品质创新创智企业及一系列商业服务配套设施的持续入驻都会为区域带来大量就业机会和营业税收，在长周期内持续惠及园区更新，完成经济的可持续运行。

（6）带动基建、助推转型

更新的基建对于带动就业和产业转型有重大利好。伦敦国王十字街区的更新进程较大提高了本地就业率，创造了很好的经济回报。项目开发过程中雇佣的工人有 78% 来自本街区，而房产管理团队中本地居民占到了 40%。对北京首钢而言，8.63 km^2 的园区的更新历程意味着巨大的建设量，仅北区改造建设就达到 183 万 m^2，这也很大程度上推动了参与建设的主力军——首钢建设集团的转型提升，从以专注工业厂区建设到参与市场型项目竞争到精耕细作完成园区遗存更新项目的崭新课题，首建集团在精细化施工、项目管理和建造水平上都得到了很大提升，打造了一支非常有战斗力的建设队伍，这是首钢集团及下属企业从钢铁主板块产业转型的一个缩影。原有园区产业工人经过培训转型成为园区服务公司的服务人员，继续为园区高效运行献策出力，这也是企业在转型中有效社会安置的绝好手段。

由此可见，一个优秀的城市更新案例是解决城市发展矛盾和问题的重要途径，除了实现物质环境的优化、产业业态的再生，还强调关注经济资料的高效利用和社会公平的良性改善，为营造一个多元文化和社群融合的环境提供更加活跃、包容和安全的氛围，实现一座城市的长期可持续发展。

4.8 首钢园区更新的规划与政策环境

4.8.1 首钢转型更新的多维度诉求

首钢园区工业遗存城市更新是其工业性向城市性的整体转变，满足了国家、城市、产业、土地、区域、功能、企业、员工等八个维度的诉求。

（1）国家及北京市更新策略的诉求

力争到 2022 年基本完成城区老工业区搬迁改造任务，把城区老工业区建设成为经济繁荣、功能完善、生态宜居的现代化城区。努力将首钢老工业区打造成在全国乃至国际上有影响力的传统工业转型升级示范区和国家绿色低碳示范园区。

（2）城市产业结构调整诉求

符合条件搬迁改造企业淘汰落后产能的，根据中央财政《淘汰落后产能奖励资金管理办法》予以支持。吸引中央企业、民营企业、华商侨商等国内外优势资源落户，引进和培育金融保险、商务、设计、咨询等生产性服务业，打造总部基地。合理开发利用工业遗存资源，适当引入文化休闲、展览展示、工业旅游等功能，建设科学普及、爱国主义教育等基地。

（3）城市多中心发展的诉求

鼓励多元市场主体参与，引入中央企业、大型金融机构及外资企业等主体合作发展。积极承接城市核心区功能疏解，引导教育、医疗等领域优质公共服务资源向区域转移。

（4）城市存量发展对土地的诉求

根据土地新规划用途和产业类别确定供地方式，强化土地节约、集约、高效开发利用。优先做好废旧厂房拆除和土壤污染治理修复工作，为开发建设创造良好条件。根据土地新规划用途和产业类别确定供地方式，强化土地节约、集约、高效开发利用。加大土地政策支持力度，对因搬迁改造被收回原国有土地使用权的企业，经批准可采取协议出让方式，按土地使用标准为其安排同类用途用地。

（5）区域整体功能提升的诉求

科学编制区域综合交通规划、市政管线综合规划、地下空间开发利用规划等专项规划。配建安全高效的市政设施，加快西北燃气热电中心管线及调峰锅炉房建设，完善区域供排水系统，因地制宜建设雨洪利用设施，加快推进首钢厂区居民用电设施升级改造。布局建设建筑垃圾资源化等项目，积极打造国内首个国家循环经济示范园区。推动生态系统与城市开放空间联通融合，打造多层级生态体系。

（6）级差地价助推的区域快速发展诉求

支持符合条件的企业通过发行企业债、中期票据和短期融资券等募集资金，用于老城工业区搬迁改造。支持将老城区工业区符合要求的搬迁企业经营服务收入、应收账款及搬迁改造项目贷款等作为基础资产开展资产证券化工作。

（7）企业多产业整体转型的诉求

充分发挥市场配置资源的决定性作用，积极支持社会各方面力量参与，加快新首钢高端产业综合服务区建设发展。引导新技术和新产品的应用展示交易中心、产业创新联盟等集聚发展。鼓励改造利用老厂区、老厂房、老设施，培育发展文化创意、工业旅游等新兴特色服务业。支持配套发展商业、康体娱乐、社区服务等生活性服务业，完善园区综合服务功能。

（8）企业员工下岗再就业的安置诉求

吸引符合未来产业发展需求的人才队伍，加强职业教育培训和转岗人员再就业培训，定向培养专业技能人才。

4.8.2 首钢转型更新的重要政策依据

与上述八种诉求相对应的主要政策条文支撑是 2014 年 3 月国家发改委颁布的《关于推进城区老工业区搬迁改造的指导意见》和《关于推进首钢老工业区和周边地区建设发展的实施计划》两个政策文件，标志着首钢老工业区调整转型的重点政策难题基本破解，首钢老工业区将从单一主体、钢铁冶炼、封闭空间，向多元主体、现代服务、开放融合全面调整转型，通过转型努力将首钢老工业区打造成为落实首都战略定位的践行区、全国乃至国际有影响力的传统工业转型升级示范区和国家绿色低碳示范园区。随后，北京市发改委跟进国家发改委，下发了针对首钢的意见文件《北京市关于推进首钢老工业区改造调整和建设发展的意见》（京政发〔2014〕28 号）。上述文件从总体要求、主要任务和保障措施方面都给出了具体指导意见。在保障措施中，明确阐述了资金、融资、税收和供地等政策依据。

　　"支持将城区老工业区符合要求的搬迁企业经营服务收入、应收账款以及搬迁改造项目贷款等作为基础资产，开展资产证券化工作。支持符合条件的企业通过发行企业债、中期票据和短期融资券等募集资金，用于城区老工业区搬迁改造。这一条指出了融资渠道的支持路线和政策依据。

　　"继续安排城区老工业区搬迁改造专项资金，重点支持改造再利用老厂区老厂房发展新兴产业和企业搬迁改造等。"这一条指出了搬迁改造专项资金的支持路线和政策依据。

　　"发展滞缓或主导产业衰退比较明显的老工业城市可将中央财政安排的相关转移支付资金重点用于城区老工业区搬迁改造。对于列入实施方案的搬迁企业，按企业政策性搬迁所得税管理办法执行。"这一条指出了税收的支持路线和政策依据。

　　"改造利用老厂区老厂房发展符合规划的服务业，涉及原划拨土地使用权转让或改变用途的，经批准可采取协议出让方式供地。"这一条指出了企业自行推动产业升级后的园区更新保障，获取土地的支持路线和政策依据。

　　2017 年 12 月 31 日，北京市出台了《关于保护利用老旧厂房拓展文化空间的指导意见》，提出"要保护利用好老旧厂房，充分挖掘其文化内涵和再生价值，兴办公共文化设施，发展文化创意产业，建设新型城市文化空间"。

4.8.3 首钢转型更新的制度环境创新

　　首钢园区更新进程中也产生了大量制度环境创新为其保驾护航。具体体现在搭建综合协作平台和落实规划实施平台两个方面。

　　（1）搭建综合协作平台

　　针对新首钢地区转型发展的特殊性，北京市给予了高度重视，成立了新首钢高端产业综合服务区发展建设领导小组，并于 2013 年召开领导小组第一次会议，新首钢地区成为城区老工业区搬迁改造和国家服务业综合改革双试点。2014 年，小组第二次会议审议通过了推进首钢老工业区改造调整和转型发展的意见。2016 年 4 月，小组第三次会议提出了集中力量打造主厂区北区的总体建设思路。

2017 年，小组第四次会议审议通过了北区及东南区控规优化调整方案及 2017 年度重点任务安排。

2013 年，北京市规划委员会与首钢总公司签署了《新首钢高端产业综合服务区规划服务和实施框架协议》，搭建新首钢规划管理服务和实施工作平台，从规划编制服务到具体实施全程提供全方位规划跟踪服务，并确定由北京市城市规划设计研究院作为责任规划设计单位负责规划技术支持，统筹各方资源，服务保障首钢规划建设和发展。

2016 年 1 月，北京市发展和改革委员会成立新首钢高端产业综合服务区发展建设领导小组办公室（简称市新首钢办），搭建新首钢更新建设管理服务和实施工作平台，从规划编制服务到具体实施全程提供全方位规划跟踪服务。该机构设置秘书处、规划政策处及综合协调处三个部门，共同统筹协调新首钢地区发展建设。其中秘书处负责文电、会务、机要、档案等日常运转工作，承担信息、接待联络工作，承担重要事项的督查落实工作。规划政策处负责组织研究新首钢高端产业综合服务区（以下简称首钢园区）发展建设的功能定位、空间布局等重大问题，组织编制交通、产业、绿色生态、市政设施等专项规划，并协调做好规划衔接，组织研究拟订促进首钢园区开发建设和产业转型发展的政策措施。综合协调处负责协调推动首钢园区重大基础设施建设、土地开发利用、招商选资引智、公共配套服务、工业遗存保护再利用等工作，研究提出首钢权属用地土地收益专项资金使用建议，配合做好相关投融资工作。市新首钢办发挥综合协调职能，在工作中建立"周统计、月调度、季督办"的项目调度机制，积极推进重点项目建设[210]。

2017 年国家体育总局与首钢集团公司签署《关于备战 2022 年

210　北京市发展和改革委员会官网[EB/OL]. [2019-12-19]. http://fgw. beijing.gov.cn/zwxx/zqxx/jgsz/201912/t20191219_1300273.html.

冬季奥运会和建设国家体育产业示范区合作框架协议》，国家体育
总局冬训中心及配套设施项目纳入"一会三函"[211] 试点。在体育总
局和北京市发改委的协同协调下，首钢冬奥赛场建设得到各部门的
密切关注。

（2）落实规划实施平台

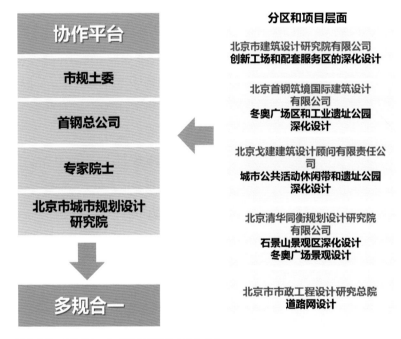

图4-141　"多规合一"规划管控及综合协作平台
资料来源：作者根据北京市城市规划设计研究院资料改绘

　　建立"多规合一"的规划管控体系（图4-141），具体包括图则、
场地设计附则、建筑风貌附则、绿色生态附则和地下空间附则。

　　建立规划建设运营管理三维数字化平台，具体涵盖现状地形、
道路交通、绿地体系、地下空间、市政管线、工业遗存等全要素。

　　实施投资建设运营一体化策略，创建中国C40正气候样板区，

211　"一会"指召开会议集体审议决策，"三函"指建设项目前期工作函、
　　　设计方案审查意见函、施工意见登记函。

实现项目自身和周边区域总体排放量降低。

设立奥运绿色审批通道，加速规划审批，推动规划全面落地。

4.8.4 首钢转型更新的规划实现路线

2006 年，国务院成立首钢搬迁调整工作协调小组。

2007 年，从山到海，河北曹妃甸首钢京唐项目启动建设。以生态园区和智慧园区建设为重点，注重发挥首钢在京津冀协同发展中的战略支点作用，推动首钢老工业区和曹妃甸北京产业园区双基地建设，实现首钢外埠钢铁主业和北京城市服务业融合发展，努力将首钢老工业区打造成在全国乃至国际上有影响力的传统工业转型升级示范区和绿色低碳示范园区。

2011 年北京市政府批准《新首钢高端产业综合服务区控制性详细规划》，引领指导把首钢打造城世界瞩目的工业场地复兴发展区域、可持续发展的城市综合功能区、再现活力的人才聚集高地、后工业文化创意基地及和谐生态示范区。

2014 年，首钢成为全国老工业区搬迁改造的 1 号试点项目，同年北京市政府颁布了《北京市关于推进首钢老工业区改造调整和建设发展的意见》（京政发〔2014〕28 号）响应国家老工业区改造的试点政策，协调组织区域资源统筹发展条件。

2015 年，首钢提出实现钢铁和城市综合服务商两大主导产业并重和协同发展。

2015 年 12 月，2022 年北京冬奥、残奥组委成立，办公场所选址首钢老工业区北区。

核心规划《新首钢高端产业综合服务区控制性详细规划》[212] 由北京市规划和国土资源管理委员会负责规划组织，首钢总公司负责规划实施，北京市城市规划设计研究院负责规划技术支持及总负责。

该规划于 2016 年获批。此外还有大量专项规划编制完成，分别是《新首钢高端产业综合服务区绿色生态规划》《新首钢高端产业综

212　课题研究与方案设计：北京市建筑设计研究院有限公司、清华大学建筑学院、北京首钢筑境国际建筑设计有限公司、中国建筑设计研究院、北京清华同衡规划设计研究院有限公司、北京戈建建筑设计顾问有限责任公司、奥雅纳工程咨询（上海）有限公司等。

合服务区城市设计导则》《新首钢高端产业综合服务区地下空间概念
规划》《新首钢高端产业综合服务区人防结建工程规划》《新首钢高
端产业综合服务区（北区）多规合一设计导则》《新首钢高端产业综
合服务区规划建设管理数字化平台建设》《新首钢高端产业综合服务
区正气候路线图报告、实施阶段进度报告》《新首钢高端产业综合服
务区交通专项规划》《新首钢高端产业综合服务区步行、自行车交通
专项规划》《新首钢高端产业综合服务区公共交通专项规划》《新首
钢高端产业综合服务区轨道交通规划》《新首钢高端产业综合服务区
市政方案综合》等一系列专项规划和研究。

　　为紧抓筹办 2022 年北京冬奥会，落实《北京城市总体规划
（2016—2035 年）》对新首钢高端产业综合服务区的功能定位，
2019 年中共北京市委办公厅、北京市人民政府办公厅印发《加快新
首钢高端产业综合服务区发展建设打造新时代首都城市复兴新地标
行动计划（2019—2021 年）》的通知 213，全面加快推进新首钢地区
发展建设，打造新时代首都城市复兴新地标。

4.9 小结

　　对应上一章归纳的工业遗存更新价值评估与信息采集、更新引
擎、空间再生、空间公共性再造、产业活化、社会融合、可持续发
展和法律制度环境八个维度的工业遗存更新策略，以首钢园区工业
遗存更新这个当下国内该领域最重要的实践案例展开实证，同时也
以伦敦国王十字、卢森堡贝尔瓦科学城、汉堡港城等案例作为局部
比较和辅证。

　　在工业遗存的价值评价方面，通过首钢项目提出历史价值、社
会价值、工艺价值、艺术价值、实用价值、土地价值六组价值维度
和历史代表性、历史重要性、城市综合贡献、文化情感认同、技术
先进性、工艺完整性、厂区保存状况、建构筑特征性、空间保持状态、
再利用可行性、景观交通条件、级差地价状态十二条价值标准。

　　在更新引擎的选择上首钢园区更新呈现了非常典型的城市大事

213　北京市人民政府网 [EB/OL]. [2019-12-20]. http://www.beijing.gov.cn/
zhengce/zhengcefagui/201905/t20190522_61847.html.

件导向，也成了国内乃至全球第一例以奥运概念推动大规模工业遗存更新的案例。冬奥带来的媒体的大量宣传聚焦极大提升了区域更新的世界级知名度，提振了区域经济发展活力和城市对更新成功的信心；冬奥及其衍生的奥运及运动概念极大地惠及了项目产业植入，单点的产业触媒激发出相关产业链条落地逐步形成产业生态群落；冬奥推动的市政基础设施建设及永定河滨河城市生态走廊的落地都将通过物理及生态环境的高效提升全面推动首钢及环首钢区域的城市价值提升，从而为这个巨大的工业遗存更新项目促动的城市复兴做出全面保障。此外，项目兼容选择的文化和邻里导向更新引擎也保证了项目更新在获得大事件导向推动的同时，创造的是一个基于文化记忆和在地肌理保护的、留得住记忆的、具有温度的城市区域。

在更新手段上，针灸、链接、织补的宏观城市尺度手法和封存、再现与转译的微观单体尺度手法在首钢的更新进程中被全面综合使用，从压缩了的适应性更新进程，到冬奥概念全面助推，通过西十冬奥广场、体育总局冬训中心、三高炉博物馆和单板滑雪大跳台等锚点项目针灸式激活和空间链接，由点及面推进了更新的空间织补，从而营造形成了整个园区北区的更新系统架构。整体园区面向城市开放与积极融入的姿态和一系列公共空间的公共性重构，都支撑着项目真正做到从工业性到城市性的转变。

基于高度契合北京市总体规划的定位，高度契合首都北京的城市能级和空间需求，首钢园区在更新中的产业活化综合引入了"工业+""文化+""产业+"的业态群落，力图打造一个基于自身产业基础的原发性升级与高能级跃迁式产业升级共同构建的综合产业系统，全面推动自身及区域城市产业结构提升，推动区域复兴发展。

首钢园区更新兼顾了公共利益、城市利益和最不利者的利益考量，在社会融合层面的再城市化进程中扮演了积极的示范角色。园区关注以棕地污染治理及区域综合能源利用为代表的生态可持续、以保持风貌和提升基础设施为代表的空间可持续、以持续业态导入升级为代表的业态可持续、以多渠道资金募集策略为代表的经济可持续，全面做到更新进程的系统可持续发展。

此外，园区更新全面考量多维度发展诉求，跟从国家及城市相关政策法规支持，推进制度环境创新并制定合理的规划实施路线，以搭建"多规合一""规建运管三维数字化平台"和"项目实施综合协作平台"等手段全面保证规划的最终实施。

在工业遗存更新的道路上，首钢园区结合我国国情和城市条件，准确把握了国家和时代的诉求，走出了一条立足自我、契合城市、示范全国的道路。

当然，我们也应看到在工业遗存更新领域，城市复兴的代表如伦敦国王十字，也受到重回城市更新助推"士绅化"窠臼的抨击。反对声音认为大量高端物业的入驻使得街区不再是社区人的街区、不再是伦敦人的街区，而成了"他者"的街区，城市空间更新活化的开发公平性没有被充分重视。然而，正如上海新天地，尽管在社会公平性、社区功能置换、原住民释出等角度的学术评估上备受质疑，但是如果没有它的更新激活和重新定义价值标杆，很难想象整个太平桥地区会是目前一派欣欣向荣的景象。对于一片已经衰败了的工业街区而言，重拾信心、再造空间、盘活产业、聚集人气，这些都是重新激活土地价值、重塑城市活力的重要考量向度。

当下中国的城市更新，最重要的是让因衰败而被低估的土地价值重新获得城市认可。由土地价值重新定位而催生的城市动能是远超出建筑学层面空间美丑的认知和社会学层面空间公平正义所能涵盖的范畴的，重新激活的土地价值助推空间重塑和产业重构为城市带来针灸效应，提升了城市的名片效应，催生了产业链条的非自发性升级，从而以更大的总体红利惠及城市整体或局部区域，这也是实现城市公平和社会公平的一个重要判断维度。

第 5 章·建构中国工业遗存更新
技术路线

本章尝试建构中国在工业遗存更新领域实施层面的技术路线，具体从土地获取、政策支持、价值评定、经济评估、规划调整、操作主体、设计进程、实施运管八个维度阐述。通过梳理一条前后递进、自宏观而微观的线索，建构从项目前端政策环境到立项评估直至项目落成植入产业后运营全流程系统认知。

5.1 工业遗存更新的土地获取

随着我国城市化的快速发展，一线和中心城市的持续人口聚集加剧了土地供需的矛盾。对城市产业结构调整催生的工业企业遗留棕地的再利用，正是解决城市化发展中土地供需矛盾的重要举措。棕地一般建设强度不高，土地权属较单一，动拆迁成本相对较低，拆迁容易，因此相对易于开发。不同城市因其土地资源稀缺的差异也决定了其城市棕地开发的动力差异，以北上广深为代表的一线城市已步入土地资源严重稀缺的阶段，对棕地再利用的渴求度较高。

以土地供求矛盾最突出的深圳为例，城市发展及人口增长与城市有限的土地承载力间的矛盾使得棕地和城中村再开发成为城市建设主战场；上海城市发展土地供求的矛盾虽不及深圳这般尖锐，但也是非常突出的。尤其城市工业用地占建设用地的占比超过一半，且呈现鲜明的从中心城区向近远郊蔓延的趋势，因此土地结构亟需进一步优化整合。土地结构优化的核心思路就是积极推动中心城区工业土地二次开发和再利用，因此上海对棕地（尤其是市区内棕地）利用持积极态度。北京的高速城市化进程中存在较清晰的土地利用粗放问题，集约化利用程度不高，城六区市域范围目前仍然有空置土地。但与此同时，划定市域范围之外发展土地储备资源不足，市域范围内公共配套设施供地不足，土地结构也存在工业用地占比偏高的问题，需要调整。在北京，以棕地利用为代表的土地存量再利用面对的压力是与新首都定位的"减量增质"的"减"之间的矛盾。因此存量再利用面对的政策层面压力大于操作层面。

由于我国加大治理环境污染，提高环境质量，大量不能满足环保要求的企业被关停，其对应释出的土地也构成了可用棕地的一部分。与一线城市工业建筑更新不同，以可持续发展为引导的棕地产业调整在城市发展相对缓慢的二、三线城市则缺乏较为强劲的内生动力。在低碳可持续的发展背景下，不同城市的遗存更新对城市空间生产模式的诉求有较大差异，城市发展空间需求下的土地供需矛盾催生了工业用地的功能转型升级，在工业遗存更新过程中，更新主体差异化的利益诉求导致了多种手段的土地获取模式。

5.1.1 政府主导推进一级开发

在计划经济时代，中国大型国有工业企业的土地基本是由行政划拨的方式取得的。产业用地产权单一，在进行更新时的利益博弈较为简单。此类工业用地的土地处置目前在国内多数城市常采取政府主导的形式，有政府收储、政府统租和综合开发几种形式。

表 5-1　土地获取模式及开发（政府主导）

	实施方式	是否有土地权益转移	是否有土地征转	实施方	土地供应方式
政府主导	政府收储	是	是	政府	公开出让
	政府统租	是	否	政府	租赁
	综合开发	是	否	无	无

表格来源：作者自绘

工业企业因城市产业结构调整、企业自身产能下降、污染治理等原因面临搬迁、停产和土地闲置。企业在与政府协商、谈判后将划拨用地上交政府收储，政府以向企业支付土地征收补偿金的方式回收原划拨类工业用地，交由政府主导的城投类企业进行土地一级开发，将生地整理为熟地，根据规划用地性质确定新评估价后以招拍挂方式进入二级市场流转并做商业开发之用。如工业用地重新收储后不改变土地性质，政府可采用统租和综合整治的方式实现工业产业的优化和升级。

土地收储后，原有产权归零，空间权益完全重新配置，政府对土地未来的用途有较大的自主权。这类土地往往可以被纳入城市发展的总体规划中进行重新规划，使之与城市发展相协调。但由于这类土地的更新涉及到基础设施重建、原有建筑拆除治理、污染治理等问题，需要花费大量成本进行再开发。再开发后的土地收益如何与开发成本相平衡，如何更大程度发挥产业用地更新的价值，是政府需要考虑的问题。此外，遗存的保存一定程度上会给一级土地开发商完成土地整理造成困难，且此类企业往往并不介入二级开发，仅以交地为核心工作要义，加之缺乏对遗存再利用的认知与策略，常会造成工业遗存在这一轮土地整理过程中被拆除殆尽。如何从制度上规避这样的风险，这是政府在操作环节中需要非常慎重对待的另一问题。

5.1.2 政企合作推进一二联动

除了政府直接收储土地，原有企业被排除在更新进程之外的模式，更新还可采取政企合作推进的方式。对于大型产业用地的更新，因为涉及更新区域占地广、人口多，往往需要纳入城市总体发展规划中统一协调统筹。若原土地持有方具有一定的土地开发能力的话，则可以在城市总体规划调整原用地性质后继续持有土地，进行开发，但原土地持有方不可对二次开发物业进行销售。这种情况一般需要原土地持有方对城市发展做出较大贡献，在城市发展的利益博弈中拥有较大话语权，且其自身对土地的整体调整定位与政府以及其他相关利益主体达成一致，只有这样方能促成政府对企业的政策支持和企业持有土地的一二联动开发更新，首钢园区的更新即是采用这种模式进行的土地产权处理。

首钢是国内重要的以生产钢铁业为主的特大型企业集团，其对中国工业以及北京市经济的发展都有过重要的贡献。由于国家产业结构调整、北京市非首都功能疏解、环境治理等原因，2005年2月国家发改委批复《关于首钢实施搬迁、结构调整和环境治理的方案》[214]，首钢在2010年正式全面停产。首钢在北京石景山区占据了

---

214 中华人民共和国国家发展和改革委员会.国家发展改革委关于首钢实施搬迁、结构调整和环境治理方案的批复[M]//北京市工业促进局.北京工业年鉴.北京：北京燕山出版社，2006.

大面积土地资源，其更新改造不仅涉及核心工业生产区的更新改造，也涉及周围众多配套产业区、服务区、居住区的用地的更新。如果对土地进行收储会涉及大面积的产权划分问题，难以划分清晰。而首钢经过多年的积累，具有较强的开发能力，其新首钢高端产业综合服务区的规划又与北京市整体产业定位以及发展的目标相一致。同时，首钢通过争取国家发改委全国老工业基地土地搬迁改造扶植资金加自有资金启动了西十筒仓园区开发的一期工程，并依据《关于推进城区老工业区搬迁改造的指导意见》中"支持协议方式出让土地"的相关条款推动了市规土部门支持其采取一二联动方式对已持有土地进行遗存更新和开发，并推动了控规修编和整体土地性质转变。因此，北京市政府决定由首钢集团作为原土地持有方对其用地进行更新。

在一二联动的模式下，企业作为土地持有方，可以享受到工业用地改性带来的一次土地收益及二次更新后带来的开发收益，获得重大政策利好。与此同时，更新后不可销售政策带来的持有运营也助推企业能更好地善待工业遗存，保存风貌，空间再生，产业活化，寻求空间最大特色，做大做强区域 IP 为物业增值，由此进入一个工业遗存更新的良性循环。

5.1.3 企业自主区域统筹升级

企业自主区域统筹的遗存更新，其核心是土地仍由原企业持有，根据更新后运营主题的差异可分为两种模式：一种是企业进行自主改造更新后对其进行运营管理；另一种是 ROT 模式（Rehabilitate 重建、Operation 运营、Transfer 转移）[215]，即由企业将厂区租赁给运营单位予以扩建、改建后进行营运，营运期满后运营权归还企业的方式。

传统产业（例如机械制造、服装加工等）企业借助互联网进行优势化的生产经营将是未来产业升级的必要条件。而对于整个产业园区的企业集群来说，植入信息服务和电子商务等现代服务业来进

215　詹小秀，简博秀 . 城市文化创意园区研究——以台北华山 1914 文化创意园区为例 [J]. 上海城市规划，2013（6）：112-118.

行平台资源共享，提高创新能力也是进行产业用地升级更新的捷径。传统工业产业园区向 2.5 产业[216] 用地的升级，不涉及土地性质的转变，不涉及土地产权的转换，由园区原管理方自发地进行对园区的升级改造即可达成。但这种更新方式对原产业用地带来深层次的改革更新幅度小，需要在后续发展中不断根据新的产业、经济形势调整更新方向，才能保持园区的不断发展。

在文创产业逐渐兴盛的发展背景下，ROT 模式也成了企业自主区域统筹更新的一种主要模式选择。在 ROT 租赁模式中，土地持有企业可以自主选择运营企业，而运营企业是以在承租期内获得租金收益回报为目的介入项目，只要在物业底租、租赁期限问题上和持有土地的企业达成共识即可操作。租赁模式的本质就是对于遗存的临时性使用，此种方式可以在不改变土地性质的前提下弹性延长原有工业遗存的使用寿命，注入的业态也可顺应市场需求而调节，便捷可行。专业运营企业的介入也有效解决了原土地持有企业缺乏运营经验和管理储备的矛盾。

企业自主区域统筹的遗存更新同样涉及土地使用性质改变的问题。改变土地经营性质需要相关部门商议批准后反馈到规土等主管部门，通过修改控制性详细规划使规划土地利用性质与实际需要开发的土地性质相吻合，方能进行开发建设。但实际操作中，由于这样的规划反馈变更性质涉及重大责任问题，流程历时较长且操作困难，多数开发主体无法完成，尤其小型工业遗存更新项目更是难以等到控制性详细规划的修改。因此在实际操作中，小型工业遗存更新绝大多数会在土地性质尚未转变的情况下进行。考虑到这种更新带来的经济效益，以及对区域环境及社会问题的实际改善等，城市管理部门往往对此持"睁一只眼闭一只眼"的态度。但是客观来讲，这种更新方式往往因为没有合法的建设许可而存在诸多隐患。

---

216 "2.5 产业"概念起源于 2004 年上海市北工业新区，是指介于二、三产业之间的中间产业，既有服务、贸易、结算等第三产业管理中心的职能，又兼备独特的研发中心、核心技术产品生产中心和现代物流服务等第二产业运营的职能。

上海田子坊在更新改造之初即属于擅自更改房屋用地性质，直到 2008 年下半年，以上海房地局出台的"临时综合性用房"相关文件为标志，政府才认可了田子坊现状的"居改非"功能置换。[217] 近年落成的以北京新华 1949、上海幸福里等为代表的项目均创造了较高的城市价值，在业态导入和城市空间更新层面为城市做出了不错的贡献，但在土地变性的问题上同样举步维艰，至今未能如愿，始终处于"非正常"的运营状态。

在类似自下而上的更新模式中土地性质转变及管理是关键。工业遗存更新需要政策、法律支持，在法律制度不完善的情况下，一系列自下而上的遗存更新都面临使用中断甚至违法关停的危机。因此，如何完善更新问题中的法制建设是一个重要的问题，是激励自发性更新激活的政策保障。

5.1.4 不同模式存在的问题

在政府主导推进一级开发的模式下，政府对多数在计划经济体制下获得的划拨工业土地都采用支付企业补偿金的方式收储土地并交由城投类公司开发，一级开发土地整理在二级市场推出土地销售获利的固有思路对保护工业遗存非常不利，即便有保护遗存的思路也不知道保护范围，在一级土地整理过程中基本全程伴随着"多保少保还是不保"的纠结。

在政企合作推进一二联动的模式下，存在工业土地由生产企业自持通过自有资金自行开发的案例，但多数企业均会面临自有资金不足、缺少募集渠道等发展资金问题，影响其更新进程。比资金缺乏更困难的是传统二产企业缺乏足够的专业人员推进建设和组织管理，缺乏优质业态导入的渠道和能力推进落地运行，这直接导致许多工业企业面对更新时第一时间选择上缴土地而非争取运营，间接导致更多的工业遗存因缺乏原企业对工艺的认知和主导而趋于消亡。

在企业自主区域统筹的模式下，工业土地用地性质不变，运营

217　黄晔，戚广平 . 田子坊历史街区保护与再利用实践中商居混合矛盾的财产权问题 [J]. 西部人居环境学刊，2015，30（01）：66-72.

公司通过租赁方式获得土地临时使用权并开发，这样的 ROT 模式同样面临困境。千禧年后多数遗存租赁开发的主体单位可以获得的 15~20 年长租（一次租约 15~20 年，二次租约再进行续租谈判）模式已基本废止，2015 年后逐渐缩减到只有 10+5 年的短租（一次租约 10 年，二次再进行续租谈判，最多续租 5 年不再延长）模式。这意味着租赁开发主体对更新成本投入的资金回收周期预期必须压短，这直接推高了对实际承租的商户的租金回报要求，间接导致租户业态局限性加大，除了高回报的商业业态，文化业态几乎难以生存。土地通过城投一级整理进入二级市场后，可以由拥有专业团队的开发公司拿到土地进行开发，但基本必须采用超高的净容积率开发模式，否则无法获利。

因此，在土地——开发——利益的更新链条中，政府需避免过分关注土地财政以免杀鸡取卵，有效规范市场行为，综合统筹合理确定土地价值评估，大力增强政策倾斜和扶植力度，为更新创造良性的外部环境。同时，在运行机制中须以开放之姿态引入相关合作开发主体达到更新责任共担、利益共享，以空间的共同治理换取社会的共同活力。

5.2 工业遗存更新的政策支持

政策对于实践的支持和指导意义重大，与政策导向一致意味着有国家或城市发展愿景的背书与加持，意味着大量的资源倾斜和环境利好，实践在迈向成功的道路上则可事半功倍、前路可期。工业遗存更新的实践需要在清晰掌握相关法规及政策的前提下，契合国家政策导向、契合地方政策导向、契合城市公共诉求顺势而为，把更新作为国家产业结构调整、城市经济复兴的催化剂，作为区域城市生活空间品质提升的有机载体。

5.2.1 契合国家政策导向

经过四十年改革开放的城市化、工业化进程，我国进入了过剩产能调整、落后产业升级的阶段，从片面追求 GDP 增速度发展到关注社会、产业、生态的可持续，增量外延式发展转变为存量内涵式发展成了社会的新常态。

关注存量内涵式发展是针对我国新中国成立后的工业化进程（尤其是改革开放生产力大幅释放、工业化进程加速）带来的社会资源分配不均衡和社会财富分配差异加剧状态的主动纠偏和资源重组。通过工业遗存更新进行空间及社会资源的再分配，是实现社会资源重组和再分配的重要领域之一。鉴于工业遗存更新涉及的资源及空间再分配的能级更高、资源更广、尺度更大，涉及社会问题更复合，国家通过一系列指导意见，从政策层面助推工业遗存更新和产业升级。

2005 年国家文物局颁布的《无锡建议》是我国首个倡导工业遗产保护的纲领性文件。

2006 年国家文物局颁布的《关于加强工业遗产保护的通知》首次将工业遗产纳入文物普查范围。

2014 年国家文物局下发了《工业遗产保护和利用导则》（征求意见稿）。

2015 年国务院办公厅《关于推进城区老工业区搬迁改造的指导意见》。

2016 年工业和信息化部、财政部印发了《关于推进工业文化发展的指导意见》。

2018 年工业和信息化部印发了《国家工业遗产管理暂行办法》，鼓励利用国家工业遗产资源建设工业文化产业园区、特色小镇（街区）、创新创业基地；同年，原国家旅游局办公室印发了《全国工业旅游创新发展三年行动方案（2018—2020 年）》。

2019 国家体育总局、国家发改委印发了《进一步促进体育消费的行动计划（2019—2020 年）》。

在工业遗存更新进程中，其更新产业方向是否契合国家相关政策方向是能否获得有效政策支持的关键。如在 2005 年《无锡建议》前罕有工业遗存能获得文物级的认知并获得重视及保护，在 2015 年《关于推进城区老工业区搬迁改造的指导意见》出台后，才有通过国家发改委支持推动的遗存更新的技术路线。2018 年住房和城乡建设部、国土资源部印发的《关于加强近期住房及用地供应管理和调控有关工作的通知》规定：“鼓励房地产开发企业参与工业厂房改造，完善配套设施后改造成租赁住房，按年缴纳土地收益。”各地政府也陆续出台文件，支持将存量商业、工业用地改建为租赁住房用地，用于建设租赁住房，只租不售。2019 年《进一步促进体育消费的行动计划（2019—2020 年）》发布之后，才有工业遗存在土地不变性的前提下可以较为顺利地合法合规更新为所谓“体育综合体”的可能性。由此可见，对于国家上位政策的了解和掌握是有效定位遗存更新并顺利推进其落地实施的重要助力和推手。

5.2.2 契合地方政策导向

由于城市能级对外来人口的持续性吸引能力，中国一线城市持续面对的土地资源稀缺问题极大地推动了这些城市的棕地再利用，与之伴生的是相关地方政策的不断出台，以期为更新再利用的项目落地实施保驾护航。

深圳早在 2009 年就出台了《深圳市城市更新办法》，将城中村改造概念升级为“城市更新”，这是全国范围第一次从地方政策层面出台的全面管理办法，有效指导并支持了其城市更新领域的建设实践。2015 年，《深圳市人民政府关于修改〈深圳市城市更新办法〉的决定》[深圳市人民政府令（第 290 号）]更是做出系统性升级，在土地获取、多物权人利益分配共享等层面做出了更完善的规定。相较于北京、上海等城市，深圳的地方更新政策相对更详细缜密，既有创新又能对实践进行全覆盖指导且解决了关联利益问题，因此深圳在城市更新领域走在了全国前列。

除一线城市之外，许多传统的中心城市（省会和计划单列市）尤其是工业遗存资源相对较突出的城市也陆续出台了地方政策，指导和支持棕地的有效再利用。比如北方工业重镇青岛就先后推出了《青岛市工业遗产认定标准》《关于保护市北区老工业文化遗产的调研报告》《关于在城市建设中加强历史优秀建筑和工业遗产保护与利用的意见》

等相关指导意见，有效推动了其工业遗存再利用的进程。

5.2.3　契合城市公共诉求

对于城市的稠密建成区域，由于历史原因常会面对城市公共开放空间不足、基础设施尤其是路网密度及教育配套资源不足等问题，在该区域内或相邻的存量工业遗存更新进程中兑现类似城市及公众利益诉求成了城市建成区域提升空间品质的一种有效手段。而一些城市也相继出台了对应政策以鼓励在更新进程中通过提供自身土地空间达成城市诉求、提升城市空间品质的举措。

工业遗存更新项目物权权属相对单一，有利于完整的规划实施，在其更新进程中，城市配套服务设施、基础设施、公共开放空间等城市诉求的兑现正是工业遗存的华丽蜕变与城市公共诉求的完美契合。

5.3　工业遗存更新的价值评定

工业遗存价值评定源于英国的工业考古逻辑，关注重点在于历史价值的识别、历史环境的保护和历史场景的重建，目前国际通行的价值标准是《下塔吉尔宪章》定义的工业遗存价值的历史价值、科学技术价值、社会价值和审美价值。我国国家工业和信息化部下发的《国家工业遗产管理暂行办法》给出的价值认定包括历史重要性、技术代表性、文化影响力、工程美学性、利用可行性五个条件。

由上述可见，价值评定是关于工业遗存历史、人文、技术、风貌、工艺等多方面的综合评价，其价值评定涉及工业、历史、建筑等多学科，需要较高的技术专业度方可认定。

5.3.1　上位风貌保护规划

在我国现行法定规划图则编制程序中，风貌保护规划作为控制性详细规划的专项规划，共同参与对工业遗存更新地块的要素控制。通常一块工业遗存宗地或区域的启动都是以省市规划院编制（或规划院委托的第三方编制）的风貌保护专项规划为依据展开的，这也是工业遗存建筑评定中唯一具有法律效力、最具刚性和强制力的部分。

5.3.2　相关专家论证评定

除法定规划编制流程外，针对一些地方规划单位工业遗存更新

领域专项业务能力不足的现状，还可通过专家论证的方式有针对性
地对一些重点保护建筑的保护方式及对风貌保护专项规划的项目名
录进行二次评估。鉴于规划院并非专业工业遗存研究团队，组织本
领域专家团队的论证是有效厘清主线和辅助纠偏的重要指导手段。

5.3.3 企业自荐遗存名录

基于工业企业对于自身生产工艺、历史沿革、文化典故的熟识
和在地的深厚情感，设计单位可在城市设计阶段结合场地实际踏勘
和工人走访情况，与企业共同提出建议保留名单，双方协商确认后
形成建议保留名单。该名单可通过城市设计成果最终进入法定规划，
指导后续拆改移和建设工作。例如，在笔者负责的首钢工业园区北
区两湖片区城市设计中，根据现场踏勘情况增加了64项建构筑物进
入建议保留名录。随着工业遗存更新的实践日趋增多，遗存的名录
已不仅局限于工业建构筑物，工艺流线、道路肌理、群体关系、构
架设备、地貌植被等一系列内容也被赋予了和重要遗存单体同样的
重视能级，越来越多被收纳进入遗存的保护名录范围。

5.4 工业遗存更新的经济评估

5.4.1 改变土地性质的自持土地经济评估

企业自持土地且改变土地性质，目前在我国仍需面对一定的政
策风险，需要天时、地利、人和诸要素齐备才可能争取到这样的条
件。改变土地性质需推动控规修编，同步修编土地的开发强度指标，
并成为后续开发建设的依据。

工业遗存更新项目根据差异化土地性质的基础地价差值补交土
地出让金，基础地价与市价的差值即为通过土地改性争取到的级差
地价，这是此类自持土地经济评估中的核心利润点。此外，新建开
发建设部分的经济评估和增量开发无异。

5.4.2 不改变土地性质的自持土地经济评估

工业用地性质不改变意味着无法提供增量建设依据，且对于工
业建筑更新各城市均有较严格的控制要求，如上海对此类工业建筑

的改造率先提出了"三不变"原则，即开发利用老厂房、老仓库等存量资源时需保证土地性质不变、房屋产权关系不变、房屋建筑结构不变。

在工业遗存建筑中，对于有产权的物业，其更新后的可利用空间总量认定通常是根据空间及结构状态评估，在不改变建筑外轮廓风貌的前提下确定插建加建的可能性总量。对于无产权的临建物业而言，通常做法是统计其总量向主管报备，争取原拆原建的拆除重建条件。

不改变土地性质的自持土地更新项目因土地和物业自持，企业无需考虑物业租赁底价。经济评估需综合考量开发强度、租赁年限、预期租金、预期资金回收周期、更新建安成本、财务成本等指标的整体平衡。

5.4.3　不改变土地性质的出租土地经济评估

不改变既有建筑土地性质和工业建筑性质，以转租赚取差价为目的的更新改造是市场上专业企业主导的更新模式。专业团队的操盘在项目定位、规划设计、更新建造和招商运营层面都会较之前两类有明显优势，但由于其"二房东"的角色（对物业的实际控制力较弱），项目的运行受政策影响较大。

建筑改造利用前首先要进行强排测算，明确土地合理开发上限，据此结合工业遗存保护利用维度的评估，统筹得出合理的开发强度（明确是否可以产生增量），并报主管部门批准。经济评估需综合考量开发强度、租赁年限、租金差值(物业租赁底价和转租价的价差)、预期资金回收周期、更新建安成本、财务成本等指标的整体平衡。

5.5　工业遗存更新的规划调整

5.5.1　明确城市设计优先

城市设计是工业遗存更新实践有效的先导研究和工具，主管部门和建设单位都可以通过城市设计建立较为直观的对于区域遗存再利用的空间认知。城市设计拥有比建筑设计更宏观的视角，可以在城市区域协同发展、产业互补支持、交通系统统筹、资源综合配置等方面给出有建设性的意见。

有效的城市设计指导是存量土地再利用的重要前置条件。存量土地尤其棕地的使用条件复杂，涉及大量保护保留再利用的定位定性、工业遗存构配件的安全消隐、原有厂房建构筑物及设备设施的保存交割、厂区现状植被尤其主要乔木保护保留、污染水体土壤综合整治、市政基础设施增容退运等问题，采用传统增量的指标控制思维难于操作。通过城市设计先行，以此为平台促成政府、企业、社群的发展共识，并最终以有形文件形成设计任务书指导后续工作。以城市设计明确遗存、植被、肌理等保护范围，敲定保护、生态、产业、运营等一系列重要策略，从而助推后续流程全面精确而平顺的开展。作为有效更新的必由之路，"城市设计优先"应该也必须被固化为工业遗存更新流程中的先导环节。

5.5.2 设定城市更新单元

城市设计阶段中还可为合理准确地划定城市更新单元做出准备。

"更新单元"的概念在国内由深圳市率先提出，是为实施城市更新而划定的成片区域，一个更新单元内可包含一个或多个更新项目（子项）及实施主体，各项目（子项）间可以彼此协同，共同实现整体更新目标。在一些发达国家的更新进程中这一概念已经发挥了重要作用，如日本东京火车站改扩建综合开发划定的更新单元中，在公共交通优先的导向下，在同一更新单元内不但允许开发商将站前广场及站房的部分容积率迁移，甚至同意其将部分指标有偿出让给相邻地块。容积率迁移使得站前区获得了更加舒适的城市开放空间，而迁移出让的容积率指标则让开发主体避免了建设公共空间导致的经济收益损失，从而实现规划单元协同，达到城市更新发展的"共好"。

更新单元的设定让城市空间利益关联的地块能够做到取长补短，协同发展，寻求区域整体空间及产业最优解，在城市更新尤其工业遗存更新领域，更有利于突出保存重要工业遗存及肌理特征，密度、绿地率、容积率等指标可以通过单元内迁移实现综合平衡，为保留利用与资金平衡间的矛盾找到有效解决策略。

5.5.3　推进综合交通评估

更新面对的工业遗存通常分为两种不同的区位特征，因城市化进程已经被包络在城市肌体中的"城中厂"和尚在城市边缘地带的"城外厂"。

工业厂区自有的基础封闭特性和工艺优先的建设原则在城市空间上的转译就是：对内而言，道路幅宽、密度、线位无法匹配更新后的城市生活需求；对外而言，厂区道路和城市路网缺乏联系，既有铁路或运河的交通运输方式在更新后以机动车为主的通勤中几乎失去作用。对"城中厂"而言，既需要在保留原厂肌理和植被的基础上挖掘空间潜力、增加道路幅宽以适应更新后的开发强度需求，又要保证新增交通容量能顺利导入城市路网不致拥塞外部交通；对"城外厂"尤其是巨型尺度的厂区而言，打开工厂院墙导入城市交通是有效完善城市道路网络的重要举措，不单可以提升厂区内的交通通达性，更对城市关联区域整体通行能力和交通安全性有重大贡献。由此可见，工业遗存更新的空间再生和导入新业态后的产业活化都有赖于完善的城市交通系统来为更新后的新增开发量做出硬件支撑，梳理建构城市区域一体化的道路交通网络就成了更新设计是否落地的又一保证。

5.5.4　确认土地用地性质

北京首钢园区是北京真正意义上改变工业土地性质的第一实施案例，鉴于首钢的庞大体量和市属第一企业的角色位置，首钢依托国务院办公厅《关于推进城区老工业区搬迁改造的指导意见》推动北京市落地相关政策，支持其采用一二联动的模式更新开发，并最终推动了控规土地性质的调整获批。

上海杨树浦电厂是上海真正意义上改变工业土地性质的案例，但上海电力的核心关注点是土地变性后带给企业的资产增值，避免国有资产流失即可保证保值增值，通过二次开发对项目进行城市更新盘活资产再利用的方式因不是上海电力的关注点和擅长领域而被搁置。2018年上海市中心区域最火爆的城市更新项目上生新所原土地持有者上海生物制品研究所隶属中国国药集团，国药的背书也为长宁区出台一系列政策推动项目更新落地起到了重大作用，即便如此，上生新所也没有完成土地变性。

由上述可见，目前国内工业土地变性并非普遍意义的市场行为，往往还需依托央企、国企的资源和背景进行背书，从而推动实施土地变性。

大山子片区自发形成的当代艺术高地北京798艺术社区采取政府搭桥、企业自营的方式，创造了北京服装艺术节等文化IP的北京时尚设计广场（751D PARK），创造出开心麻花这一著名文化IP的新华1958。还有在番禺路上和上生新所并称长宁两大网红的上海橡胶制品研究所改造开放混合功能社区的幸福里，它们都为城市文化生活做出了较为突出的贡献，但都没有土地变性，属于工业、科研用地游走在政策边缘的"灰色物业"。

和新天地并称上海两大文化地标的上海红坊，在租期届满土地收储进入二级市场后被福建融侨地产接盘，除雕塑艺术中心部分保留之外，其余区域被夷为平地，按纯地产逻辑开发建设。这恐怕是我国目前绝大部分未改变用地性质的工业遗存以租赁方式运营的文创园区在租赁期满都会最终面对的尴尬局面。

5.5.5 明确上位规划边界

在实施保护和更新之时，根据已获上级批复的控制性详细规划文件，可以清晰了解用地性质、开发强度和空间环境等指导意见，这也是城市设计启动的主要上位依据。

控规文件中的风貌保护专项规划是更聚焦的遗存更新控制性专篇，保护标准、分类原则、更新建议等等信息都可据此读取，这是设计人员认知土地遗存的量化文件，在设计之初应清晰了解工业遗存现状和设计边界。

5.5.6 开展更新城市设计

城市更新项目建议坚持城市设计优先原则，一如英国建筑师罗杰斯（Richard Rogers）在 1999 年编写的《迈向城市的文艺复兴》中的倡议。城市设计须综合考虑更新区域向城市生活的融入，技术范畴聚焦更新区域内部，如消隐范围，迁、改、移范围内容及要求，优先考虑工业遗存风貌的保护；生态范畴聚焦更新区域的环境修复，如肌理、地貌、植被保护范围，水体保护范围；城市融入范畴聚焦更新区域的定位，如各业态配比指标、满足城市需求的综合配套指标、综合用地开发强度、市政交通能源接驳。

在城市设计过程中，为达成以上融入城市生活的多个向度上的目标，须在以下四个方面明确实现的路线。在开发主体方面，建议采用共治参与，综合考虑政府、企业（开发商）、社群（民众）的多方诉求，在实现城市更新的同时兼顾多方利益的平衡。在更新过程中涉及诸多专业领域的协同合作，建议成立专家团队，集遗产保护、生产工艺、污废治理、生态可持续、交通能源、产业规划、运营策划等领域的专家智慧之大成，为区域的更新提供更专业的指导。在遗存更新方面，建议根据控规文件和风貌控制专项规划，明确适合的风貌肌理，明确保护范围、保护内容和利用强度，并与政府沟通相关配建标准，评估适合的开发强度，有官方文件和意见的背书，区域更新才更有方向性，才更能匹配城市的通盘开发考虑。在生态和市政方面，建议结合专家团队的意见，明确区域污染及治理手段，确定市政设施标准，制定迁移退运方案而后接驳城市交通，动、静轨，城市综合能源，为城市设计准备成熟的基础条件。

至此，城市设计已站在城市的高度，综合考量了待更新区域的自身条件和发展潜能，并与城市生活形成有效接驳。

5.5.7 落实控制规划调整

根据城市设计编制成果，结合多方意见修正后，将主要参数性成果纳入控制性详细规划编制成果，经公示后形成法定规划，并据此全面指导后续更新的设计和实践工作推进。

5.6 工业遗存更新的操作主体

上位控规调整公示结束后，须尽快明确项目操作主体的参与方构成、股权结构及决策机制，从而完成项目主脑搭建，推动后续编制建设项目意向性方案、审批及实施阶段工作。

5.6.1 主体与过程的关系

工业遗存更新过程是一个多元主体共同参与和共治的过程，在工业遗存更新的过程中，政府、企业、社群三大主体以及自上而下与自下而上两个过程的冲突同样存在。换言之，良性的工业遗存更新必须平衡和妥善处理三个主体和两个过程之间的关系。

早期工业用地在更新过程中往往采取一种"大政府"的管理模式，即政府大包大揽自上而下掌控整个更新过程。选择这一治理方式的原因并非仅仅是政府想获取土地财政的利益，而是市场制度和主体不健全时的必然。尊重多元社会的利益结构，按照法治框架下各参与主体角色自律性的假设，每种利益团体都有一定的自律要求和能力，按此精神逐步厘清和划分政府、企业、社群的责权边界。

在当下，尽管政府在更新过程中的角色比重有所下降，且地方政府并非都直接处于更新实施的第一线，但政府对于自下而上的更新过程的管控和引导还是有很大意义的，有助于弥补在多数情况下因私有产权人和投资主体对工业遗存及其所在工业地块文化价值、区位价值过度追求或过度考虑经济利益所产生的社会、文化等负面效应。

5.6.2 兼容经营与公众参与

经过四十年的改革进程，我国已经逐步形成了政府让渡部分治理权力，多元主体共同参与共治的局面。因此在城市工业遗存更新领域既要强调政府在宏观治理和关注公权力平衡整体民生问题上的重要管理和协同职能，又要充分调动各方利益主体将资源共同投入到更新领域，达到多元共治的目的。在具体的更新实施进程中，可以通过公众参与式设计，将多元利益主体的诉求作为主题纳入更新过程中统筹考量，再通过协商寻求利益的平衡点。

5.7 工业遗存更新的设计进程

在城市设计完成，控规调整并公示结束之后，明确项目操作实施主体构成，即准备进入项目设计和实施的操作流程。鉴于工业遗存更新的实施进程涉及程序较多，且有些是民用建筑中较陌生的环节，因此整合相关资源、厘清推进顺序是实施保护及更新的重要工作环节。在完成遗存更新特定专项设计后全面编制建设项目意向方案，审批后实施。

5.7.1 梳理上位条件

在启动各项设计之前，必须重新梳理相关上位输入条件，查疑补缺，确保在本环节明确所有相关输入条件边界已经稳定闭合。

基于城市设计和控规调整明确工业遗存的拆或留，确认拆、改、移范围，有效留存风貌并为遗存的再利用铺垫条件。基于城市设计和控规调整明确综合用地开发强度、城市相关综合配套指标要求、更新各业态相互配比指标，为后续建筑设计明确输入条件。对接上位规划及城市基础设施条件，制定市政交通和综合能源的接驳思路。

相较于增量设计，存量设计是对前人工作的再提升，前后工作具有极强的递进关系，中间环节不可或缺也不可省略，是在前序设计基础上不断摸索前行的过程。所以须在设计开始之前完成对前人工作的公允评估和甄别，为后来者的工作奠定基础。

5.7.2 编制建设方案

设计输入条件稳定，准备充分之后，即开始编制建设方案及相关衍生专项设计成果。

首先，开展拆除和消隐设计，提供拆改图指导安全消隐施工，同时结合现场结构鉴定推动基于风貌保护的拆除施工说明和一次消隐加固设计。

其次，结合城市设计及相关环评报告及土壤勘测确定污染土范围，做出治理策略选择，提出植被、水体和土壤整治方案。

再次，开展契合城市设计的建筑设计、市政设计、综合能源设计和综合交通设计。

而后，在建筑设计完成之后，交由相关下游设计行业完成景观设计、绿建设计、泛光设计、室内设计、VIS 标识设计、BIM 设计、幕墙设计等各专项设计（图 5-1）。

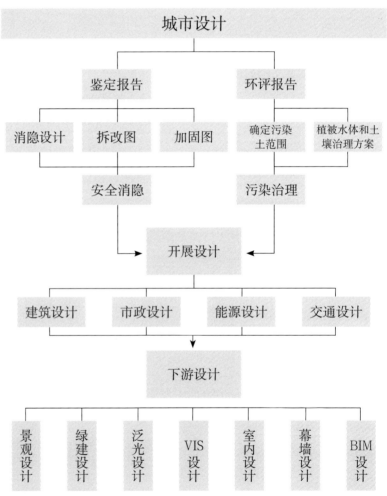

图 5-1 工业遗存更新设计编制流程图
资料来源：作者自绘

最后，将设计成果报送相关主管部门审批。

5.7.3 推进更新产策

城市更新的空间再生和产业活化是相辅相成的，空间"搭台"、产业"唱戏"。产业活化的目标始终贯穿指引空间再生全过程，空间再生也为物质寿命长于功能寿命的工业遗存空间提供了活化和再利用的新起点。

产业活化关联设计涉及项目产业规划、商业策划、项目推广策划、项目运营策划等几方面。当空间再生设计工作基本稳定后，产业活化设计便必须"登台唱戏"，进而推动整个项目的操盘落地。当然，如这一环节能够在空间再生设计前基本明确，则会对设计有针对性地开展起到极大的指导作用。

5.8 工业遗存更新的实施运管

明确项目实施主体，完成物理空间再生与产业活化的相关设计工作，更新进入实施运营和管理的落地实操阶段。本阶段工作包含明确操作资金构成、确定筹融资方案、搭建运管团队和创建工作机制。

5.8.1 操作资金构成

工业遗存更新领域项目更新开发资金的主要来源大体有以下五种类型：

（1）对于被列入文化遗产后基于传统静态保护类思路的更新，资金基本来自国际保护组织或世界、国家、省、市各级遗产基金，如德国杜伊斯堡风景公园作为世界文化遗产拥有联合国教科文组织保护资金及德国北威斯特法伦州州立遗产基金支持。

（2）针对国家战略的落地实施，资金由国家银行或国家基金投资公司投入。如根据国务院办公厅《关于推进城区老工业区搬迁改造的指导意见》相关条款，首钢西十筒仓项目启动区基于国家产业结构调整战略争取的示范工程就获得了国家发改委扶植资金资助，以一二级开发联动的方式开启了企业主导城市更新的模式。同样，欧洲发展基金 ERDF、英国国家单项城市复兴基金 SRB 都是基于欧盟或国家战略指引下的基金支持。

（3）通过企业出让部分土地换取项目开发资金。例如首钢集团出让长安街南片区东南区域 2.3 km² 土地，一级整理后以 200 亿元人民币为标的进行拍卖出让，以取得开发资金来平衡企业总体基建投入。

（4）是采取基金或私人信托募集社会资金。瑞士温特图尔的日落基金是前者的代表，英国铁桥峡谷博物馆信托则是后者的案例代表。

（5）引进其他开发主体加盟投资或建设。如在伦敦国王十字的更新中，因土地权属于伦敦欧陆铁路公司 LCR 和英运物流集团 Exel（后被 DHL 收购），所以最初是自持土地的企业开发商在引入英国地产商 Argent 后三方成立了 KCCLP 开发公司且 Argent 占股 50% 主导开发，即这个阶段出现了购置土地的责任开发商，而后澳洲第一大基金公司 Australian Super 取代了伦敦欧陆铁路公司，相当于引入了基金会开发商。

资方构成的差异性往往直接决定了运管团队构成和工作机制建立的异同，也直接决定了更新的价值导向。

5.8.2 运管团队构成

在我国工业遗存更新领域，政府或国资主导的更新项目对于运营团队的洽谈与招标有较严格的管理规定。如北京市国资委规定凡单项单笔租金超过 100 万元人民币或出租面积大于 1 000 ㎡ 的项目均需走"有形市场"政策，即向国资委报备并需提交一定比例的租金。虽然在实操过程中该规定并非被全盘执行，但这类行政命令式的一刀切处理方式在业主选择适宜的专业运管团队过程中还是成了不利的掣肘。

市场型更新项目的主体运管团队多为专业开发团队，在更新领域有较丰富的经验，如开发西店印象的北京梵天集团有限公司、开发红坊的上海红坊文化发展有限公司、开发幸福里的上海幸福里文化创意产业发展有限公司、开发新业坊的上海新业坊尚影企业发展有限公司等等。此类运管公司以轻资产模式运行，寻求有价值的沉默资产，制定更新策略，导入适当产业，并通过运营收取租金获利，也有个别项目入股获取项目升值溢价。

台北华山 1914 项目中提出了"重整 – 运营 – 转让"（Renovate-Operate-Transfer，简称 ROT）、"运营 – 转让"（Operate-Transfer，简称 OT）、"建造 – 运营 – 移交"（Build-Operate-Transfer，简称 BOT）模式。项目并非先招商后运营，而是先行通过招投标确定运营团队落位，再由运管团队以多种活动激发商家入驻，这在运管团队建立模式的选择上具有很大的借鉴价值。

5.8.3　工作机制创建

创建传统增量设计的逆向思维工作机制。

建立与增量审批相反的创新型存量审批机制，变指标审批为要素审批，变先指标后设计为先设计后审查。

建立与增量审批相反的创新型存量设计流程，建立城市设计优先机制，对于遗存更新项目必须提交完整的城市设计供市一级主管部门审查，并以此为依据进行控规调整。

通过城市设计，微观层面提出契合于旧有工业遗存空间气质的功能建议、遗存保护范围、更新手段；中观层面梳理城市区域交通和外部空间逻辑，判断更新导入的新功能和设定的开发强度是否适当，是否有足够基础设施支撑并与城市协同发展；宏观层面提出契合城市总体规划的产业落地可行性建议，判断更新进程是否惠及更大的城市区域的整体提升以获得整体性社会效应。通过城市设计做出系统流程性梳理，伴随着对于上位规划、交通、市政、绿化、人防等诸多条件的分析进行论证和研判并给出优化建议，最终重新报送修订调整控制性规划。

根据城市设计提出及确定的城市更新区域范围，结合相应区域由政府牵头搭建城市发展资源中心以统筹各方资源，搭建国家级或省市一级政府操作平台监督、协调和保障城市更新的落地实施。

制定长效评估机制，机制需要保证城市更新目标在政策上有 25 年的延续性。通过年度评估报告对更新的主要指标进行评估，允许根据更新实施的实际情况及变化对初始计划进行调整修改，允许更新策略不同要素和部分间进展速度不同，并通过增减资源投入以达到平衡。

建立利益共享机制，明确合作伙伴关系。为自上而下和自下而上的更新诉求提供沟通桥梁，带动广泛的合作伙伴关系，推动公共投资和私人投资相结合。

建立国家、公共、私人投资基金和区域投资公司，以吸引更多的更新项目基金。引入税收评估机制，刺激发展商、投资商、小土地所有者、业主参与更新。引入城市更新财政审核机制，以确定公共开支财政优先项目，审核地方计划以决定中央财政资源分配计划。[218]

5.9 小结

本章在常规技术路线的基础上，结合笔者的工程实践经验，提出具有中国特色的遗存更新路线，纵向路线包含八个阶段：差异土地获取模式——争取政策支持——遗存价值评定——差异化经济评估——推动控制性规划调整——厘清操作主体关系——更新设计进程——建立更新的实施运管机制，各阶段间呈现出前后的纵向递进关系。首先在契合国家及城市相关政策的基础上获取土地（土地的获取和持有方式决定其更新模式的选择有巨大差别，全面影响后续的更新核心价值判断和工作路线选择）；其次通过获取政策支持及稳定明确的政策指导，将城市更新这一目前看来的变数转变为城市发展的常数（是否获得和获得何种程度的政策支持亦会成为更新模式选择的重要判断标准）；而后进行遗产价值评估，建议在建立统一标准的基础上增加多维度、多专业的谏言渠道（本阶段是工业遗存更新实践中决定项目风貌特征的重要环节）；全面认知并评定遗存更新再利用的开发强度，不同城市或区域的更新基础和目标不尽相同，所以建议采取差异化策略，适合的开发强度才能使得城市更新良性发展（做好项目经济平衡测算，明确更新开发强度目标）；

218　吴晨.城市复兴的理论探索[J].世界建筑，2002（12）：72-78.

在遗存价值评估及开发强度确定后以城市设计作为先导来支撑相关控规调整（全面通过此阶段工作兑现前面四阶段制定的更新目标和价值判断并梳理上位规划边界条件推动后续控规调整工作）；而后明确更新操作主体（以期实现多元主体共治，促进社会融合及公平）；接续明确边界开展相关设计工作（通过空间设计和产业策划，实现物理空间场所再造，选择匹配区域属性的复兴模式并导入适合的升级产业推进更新进程）；最后确定项目的更新实施运管机制，推动项目的全面落地和有序运营。

通过对遗存更新技术路线八个维度的纵向梳理，指出各环节操作的关键点，解答当下国内工业遗存更新实践需要面对的系统操作问题，为更新实践工作的开展提供路径指引。

第 6 章·建议与讨论

6.1 主要建议

6.1.1 建立适当的制度与环境平台

建立健全国家工业遗存更新领域的调查制度、专业制度与行政法律制度。让工业遗产保护有据可查、有章可循、有法可依。这也为工业遗存更新保不保、保什么、怎么保做出法制环境准备，从而为其实践工作的平顺开展提供保障。

既要在重大工业遗存更新项目中强调政府和企业的综和协同及推动能力，有力推动更新落地和有效实施，又要考虑不断变化和发展的城市规划、产业结构和社会内生动能间的关系，强调在更大范围的工业遗存更新领域从政府主导、政企联合主导向社企联合、社会主导、公众参与的方向转变，两手都抓两手都硬。

6.1.1.1 加快建设完善相关法律法规体系

针对城市更新法律法规和政策体系建构需做到如下三点：

（1）通过官方的合作吸收发达国家的成功经验，并汲取其内容框架，制定总体方针策略，形成全国范围内能够统一遵循的法律法规政策，例如全方位可持续性（能源、经济、社会阶层）更新的概念。

（2）在具体框架和总的方针确定之后，应参考国内相对成功的城市更新经验（例如"深圳经验"）并对期间发生的问题进行总结，进而编写符合我国国情的相关法律法规政策条文。

（3）统一的法律法规政策制定之后，各地方需根据当地的特点和情况进行地方性的政策制定，但必须在上位政策和法规的框架之内。

在规划层面，深圳城市更新法规走在了全国的前列，率先提出了城市更新单元概念、土地利益让渡分享体系等创新思路，为其城市城中村和工业厂区的改造更新提供了有效法规引导，也为其他城市提供了可资借鉴的范本，类似模式建议在全国推广。

但是在建筑层面，目前国内几乎所有关于工业遗存更新的相关规范条文，各主管部门审批环节执行的都还是增量概念指导下的相关新建建筑物规范，针对存量更新量身定做的设计规范，涉及结构鉴定、加固标准、防火等级及措施等环节，亟待补白。

6.1.1.2 统筹工业遗存价值评定机构标准

目前我国关于工业遗存的评定机构主要有三，其一是国家工信部，自 2018 年起以强调工业的延续和工业文化的视角开展全国工业遗产评选，同年颁布《国家工业遗产管理暂行办法》；其二为国家文物局，在固有文物保护的建筑文化遗产思路中增加了工业遗产的定义，在其主导的全国重点文物保护单位评选中开始关注工业遗产并出台《2014 版征求意见稿》；其三为中国建筑学会联合中国文物学会，自 2015 年起开展了 20 世纪建筑遗产评选，其中涉及工业遗产部分。前述三部门皆从各自行业的标准出发推动了社会对工业遗存的关注，但标准有差异，导向有异同，在遗存价值评定的引导层面容易产生混淆。因此，目前亟需形成我国关于工业遗存价值判断的相对统一的标准，有助于我国的工业遗存更新进入一个更加良性且有据可依的发展阶段。

6.1.1.3 建立工业遗存弹性再利用评定机制

差异化的遗存再利用方式和强度决定了其加固改造的技术手段选择，也决定了其更新的直接成本。目前我国现行结构抗震规范标准较高，绝大部分工业遗存更新如走正式建审流程按五十年使用年限进行结构抗震验算均需要大力度加固才可规范达标。大力度加固一方面使造价高企，令开发人失去改造动力，另一方面也造成遗存的风貌原真性因加固而受损严重。

与之对应的解决策略是建立弹性使用评估机制及与之相适应的弹性土地使用标准。根据原有结构鉴定情况和拟定开发产业业态进行使用年限评估，分为十年、二十年、三十年、五十年几档，并设计确定相应梯级改造加固、节能等一系列标准，避免五十年一刀切的标准带来的需要大量加固、保温、涂装等问题进而影响原有工业风貌。如土地亦可对应实现梯级使用年限，则可以做到同一块土地在不同时段适应不同功能，比如前十年作办公后二十年改公寓，这对城市更新适应总体区域产业结构不断调整优化有较大利好。

住建部需尽快会同工信部通过工业遗存级别评定给出风貌控制导则，对高评级的风貌保护重点区域或建筑适当放宽，区分对待再利用部分和非利用部分，出台弹性利用相关规范标准并建立相关机制，以便我国工业遗存更新实践能够更加灵活地开展。

6.1.1.4 逐步转变土地治理模式和政策

推动土地治理模式和政策向有利于城市更新实施的方向转变，探索更新单元统筹控制，变传统单地块土地指标控制为设定区域的多地块统筹控制。对拟更新的土地推动先导的城市设计工作，通过审批城市设计成果划定大于单一地块的更新区域（相互空间、产业关联度高的若干地块），允许未来规划建设在更新单元区域内实现整体统筹，允许容积率迁移等指标动态平衡控制。

推动土地治理模式和政策向让渡空间治理权以实现多元共治方向转变。存量土地权利主体分散，利益关系复杂，让渡部分空间的治理权就是推动政府市场与业主互利合作多元共治。

推动土地治理模式和政策向让渡部分土地增值收益以实现利益共享的方向转变，以利益格局的改变促动多元共治，实现增值收益多元共享，提升公共配套造福城市，保障实施主体和原业主优先获取土地的权益。建构完善存量土地使用权续期规则、增值收益分享规则。

6.1.1.5 搭建跨部门协同的管控治理平台

目前国内规划建设问题属于专项专管机制，根据问题差异分别由如下机构审批：（1）土地性质问题，国土局审批，国有土地还涉及国资委审批；（2）规划指标问题，规划局审批；（3）土地出让金问题，税务局审批；（4）旧建筑再利用装修验收问题，消防局审批；（5）具体排气排污等专项功能验收问题，环卫局审批；（6）建筑改造后使用的注册条件，工商局审批。各部门工作平行推进，难以形成闭环管理。因此需要搭建项目所在城市联动协同机构，协同各部门统一行动，比如北京的新首钢办、上海的浦江办，此类协同机构平台的搭建是项目综合统筹有效推进的有力手段。

通过政策法规的落地推动，制订国家城市发展政策倡议和各级地方的相关文件，从而推动中央政府及各级政府搭建统一操作平台，妥善应对工业遗存更新所面对的城市综合发展问题。

6.1.1.6 建构适用存量更新的规划审批模式

推广针对遗存更新领域的专项审批模式，从指标审批转为要素审批。传统增量模式下设计审批依据是规划部门出具的规划定点图及相关容积率、建筑密度、绿地率等一系列指标，这些数据往往与二级土地市场招拍挂环节的地价紧密关联。

存量模式下针对工业遗存更新项目需城市设计先行，通过城市设计探讨遗存保护范围、绿化保护范围、规划控制轴线廊道、高度控制、密度控制、适合的业态植入等一系列与遗存相匹配的设计要素，并以此作为更新设计深化的指导原则。这是一种根据城市更新及发展的综合效应及效果最优推导确定建设指标的逆向方式。简言之，就是方案择优者推动，根据对城市文脉保护优、城市空间贡献大、工业遗存保护利用优，对未来活力激发有利的方向确定城市设计方案以形成有形任务书，并据此确定指标。针对工业遗存更新项目的特性，与之适配的规划设计审批模式中的核心环节就是要关注要素控制而弱化指标控制。

6.1.2 选择适当的工业遗存更新模式

6.1.2.1 选择技术经济和艺术适合的更新手段

探索在工业遗存更新中都市针灸、都市链接和都市织补策略的合理配搭使用尤其应以城市能级和区域的内生需求作为核心判断标准，以需求的强弱选择更新策略的投入强度。既要避免因选择更新强度过高导致成本高企、资金无以为继，进而导致更新失败进一步挫伤对于衰败土地的更新信心，同时更应避免以经济导向为唯一指挥棒，无视遗存历史和人文价值的粗暴更新。与其因利用而改造得面目全非，不如适度保护局部利用，以弱介入的思维推动更新与新建结合，控制更新范围及总量，寻求技术、经济、艺术的合理结合点，以期达到平衡性的共赢。

6.1.2.2 鼓励公共空间及场所精神的再造

创造新空间、导入新产业、注入新生活，更新进程中的种种变革某种程度上必然带来"士绅化"倾向。规划中的功能混合、阶层混合、社群链接等手段可以适度弱化新阶层迅速固化带来的对旧有阶层驱离的社会弊端，空间设计中对于公共性、开放性和平等的参与度的关注也能积极有效地吸纳各类阶层平等，享受城市更新后带来的共同福祉，从而达成社会公平。因此，在更新设计中应强化公共空间的塑造，强调公共空间在既有城市肌理基础上的拓展和提升，维系熟人社会的在地记忆；强化公共空间的可达性尤其是步行和公共交通可达，以满足区域社群尤其弱势群体的便捷到达及使用；强调公共空间的开放性，避免为引入新型产业做出过度承诺导致公共空间被私据。

政策也应积极鼓励在更新进程中更新主体在公共空间和社区配套层面为城市做出的贡献并给予肯定的相关政策奖励。

6.1.2.3 建立全面的可持续观

可持续观念在更新进程中是一个宏观可持续概念，涉及生态、空间、产业、经济和社会等多个维度，是众多维度彼此交织的共同体，任何单纯关注局部不重总体的视角都是片面局部和不准确的。谈到可持续，常会投射在生态可持续的狭义范畴，工业遗存更新中的棕地生态治理确实是更新中非常重要的基础性一环，但与此同时，对于空间可持续中的物理空间再利用、基础设施再更新，产业可持续中的认知地图改变、产业持续升级活化、活化制度设计，经济可持续中的自完善资金运行、长效效益与短期效益平衡，社会可持续中的兑现项目社会责任、促进社会发展程度等问题均需要同等重视。

6.1.3 选择适当的产业及实施策略

6.1.3.1 探索匹配城市能级的更新之路

探索工业遗存更新适应性与城市能级及转型的关系，选择理性的精明更新模式。精明，意味着在缜密系统分析下做出的理性思考。更新匹配其城市能级及其区域定位，宁可选择"适合的"而不一定是所谓"最好的"。承认城市发展客观规律，有增长也必然有收缩，不必一味追求增长型更新之路。允许土地临时性弹性利用，以便以适应性更新策略应对城市发展动能的振荡，针对城市自身能级和发展动能选择匹配的更新道路。

对于城市能级高、落地产业清晰的遗存可采用相对积极的有机更新，跟从总规产业结构和布局调整，调整产业土地属性，积极利用或创造城市大型公共事件、城市文化事件作为引擎推动更新，采用自上而下的先规划再改造的模式，进而推动区域城市复兴。面对城市能级较的情况，在更新暂不具备旗舰项目、土地产业定位不明确阶段，允许土地以阶段性批租的方式逐步转变使用性质，摸索适合区域发展的产业导入。以文化导向增强区域内生文化动能，以静态保护方式适度留存工业产业文化和记忆，重新唤醒和树立社群对区域的信心，以推动自下而上的城市微更新。面对一些由于产业调整和衰落进入收缩周期的城市，不必强调增长性更新，否则会适得其反。

6.1.3.2 寻求恰当的引导产业

清晰认识工业遗存更新的区域位置以及区域的产业需求，寻求与区域地段相适应的更新产业。建议摈弃以短线盈利为产业导向目标的开发思维，采用重视城市既有产业原发性升级及与之相配套的实力储备平台建设，辅以政策倾斜的孵化机制。文创产业不是放之四海而皆准的更新万能钥匙，优秀的更新产业多数来自对所属地段、交通、人口和产业配套等相关需求的精确回应。积极倡导将教育产业作为核心引导产业，以便作为项目持续更新的动能引擎。不同城市的文教资源能级各有差别，但聚集新知识、新人口，推动新创业、新消费是其共通的特质。即便城市原本教育资源缺失，亦可通过努力创建新校，以期在城市更新进程和产业升级环节中起到重要的助推作用。重视互联网思维下的内容重组对既有产业的活力挖掘和再造，善用互联网传播手段打破空间区隔，实现和城市的产业消费及生活的互联互通。关注文化符号的挖掘、创造、凝练、提取并依附文化主题打造完善产业链条和独特可传播的文化 IP，以 IP 传播促进产业集聚，以产业发展强化 IP 影响力，让项目在 IP 增值中长效获益。

6.1.3.3 建构再城市化的融合之路

传统的城市边缘地带的工业厂区作为封闭的城市区域及社会自运行系统在城市扩张进程中参与再城市化进程，既需要厂区的道路交通市政等硬件设施与城市对接，也需要原有产业社群有机融入城市社群的过程。

新产业带来的新产业人口以新的职住平衡方式建立再城市化社群的新生态，而新生态中的产业导入决策判断也应关注融合维度，即新产业应有能力带动相关产业链条并附着更多就业机会以促进原产业人员的再就业，从而达到新旧社群的融合。同时，规划应以弱介入的方式达成对原产业社区的物理空间和配套设施的提升，避免新旧社区的巨大落差，或在新建社区中强化混合社区概念以适度引入原产业人口入住，从而建构新旧社群在心理层面的对等联系。在适度提升原有社群居住条件的同时尽力维系原有社群的低成本生活链条，避免区域迅速"士绅化"带来的社群断裂。

6.2 主要实践指引

工业遗存更新领域工程实践具有复杂性、综合性与多维性的特点，遗存更新在可研立项、经济评估、设计推进、规划审批、项目落地、业态引入、运营管理等一系列过程中涉及多方主体的利益关系及大量跨学科的知识技能运用，而当前学术界关于工业遗存更新相关的研究对学科内部上下游城市规划到建筑学的打通及学科外部政策治理、运管机制、经济评估等环节的综合关注相对不足，对整体技术实施路径各环节间的相互关联和递进关系缺少系统梳理，因此很多研究缺乏对实践的直接指导作用。在本书中，笔者结合多年在工业遗存更新领域的实践经验，尝试将庞杂多维的更新策略进行集成并对相应工作流程进行系统梳理，建构具有较强实操性指导价值的更新策略集成及实施路径，以期为我国当前工业遗存更新的实践指引贡献绵薄之力。

6.2.1 梳理并集成基于城市过程的多维度协同的工业遗存更新策略

基于对城市过程的认知，本书对于工业遗存更新领域的策略集成不单局限在基于传统建筑学视角的狭义空间环境更新策略，而更加强调基于城市视角的城市整体进程中复杂性机制和效应的综合研究，即广义城市多维度协同的工业遗存更新策略。

因此，本书从工业遗存更新的价值评估与信息采集、复兴引擎、空间再生模式、空间公共性再造、产业活化、社会融合、可持续发展和法制环境八个策略维度进行梳理，试图建构基于城市过程的多维度协同的横向工业遗存更新集成策略。

6.2.2 梳理基于中国国情的全流程工业遗存更新的技术路线

结合我国国情及相关国际经验，依托工业遗存更新实施的全周期实践经验，本书不局限于宏观政策的规划视角或微观实施的建筑学视角，而是从土地获取、政策支持、价值评定、经济评估、规划调整、操作主体、设计进程、实施运管八个层次对工业遗存更新实施技术路线进行了全流程、递进式梳理和建议补白，建构出契合当下国情、具备实施指导意义的纵向中国工业遗存更新的实施路线（图 6-1）。

通过前述横向策略集成与纵向技术路线梳理，清晰建构出中国工业遗存更新实践所需要的"道"与"术"的全景认知，指导更新实践结合技术路线选择匹配区域能级和更新动能的更新策略，以实现策略务实、操作可行、实施均衡、长效可期的工业遗存更新，从而对遗存更新实践领域做出相对整体有效的指引。

6.3 需进一步探讨的问题

工业遗存更新是一个非常复杂的研究范畴，具体到与之相关联的城市总体战略定位、宏观经济学评价、区域产业调整升级、社会学疏导、顶层制度法规和相关政策制定等等都是这个庞大研究范畴的组成部分，因此无论理论、沿革抑或实证都还有大量工作需要持续深入研究，总括来说有如下四个方面：

第一，工业遗存更新在宏观层面触及大量城市经济学、政治学、

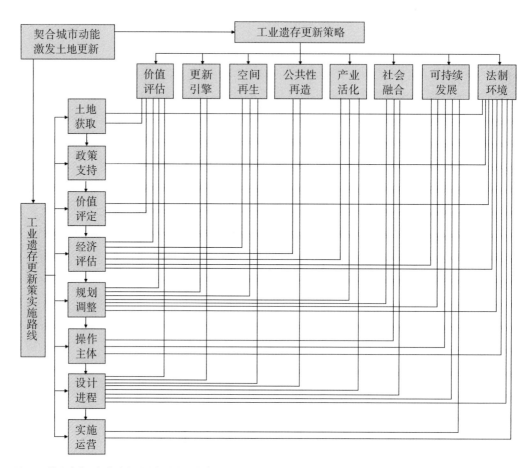

图6-1 横向遗存更新策略与纵向实施路线的共同作用关系图
资料来源：作者自绘

社会学问题，而本书研究的着力点在于更新策略集成和技术路线梳理及二者协同对工业遗存更新的实践指引。在今后的研究中，上述宏观视角下的相关学科的研究和成果运用，会对本研究的丰富和完善有较大帮助。

第二，本研究中，更新策略落地层面以北京首钢园区为主要实证，首钢的遗存更新属典型政府主导的在国家战略推动下的自上而下的更新进程，这只是当下国内工业遗存更新的一个案例，虽局部辅以伦敦国王十字、汉堡港城、卢森堡贝尔瓦科学城等案例旁证，但这些案例也基本都属于国家或城市战略推动下的城市复兴案例，与首钢属于同一范畴实证。与之相对应的国内大量自下而上或上下结合的市场型更新案例实证因篇幅等问题并未述及，这使得策略集成和路线梳理显得不够全面，仍需在未来的研究中补充完善。

第三，在城市复兴策略指引下的首钢园区更新北区发展在 2019 年明确提出三年行动纲要后，在 2022 年冬奥会前北区的西、中、北三个片区将会基本建成并投入使用，但这仅只是园区的一部分，整个园区的全面更新势必要在以十年计的时间纵轴上审视考量。即便是三年内更新完成的部分也需要在后奥运周期中检验其产业导入和项目运行与策略选择的适配性和可持续性，因此对于策略选择模型的提出和假设论证，仍需交给时间做更准确的评价。

第四，近年来国内工业遗存更新领域的研究得到了很大重视，也取得了长足的发展，大量实践案例层出不穷，但像北京首钢园区这样规模和能级的更新案例尚属首例，其更新动能、政策支持、平台建设等问题需求远远超出一般小尺度遗存更新项目所触及的范畴，且涉及并推动了大量相关政策、法规的治理和建设，本书中述及的路线和实施体系的真正落地还需各有关部门齐力协同推动，任重而道远。

最后，必须提及的一点是，城市工业遗存更新不能为更新而更新，必须要着眼于更新所处的经济环境，不能超越其所在城市及区域的经济环境讨论其更新策略的选择。对于高能级城市中具有较强内生动因的项目要因势利导积极推动更新，对于城市能级较低且不具备内生需求的项目则不能超越其经济环境和基础动能条件好高骛远盲目更新。这也是本书给出的中肯建议。

后 记

　　本书脱胎于我的博士论文《存量时代下工业遗存更新策略研究——以北京首钢园区为例》。这是一段相当艰苦的学习历程，在 2013 年开始关注城市更新实践并在 2015 年有幸参与到首钢城市更新项目后，我在论文开题时毫不犹豫地先择了这个方兴未艾的热点课题。

　　但是 2016 年春天以后的超负荷双城工作常常使自己迷失在海量的工作和山大的压力之中，学术上的投入始终是零星和断续的，思考也是碎片化和非系统性的。回看最终结果，自问远没有达到初时的预设，这是论文的最大遗憾。当然，论文中的研究、梳理和总结还是对工业遗存更新领域的实践工作有一定借鉴价值的，我还是很乐意把这些不完美的成果展示出来，既希望我的经验和思考能为该领域行业发展起到点滴的助力作用，也希望这种不完美成为我未来在更新领域持续钻研和学习的理由以及鞭策自己的动力。

　　这个研究一路走来得到了众多师长亲朋无私的帮助，也正是他们的支持和鼓励帮助我最终抵达了终点。

　　首先，要感谢我的恩师程泰宁院士。1999 年在 UIA 北京大会上找先生签名的我，在 2006 年加入了先生主持的筑境设计，并在 2012 年走进东大校门拜入先生门下。一路追随先生的步伐十五载，实践和学术，同事与师生，先生始终是我前进路上的引领者。作为师门几乎唯一跳出老师的研究领域而专注自己实践领域的学生，先生给予了我非常大的宽容、耐心、支持、指导和鼓励。没有先生一次次在我迷茫疲惫时的指点和鼓励，我很难在实践的巨大压力下坚持完成学习。先生是吾辈楷模，五十余载对于专业理想矢志不渝的坚守和对于学术理想持之以恒的求索无时不感染着我，人生风范、事业态度和治学精神均需我终生效法。授业之恩，没齿难忘。

　　其次，要感谢北京市建筑设计研究院总建筑师胡越大师、北京市城市规划研究院施卫良院长、鞠鹏艳所长、首钢集团张功焰书记、王世忠副总经理、梁捷副总经理、刘桦总经理助理、首钢建设投资有限公司金洪利总经理、张福杰副书记、白宁总规划师、前首钢集团副总经理孙永刚先生、首钢基金沈灼林副总经理、东南大学王建国院士、东南大学张彤教授、同济大学李振宇教授、蔡永洁教授、清华大学张利教授、刘伯英教授、天津大学徐苏彬教授、同济大学朱晓明教授、东南大学建筑设计理论研究中心王静教授、蒋楠讲师、费移山讲师、上海水石国际邓刚总理事长、上海幸福里发展有限公司副总经理朱凌先生、上海创邑发展有限公司副总经理黄志伟先生、深圳市规划院王嘉所长在我研究过程中给予的指导和帮助。

再次，要感谢我在筑境团队中的小伙伴郑智雪、曾现梦、娄春雪、郭悦、赵琴琴、王琼宇、方炀、高巍、呼杨朔、刘鹏飞、彭芝珺、鞠红、范丹丹、朱茜、韦仟慧、任一慈，实习生郑国威、姬璇、丁思宏、纪英华以及蒋菁菁和王风给予我的帮助，同时感谢陈鹤、陈畅、郑英玉对部分拍摄工作的帮助。

最后，要把感谢留给我的家人，家永远是我最后的港湾，你们的爱是我不断前行和再出发的动力源泉。

参考文献

外文文献

[1] Levy J M. Contemporary urban planning[M]. New Jersey: Prentice Hall, 2002.

[2] Harvey D. Social justice and the city[M]. Baltimore: Johns Hopkins University Press, 2010.

[3] Rowe C, Koetter F. Collage city[M]. Cambridge: The MIT Press, 1984.

[4] Force T U T. Towards an urban renaissance[M]. London: Routledge, 1999.

[5] Kelly B, Lewis R K .What's right (and wrong) about the Inner Harbor [J]. Planning, 1992(8): 28–32.

[6] Kleinhues J P. From the destruction to the critical reconstruction of the city:urban design in Berlin after 1945[M]. New York: Riaaoli, 1993.

[7] Chung J,Inaba J, Koolhaas R, et al. Great leap forward: harvard design school project on the city[M]. Cambridge :Cologne, 2001.

[8] Fladmark J M. Heritage: conservation, interpretation and enterprise[M]. New York: Routledge, 2016.

[9] Dixon T, Raco M, Gatney P, et al. Sustainable brownfield regeneration: liveable places from problem spaces [EB/OL]. [2020–06–05]. https://www.researchgate.net/publication/296713681_Sustainable_Brownfield_Regeneration_Liveable_Places_from_Problem_Spaces.

[10] Tallon A. Urban regeneration in the UK[M]. New York: Routledge, 2013.

[11] Smith L. Urban regeneration in Europe[M]. New York: John Wiley & Sons, 2008.

[12] Kennedy L. Remaking birmingham: the visual culture of urban regeneration[M]. New York: Routledge, 2004.

[13] Kirkwood N. Manufactured sites: rethinking the post–industrial landscape[M].London: Taylor & Francis,2001.

[14] Keil A. Use and perception of post–industrial urban landscapes in the Ruhr[J]. Wild urban woodlands, 2005(33): 117–130.

[15] Douet J. Industrial heritage re–tooled: the TICCIH guide to industrial heritage conservation[M]. New York: Routledge, 2016.

[16] Powell K. Architecture reborn: the conversion and reconstruction of old buildings[M]. London: Laurence

King, 1999.

[17] Powell K. City transformed: urban architecture at the beginning of the 21st century[M].New York: TeNeues Publishing Group, 2000.

[18] Alfrey J, Putnam T. The industrial heritage: managing resources and uses[M]. New York: Routledge, 2003.

[19] Stratton M. Industrial buildings: conservation and regeneration[M].London:Taylor & Francis, 2003.

[20] Preservation of the University of Pennsylvania. The Getty Conservation Institute[M]. Los Angeles :Getty Publications, 2003.

[21] Allison G, Heritage E. The value of conservation: literature review of the economic and social value of the cultural built heritage[M]. Perth:Marsden Jacob Associates,1996.

[22] Managing change: sustainable approaches to the conservation of the built environment[R].4th Annual US/ ICOMOS International Symposium Organized by US/ICOMOS, the Graduate Program in Historic Preservation of the University of Pennsylvania, and the Getty Conservation Institute, Philadelphia, Pennsylvania, April, 2001.

[23] Barbier E B. Natural resources and economic development[M]. Cambridge: Cambridge University Press,2005.

[24] Downey G, Mumford L. The city in history: its origins, its transformations, and its prospects[J]. The classical world, 1961, 55(1): 12.

[25] Harvey D. The urban process under capitalism: framework for analysis[J]. International journal of urban and regional research, 1978, 2(1–3): 101–131.

[26] Caldeira T, Sorkin M. Variations on a theme park: the new American city and the end of public space[J]. Journal of architectural education (1984–#), 1994, 48(1): 65.

[27] Roche M. Mega–events and urban policy[J]. Annals of tourism research,1994,21(1):1–19.

[28] Jago L K, Shaw R N. Special events: conceptual and definitional framework[J]. Festival management and event tourism, 1998, 5(1):21–32.

[29] Hall P. The turbulent eighth decade: challenges to American city planning[J]. Journal of the American planning association, 1989, 55(3): 275–282.

[30] Liebmann H, Kuder T. Pathways and strategies of urban regeneration: deindustrialized cities in eastern Germany[J]. European planning studies, 2012, 20(7): 1155–1172.

[31] Saccomani S, Governa F, Rossignolo C T. Urban regeneration in a post–industrial city[J]. Journal of urban regeneration & renewal, 2009, 3(1): 20–30.

[32] Hospers G J. Industrial heritage tourism and regional restructuring in the European Union[J]. European planning studies, 2002, 10(3): 397–404.

[33] Arnstein S R. A ladder of citizen participation[J]. Journal of the American institute of planners,1969,35(4):216–224.

[34] TICCIH. The Nizhny Tagil Charter for the industrial heritage[C]//TICCIH XII International Congress, 2003: 169–175.

[35] Yang Y N. Renascence of urban industrial heritages on the background of creative industry development[C]// Proceedings of the 2017 international conference on culture, education and financial development of modern society (ICCESE 2017). France: Atlantis Press, 2017: 471–475.

[36] The association for industrial archaeology[EB/OL]. [2020–06–05]. https://industrial–archaeology.org.

[37] Heiss S. LUXEMBOURG Reconversion d'une friche sidérurgique à Belval [EB/OL]. [2020–06–05]. https://www.lemoniteur.fr/article/luxembourg–reconversion–d–une–friche–siderurgique–a–belval.421154/.

[38] Roderick Hönig. Bücherhalle im Industriedenkmal [EB/OL]. [2018–10–18]. http://www.piotrowski–architekten.ch/projektdetail.php?prid=72#.

[39] The ICOMOS. The Nizhny Tagil Charter for the industrial heritage [EB/OL]. (2013–07–21) [2020–06–05]. http://www.ticcih.org/industrial_heritage.htm.

[40] TURIN CHARTER RATIFIED BY FIVA "FÉDÉRATION INTERNATIONALE DES VÉHICULES ANCIENS" [EB/OL]. [2020–06–05]. http://ticcih.org/turin–charter–ratified–by–fiva–federation–internationale–des–vehicules–anci ens.

[41] ESPON. ESPON project 1.2.3: identication of spatially relevant aspects of the information society, final report

[EB/OL]. [2020–06–05]. http://www.espon.eu/mmp/online/website/content/projects/259/649/index_EN. html.

[42] International B.New life for cities around the world:international handbook on urban renewal [C]//International Seminar on Urban Renewal,1959.

[43] Couch C, Fraser C, Percy S. Urban regeneration in Europe [M].Oxford, UK: Blackwell Science Ltd, 2003.

中文文献
书籍专著

[44] 王建国 . 后工业时代产业建筑遗产保护更新 [M]. 北京：中国建筑工业出版社 ,2008.

[45] 刘伯英 , 冯钟平 . 城市工业用地更新与工业遗产保护 [M]. 北京：中国建筑工业出版社 ,2009.

[46] 刘伯英 . 中国工业建筑遗产调查与研究： 2008 中国工业建筑遗产国际学术研讨会论文集 [M]. 北京：清华大学出版社 ,2009.

[47] 单霁翔 . 从"功能城市"走向"文化城市" [M]. 天津：天津大学出版社 ,2007.

[48] 李冬生 . 大城市老工业区工业用地的调整与更新：上海市杨浦区改造实例 [M]. 上海：同济大学出版社 ,2005.

[49] 史蒂文·蒂耶斯德尔 , 蒂姆·希思，塔内尔·厄奇 . 城市历史街区的复兴 [M]. 张玫英，董卫，译 . 北京：中国建筑工业出版社 ,2006.

[50] 朱晓明 . 当代英国建筑遗产保护 [M]. 上海：同济大学出版社 ,2007.

[51] 田艳平 . 旧城改造与城市社会空间重构： 以武汉市为例 [M]. 北京：北京大学出版社 ,2009.

[52] 阳建强 , 吴明伟 . 现代城市更新 [M]. 南京：东南大学出版社 ,1999.

[53] 王放 . 中国城市化与可持续发展 [M]. 北京：科学出版社 ,2000.

[54] 常青 . 建筑遗产的生存策略： 保护与利用设计实验 [M]. 上海：同济大学出版社 ,2003.

[55] 雅各布斯 . 美国大城市的死与生 (纪念版)[M]. 金衡山 , 译 . 南京 . 译林出版社 ,2006.

[56] 迈克·詹克斯，伊丽莎白·伯顿，凯蒂·威廉姆斯 . 紧缩城市： 一种可持续发展的城市形态 [M]. 周玉鹏，龙洋，楚先锋，译 . 北京：中国建筑工业出版社 ,2004.

[57] 祝慈寿 . 中国近代工业史 [M]. 重庆：重庆出版社 ,1989.

[58] 祝慈寿 . 中国现代工业史 [M]. 重庆：重庆出版社 ,1990.

[59] 赵民 , 陶小马 . 城市发展和城市规划的经济学原理 [M]. 北京：高等教育出版社 ,2001.

[60] 聂武钢 , 孟佳 . 工业遗产与法律保护 [M]. 北京：人民法院出版社 ,2009.

[61] 费朗索瓦丝·萧伊 . 建筑遗产的寓意 [M]. 寇庆民 , 译 . 北京：清华大学出版社 ,2012.

[62] 任保平 . 衰退工业区的产业重建与政策选择： 德国鲁尔区的案例 [M]. 北京：中国经济出版社 ,2007.

[63] 包亚明 . 现代性与都市文化理论 [M]. 上海：上海社会科学院出版社 ,2008.

[64] 周俭 , 张恺 . 在城市上建造城市： 法国城市历史遗产保护实践 [M]. 北京：中国建筑工业出版社 ,2003.

[65] 卡罗尔·贝伦斯 . 工业遗址的再开发利用: 建筑师、规划师、开发商和决策者实用指南 [M]. 吴小菁 , 译 . 北

京：电子工业出版社,2012.

[66] 埃德蒙·N.培根.城市设计 [M].修订版.黄富厢,朱琪,译.北京：中国建筑工业出版社,2005.

[67] 李玉峰.新遗产城市：世界遗产观念下的城市类型研究 [M].北京：中国建筑工业出版社,2012.

[68] 张京成,刘利永,刘光宇.工业遗产的保护与利用："创意经济时代"的视角 [M].北京：北京大学出版社,2013.

[69] 柴彦威.城市空间 [M].北京：科学出版社,2000.

[70] 麦克哈格.设计结合自然 [M].芮经纬,译.北京：中国建筑工业出版社,1992.

[71] 阿尔多·罗西.城市建筑 [M].施植明,译.台北：博远出版有限公司,1992 .

[72] 凯文·林奇,加里·海克.总体设计 [M].3 版.黄富厢,译.北京：中国建筑工业出版社,1999.

[73] 凯文·林奇.城市意象 [M].方益萍,何晓军,译.北京：华夏出版社,2001.

[74] 张松.历史城市保护学导论： 文化遗产和历史环境保护的一种整体性方法 [M].上海：上海科学技术出版社,2001.

[75] 肯尼思·鲍威尔.旧建筑改建和重建 [M].于馨,杨智敏,司洋,译.大连：大连理工大学出版社,2001.

[76] 顾朝林.城市社会学 [M].南京：东南大学出版社,2002.

[77] 洪亮平.城市设计历程 [M].北京：中国建筑工业出版社,2002.

[78] 张庭伟,冯晖,彭治权.城市滨水区设计与开发 [M].上海：同济大学出版社,2002.

[79] 张松.城市文化遗产保护国际宪章与国内法规选编 [M].上海：同济大学出版社,2007.

[80] 柯林·罗,弗瑞德·科特.拼贴城市 [M].童明,译.北京：中国建筑工业出版社,2003.

[81] 中华人民共和国国家发展和改革委员会.国家发展改革委关于首钢实施搬迁、结构调整和环境治理方案的批复 [M] // 北京市工业促进局.北京工业年鉴.北京：北京燕山出版社, 2006.

[82] 薛顺生,娄承浩.老上海工业旧址遗迹 [M].上海：同济大学出版社,2004.

[83] 芦原义信.外部空间设计 [M].尹培桐,译.北京：中国建筑工业出版社,1986.

[84] 单霁翔.文化遗产保护与城市文化建设 [M].北京：中国建筑工业出版社,2009.

[85] 左琰.德国柏林工业建筑遗产的保护与再生 [M].南京：东南大学出版社,2007.

[86] 唐燕.创意城市实践： 欧洲和亚洲的视角 [M].北京：清华大学出版社,2013.

[87] 王鹏.集体行动理论视角下中国大学战略规划有效性研究 [M].北京：人民出版社,2014.

345

[88] L. 贝纳沃罗 . 世界城市史 [M]. 薛钟灵，余靖芝，葛明义，等译 . 北京：科学出版社 ,2000.

[89] 吴良镛 . 北京旧城与菊儿胡同 [M]. 北京：中国建筑工业出版社 ,1994.

[90] 王景慧 . 历史文化名城保护理论与规划 [M]. 上海：同济大学出版社 ,1999.

[91] 颜善文 . 形势与政策教学参考资料 [M]. 天津：天津大学出版社 ,2001.

[92] 杨小青 . 房屋结构知识与维修管理 [M]. 北京：中国建筑工业出版社 ,2006.

[93] 大卫·哈维 . 希望的空间 [M]. 南京：南京大学出版社 ,2006.

[94] 胡先 . 高炉炉前操作技术 [M]. 北京：冶金工业出版社 ,2006.

[95] 李振宇，邓丰，刘智伟 . 柏林住宅：从 IBA 到新世纪 [M]. 北京：中国电力出版社 ,2007.

[96] 杰思·卡罗恩 . 可持续的建筑保护 [M]. 陈彦玉等，译 . 北京：电子工业出版社 ,2013.

[97] 查尔斯·瓦尔德海姆 . 景观都市主义 [M]. 刘海龙，刘东云，孙璐，译 . 北京：中国建筑工业出版社 ,2011.

[98] 首钢总公司，中国企业文化研究会 . 首钢企业文化 (1919—2010)[M]. 北京：中共中央党校出版社 ,2011.

[99] 邵甬 . 法国建筑·城市·景观遗产保护与价值重现 [M]. 上海：同济大学出版社 ,2010.

[100] 卡米诺·西特 . 城市建设艺术 [M]. 仲德崑，译 . 南京：东南大学出版社 ,1990.

[101] 诺伯格·舒尔茨 . 存在·空间·建筑 [M]. 尹培桐，译 . 北京：中国建筑工业出版社 ,1990.

[102] 纽金斯 . 世界建筑艺术史 [M]. 顾孟潮，张百平，译 . 合肥：安徽科学技术出版社 ,1990.

[103] 让·鲍德里亚 . 消费社会 [M]. 北京：中国社会科学出版社 ,1970.

[104] 孔明安，孙杰荣 . 鲍德里亚与消费社会 [M]. 沈阳：辽宁大学出版社 ,2008.

[105] 约翰·罗尔斯 . 正义论 [M]. 修订版 . 何怀宏，何包钢，廖申白，译 . 北京：中国社会科学出版社 ,2009.

[106] 姜彩芬，余国扬，李新家 . 消费经济学 [M]. 北京：中国经济出版社 ,2009.

[107] 原广司 . 世界聚落的教示 100[M]. 于天祎，刘淑梅，马千里，等译 . 北京：中国建筑工业出版社 ,2003.

[108] 克洛德·列维 – 斯特劳斯 . 野性的思维 [M]. 李幼蒸，译 . 北京：商务印书馆 ,1987.

[109] 张维迎 . 市场的逻辑 [M]. 上海：上海人民出版社 ,2012.

论文集:

[110] 刘伯英 . 中国工业建筑遗产调查与研究：2008 中国工业建筑遗产国际学术研讨会论文集 [C]. 北京：清华大学出版社 ,2009.

[111] 朱文一 , 刘伯英 . 中国工业建筑遗产调查、研究与保护： 2010 中国工业建筑遗产国际学术研讨会论文集 [C]. 北京：清华大学出版社 ,2011.

[112] 朱文一 , 刘伯英 . 中国工业建筑遗产调查、研究与保护（二）：2011 年中国第二届工业建筑遗产学术研讨会论文集 [C]. 北京：清华大学出版社 ,2012.

[113] 朱文一 , 刘伯英 . 中国工业建筑遗产调查、研究与保护（三）：2012 中国工业建筑遗产国际学术研讨会论文集 [C]. 北京：清华大学出版社 ,2013.

[114] 朱文一 , 刘伯英 . 中国工业建筑遗产调查、研究与保护（四）：2013 中国工业建筑遗产国际学术研讨会论文集 [C]. 北京：清华大学出版社 ,2014.

[115] 朱文一 , 刘伯英 . 中国工业建筑遗产调查、研究与保护（五）：2014 年中国第三届工业建筑遗产学术研讨会论文集 [C]. 北京：清华大学出版社 ,2015.

[116] 朱文一 , 刘伯英 . 中国工业建筑遗产调查、研究与保护（六）：2015 年中国第三届工业建筑遗产学术研讨会论文集 [C]. 北京：清华大学出版社 ,2016.

[117] 朱文一 , 刘伯英 . 中国工业建筑遗产调查、研究与保护（七）：2016 年中国第三届工业建筑遗产学术研讨会论文集 [C]. 北京：清华大学出版社 ,2017.

[118] 朱文一 , 刘伯英 . 中国工业建筑遗产调查、研究与保护（八）：2017 年中国第三届工业建筑遗产学术研讨会论文集 [C]. 北京：清华大学出版社 ,2018.

[119] 岳昌盛 , 彭犇 , 刘长波 , 等 . 钢铁企业污染土壤修复技术探讨及展望 [C]//《环境工程》2018 年全国学术年会论文集（下册）. 北京 ,2018：738-742.

[120] 中国城市规划学会 , 杭州市人民政府 . 共享与品质：2018 中国城市规划年会论文集 (07 城市设计)[C]. 北京：中国建筑工业出版社 ,2018：14.

[121] 无锡市文化遗产局 . 中国工业遗产保护论坛文集 [C]. 南京：凤凰出版社 ,2007.

[122] 中国武汉决策信息研究开发中心 , 决策与信息杂志社 , 北京大学经济管理学院 . 决策论坛：基于公共管理学视角的决策研讨会”论文集（下）[C]. 2015：113-115.

期刊杂志

[123] 刘伯英,李匡.工业遗产的构成与价值评价方法 [J]. 建筑创作,2006(09):24-30.

[124] 刘伯英,李匡.首钢工业区工业遗产资源保护与再利用研究 [J]. 建筑创作,2006(9):36-51.

[125] 彼得·霍尔,罗震东,耿磊.全球视角下的中国城市增长 [J]. 国际城市规划,2009,23(1):9-15.

[126] 王建国,蒋楠.后工业时代中国产业类历史建筑遗产保护性再利用 [J]. 建筑学报,2006(8):8-11.

[127] 单霁翔.关注新型文化遗产:工业遗产的保护 [J]. 中国文化遗产,2006,4(11):10-47.

[128] 郑德高,卢弘旻.上海工业用地更新的制度变迁与经济学逻辑 [J]. 上海城市规划,2015(3):25-32.

[129] 吴晨.城市复兴的理论探索 [J]. 世界建筑,2002(12):72-78.

[130] 王建国,彭韵洁,张慧,等.瑞士产业历史建筑及地段的适应性再利用 [J]. 世界建筑,2006(5):26-29.

[131] 刘克成,裴钊,李焜,等.首钢博物馆设计理念简析:基于工业遗产评价的再利用设计 [J]. 新建筑,2014(04):4-8.

[132] 王建国,戎俊强.关于产业类历史建筑和地段的保护性再利用 [J]. 时代建筑,2001(04):10-13.

[133] 北京市发展改革委.首钢老工业区全面调整转型 [J]. 中国经贸导刊,2014(31):32-34.

[134] 鞠鹏艳.大型传统重工业区改造与北京城市发展:以首钢工业区搬迁改造为例 [J]. 北京规划建设,2006(5):51-54.

[135] 徐永健,阎小培.城市滨水区旅游开发初探:北美的成功经验及其启示 [J]. 经济地理,2000,20(1):99-102.

[136] 青木信夫,徐苏斌,季宏.天津近代工业遗产与创意城市 [J]. 中国建筑文化遗产,2011(1)

[137] 薄宏涛.从高炉供料区到奥运办公园区:首钢西十冬奥广场设计 [J]. 建筑学报,2018(05):34-35.

[138] 王博伦.工业建筑遗产在后工业时代的保护更新策略 [J]. 建筑与文化,2017(08):117-118

[139] 谭峥.新城市主义的语境:批判与转译 [J]. 新建筑,2017(04):1.

[140] 陆邵明.是废墟,还是景观?:城市码头工业区开发与设计研究 [J]. 华中建筑,1999(02):102-105.

[141] 于涛方,彭震,方澜.从城市地理学角度论国外城市更新历程 [J]. 人文地理,2001(03):41-43.

[142] 罗童.国王十字总体规划,伦敦,英国 [J]. 世界建筑,2002(06):70-71.

[143] Peter Hall,陈闽齐.塑造后工业化城市 [J]. 国外城市规划,2004,19(4):11-16.

[144] 晁阳.汉堡港口新城:城市更新的绿色样本 [J]. 建筑与文化,2017(2):41-51.

[145] 杨辰.历史、身份、空间工人新村研究的三种路径 [J]. 时代建筑,2017(2):10-15.

[146] 陈挚.城市更新中的生态策略:以汉堡港口新城为例 [J]. 规划师,2013,29(S1):62-65.

[147] 蔡永洁.从两种不同的空间形态：看欧洲传统城市广场的社会学含义 [J].时代建筑 ,2002(4)：38-41.

[148] 张健，隋倩婧，吕元.工业遗产价值标准及适宜性再利用模式初探 [J].建筑学报 ,2011(S1)：88-92.

[149] 赵万民，李和平，张毅.重庆市工业遗产的构成与特征 [J].建筑学报 ,2010(12)：7-12.

[150] 章莉.棕地景观规划设计中的土壤修复方法：以首钢二通机械厂改造景观规划设计为例 [J].华中建筑 ,
      2009,27(06)：211-215.

[151] 赵玮璐.旧工业遗存的重生：以首钢文化产业园冬奥办公区为例 [J].建筑与文化 ,2018(1)：102-103.

[152] 许东风.近现代工业遗产价值评价方法探析：以重庆为例 [J].中国名城 ,2013(05)：66-70.

[153] 刘晓逸，运迎霞，任利剑.2010 年以来英国城市更新政策革新与实践 [J].国际城市规划 ,2018,33(02)：
      104-110.

[154] 吴晨，丁霓.城市复兴的设计模式：伦敦国王十字中心区研究 [J].国际城市规划 ,2017,32(4)：118-126.

[155] 薄宏涛.泛文化建筑：还原城市集体记忆的发生场 [J].城市建筑 ,2009(09)：85-91.

[156] 庄慎，华霞虹.棉仓城市客厅 [J].建筑学报 ,2018(07)：42-51.

[157] 鲁安东.棉仓城市客厅：一个内部性的宣言 [J].建筑学报 ,2018(7)：52-55.

[158] 翟斌庆，翟碧舞.中国城市更新中的社会资本 [J].国际城市规划 ,2010,25(01)：53-59.

[159] 邹兵.增量规划、存量规划与政策规划 [J].城市规划 ,2013,37(02)：35-37.

[160] 周婷婷，熊茵.基于存量空间优化的城市更新路径研究 [J].规划师 ,2013,29(S2)：36-40.

[161] 姚之浩，田莉.21 世纪以来广州城市更新模式的变迁及管治转型研究 [J].上海城市规划 ,2017(5)：29-34.

[162] 张芸，陈秀琼，王童瑶，等.基于能值理论的钢铁工业园区可持续性评价 [J].湖南大学学报 (自然科
      学版),2010,37(11)：66-71

[163] 叶祖达.迈向 "正气候" 目标的中国城市规划建设路径图 [J].南方建筑 ,2017(2)：34-39.

[164] 王彦辉，顾威.苏黎世西部工业区复兴及其启示 [J].规划师 ,2007(07)：8-10.

[165] 江泓，张四维.后工业化时代城市老工业区发展更新策略：以瑞士 "苏黎世西区" 为例 [J].中国科学
      （E 辑：技术科学),2009,39(05)：863-868.

[166] 卡萨瑞娜·海德，玛蒂娜·考 – 施耐森玛雅，周勇.苏黎世：从保守的银行总部到时尚创意之都 [J].
      国际城市规划 ,2012,27(03)：30-35.

[167] 刘济姣，林辰松，肖遥.德国劳齐茨地区后矿业遗址的区域再生计划 [J].工业建筑 ,2018,48(06)：195-199.

[168] Origin Architect. 北京胶印厂改造：77 文化创意园区 , 北京 , 中国 [J]. 世界建筑 ,2017(12)：78-83.

[169] 周挺 , 张兴国 . 德国多特蒙德凤凰旧工业区空间转型 [J]. 建筑学报 ,2012(01)：40-43.

[170] 董一平 , 侯斌超 . 工业建筑遗产保护与再生的"临时性使用"模式：以瑞士温特图尔苏尔泽工业区为例 [J]. 城市建筑 ,2012(03)：19-23.

[171] 魏强 . 空间正义与城市革命：大卫·哈维城市空间正义思想研究 [J]. 南华大学学报 (社会科学版),2018,19(06)：62-66.

[172] 杨芬 , 丁杨 . 亨利·列斐伏尔的空间生产思想探究 [J]. 西南民族大学学报 (人文社科版),2016,37(10)：183-187.

[173] 孙德龙 . 基于公私利益平衡的高架线下空间利用：以苏黎世高架拱桥改造项目为例 [J]. 新建筑 ,2016(03)：48-51.

[174] 张京祥 , 赵丹 , 陈浩 . 增长主义的终结与中国城市规划的转型 [J]. 城市规划 ,2013(1)：45-50.

[175] 张更立 . 走向三方合作的伙伴关系：西方城市更新政策的演变及其对中国的启示 [J], 城市发展研究 ,2004,11(4)：26-32.

[176] 李和平 , 惠小明 . 新马克思主义视角下英国城市更新历程及其启示：走向"包容性增长"[J]. 城市发展研究 ,2014,21(5)：85-90.

[177] 汪民安 . 空间生产的政治经济学 [J]. 国外理论动态 ,2006(1)：46-52.

[178] 张京祥 , 罗小龙 , 殷洁 , 等 . 大事件营销与城市的空间生产与尺度跃迁 [J]. 城市问题 ,2011(1)：19-23.

[179] 孔明安 . 从物的消费到符号消费：鲍德里亚的消费文化理论研究 [J]. 哲学研究 ,2002(11)：68-74.

[180] 朱地 . 首钢战略："三个代表"的实践：访罗冰生同志 [J]. 百年潮 ,2002(6)：4-10.

[181] 黄鹤 . 文化政策主导下的城市更新：西方城市运用文化资源促进城市发展的相关经验和启示 [J]. 国际城市规划 ,2006,21(1)：34-39.

[182] 金广君 , 刘代云 , 邱志勇 . 论城市触媒的内涵与作用：深圳市宝安新中心区城市设计方案解析 [J]. 城市建筑 ,2004(1)：79-83.

[183] 简圣贤 . 都市新景观纽约高线公园 [J]. 风景园林 ,2011(04)：97-102.

[184] 何一民 , 周明长 .156 项工程与新中国工业城市发展 (1949—1957 年)[J]. 当代中国史研究 ,2007,14(2)：70-77.

[185] 方丹青 , 陈可石 , 陈楠 . 以文化大事件为触媒的城市再生模式初探"欧洲文化之都"的实践和启示 [J].

国际城市规划 ,2017,32(02)：101-107.

[186] 陈易 . 文化复兴、产业振兴与城市更新：从"欧洲文化之都"计划对城市更新的影响说起 [J]. 城市
     建设理论研究 ,2012(25)：1-6.

[187] 苏海龙 , 张园 . 多特蒙德计划与多特蒙德城市转型 [J]. 上海城市规划 ,2007,72(1)：53-58.

[188] 王静 , 王兰 , 保罗·布兰克 - 巴茨 . 鲁尔区的城市转型：多特蒙德和埃森的经验 [J]. 国际城市规
     划 ,2013,28(6)：43-49.

[189] 陈小坚 .《新城市议程》：通向未来可持续发展的城市化行动纲领：联合国住房与可持续城市发展
     大会 (人居三) 综述 [J]. 现代城市研究 ,2017(1)：129-132.

[190] 张建敏 , 李传森 . 浅议工业垃圾发电的现状及发展对策 [J]. 科技视界 ,2014(10)：271.

[191] 刘云甫 , 朱最新 . 制度创新与法治：政府主导型改革的法律规制 [J]. 求实 ,2010(1)：66-69.

[192] 李国宁 . 城镇土地增值收益率测算方法研究 [J]. 城市建设理论研究 ,2016(14)：30-50.

[193] 惠彦 , 单宁 . 跨界的轨道交通连接：上海—太仓 [J]. 城市轨道交通研究 ,2009,12(09)：14-17.

[194] 张彤 . 产品设计以三维实体建模为基础 , 建立单一数据源 , 实现企业级信息集成：关于进一步推进
     CAD/CAM 技术应用的意见 [J]. 洪都科技 ,2000(04)：34-38.

[195] 徐梅 . 转换与更新：我们身边的工业遗存复兴 [J]. 南方人物周刊 ,2019(1)：26-33.

[196] 王磊 , 王庆斌 . 从《梁陈方案》到北京城市总体规划 (2016 年—2035 年)[J]. 美与时代 (城市版),
     2018(07)：43-44.

[197] 撒元智 , 周胜军 , 关佳杰 , 等 . 在新常态下谱写首钢转型发展新篇章 [J]. 冶金企业文化 ,2015(05)：6-8.

[198] 岳阳春 , 于志宏 , 管竹笋 . 从伦敦东区看北京新首钢地区：让奥运会成为城市发展的助推器 [J]. WTO
     经济导刊 ,2018(10)：39-44.

[199] 林兰 . 德国汉堡城市转型的产业 - 空间 - 制度协同演化研究 [J]. 世界地理研究 ,2016(24)：73-82.

[200] 路微 . 谷歌英国伦敦国王十字区新总部投资规模或超 10 亿英镑 [J]. 华东科技 ,2016(12)：11.

[201] 吴唯佳 , 黄鹤 , 陈宇琳 . 复兴的首钢：保护工业遗产的突出价值 , 融入京津冀协同发展 [J]. 城市环境
     设计 ,2016(04)：358-361.

[202] 危俏斌 . 空间 多样化 个性化：现代城市中心广场设计中的体会 [J]. 中外建筑 ,2004(01)：102-103.

[203] 王昕婷 , 吴斌 , 徐博 . 沈阳铁西区历史工业遗产保护与再利用方向 [J]. 山西建筑 ,2018(15)：30-31.

[204] 叶祖达.中国城市迈向近零碳排放与正气候发展模式 [J].城市发展研究,2017(4)：22-28.

[205] 詹小秀,简博秀.城市文化创意园区研究：以台北华山 1914 文化创意园区为例 [J].上海城市规划,2013(6)：112-118.

[206] 黄晔,戚广平.田子坊历史街区保护与再利用实践中商居混合矛盾的财产权问题 [J].西部人居环境学刊,2015,30(01)：66-72.

[207] 孙倩,李文,胡仲军.公共中心引导的城市针灸 [J].中外建筑,2010,(12)：100-101.

[208] 俞孔坚,方琬丽.中国工业遗产初探 [J].建筑学报,2006(08)：12-15.

[209] 工业遗产之下塔吉尔宪章 [J].建筑创作,2006(08)：197-202.

[210] 无锡建议：注重经济高速发展时期的工业遗产保护 [J].建筑创作,2006(08)：195-196.

[211] 李建波,张京祥.中西方城市更新演化比较研究 [J].城市问题,2003(05)：68-71+49.

[212] 丁凡,伍江.城市更新相关概念的演进及在当今的现实意义 [J].城市规划学刊,2017(06)：87-95.

学位论文

[213] 陈旭 . 旧工业建筑群再生利用理论与实证研究 [D]. 西安：西安建筑科技大学 ,2010.

[214] 汪晖 . 城市化进程中的土地制度研究：以浙江省为例 [D]. 杭州：浙江大学 ,2002.

[215] 田林 . 大遗址遗迹保护问题研究 [D]. 天津：天津大学 ,2004.

[216] 寇怀云 . 工业遗产技术价值保护研究 [D]. 上海：复旦大学 ,2007.

[217] 黄琪 . 上海近代工业建筑保护和再利用 [D]. 上海：同济大学 ,2008.

[218] 彭大鹏 . 权力：社会空间的视角 [D]. 武汉：华中师范大学 ,2008.

[219] 张旭 . 基于共生理论的城市可持续发展研究 [D]. 哈尔滨：东北农业大学 ,2004.

[220] 张远大 . 当代中国建筑的社会批评 (1978—2004)[D]. 上海：同济大学 ,2005.

[221] 沈海虹 . "集体选择"视野下的城市遗产保护研究 [D]. 上海：同济大学 ,2006.

[222] 石永林 . 基于可持续发展的生态城市建设研究 [D]. 哈尔滨：哈尔滨工业大学 ,2006.

[223] 李宏利 . 城市更新中历史环境的管治研究：以太原市历史环境实证研究为例 [D]. 上海：同济大学 ,2006.

[224] 张静 . 城市后工业公园剖析 [D]. 南京：南京林业大学 ,2007.

[225] 朱强 . 京杭大运河江南段工业遗产廊道构建 [D]. 北京：北京大学 ,2007.

[226] 刘抚英 . 中国矿业城市工业废弃地协同再生对策研究 [D]. 北京：清华大学 ,2007.

[227] 孙俊桥 . 走向新文脉主义 [D]. 重庆：重庆大学 ,2010.

[228] 刘力 . 资源型城市工业地段更新研究：以唐山中心城区为例 [D]. 天津：天津大学 ,2012.

[229] 廖玉娟 . 多主体伙伴治理的旧城再生研究 [D]. 重庆：重庆大学 ,2013.

[230] 闫觅 . 以天津为中心的旧直隶工业遗产群研究 [D]. 天津：天津大学 , 2015.

[231] 吕正春 . 工业遗产价值生成及保护探究 [D]. 沈阳：东北大学 ,2015.

[232] 刘学文 . 中国文化创意产业园可持续设计研究 [D]. 长春：东北师范大学 ,2015.

[233] 周挺 . 城市发展与遗存工业空间转型：以重庆遗存工业空间转型研究为例 [D]. 重庆：重庆大学 ,2015.

[234] 杨震宇 . 工业遗址改造中的景观设计研究 [D]. 北京：北京林业大学 ,2015 .

[235] 刘宇 . 后工业时代我国工业建筑遗产保护与再利用策略研究 [D]. 天津：天津大学 ,2016.

[236] 陈易 . 转型期中国城市更新的空间治理研究：机制与模式 [D]. 南京：南京大学 ,2016..

[237] 张扬 . 绿色再生旧工业建筑评价理论研究 [D]. 西安：西安建筑科技大学 ,2016.

[238] 李红娟 . 基于紧凑城市发展的土地利用政策研究 [D]. 济南：山东大学 ,2017.

[239] 徐力冲 . 大卫·哈维空间理论研究：基于当代资本主义经济危机批判 [D]. 长春：吉林大学 ,2017.

[240] 张犁 . 工业建筑遗产保护与文化再生研究 [D]. 西安：西安美术学院 ,2017.

[241] 黄磊 . 城市社会学视野下历史工业空间的形态演化研究 [D]. 长沙：湖南大学 ,2018.

[242] 曾锐 . 基于保护转型与再生评价的工业遗产更新研究 [D]. 合肥：合肥工业大学 ,2018.

[243] 文雪 . 城市工业遗存"适应性更新"设计策略研究 [D]. 天津：天津大学 ,2018 .

[244] 庄简狄 . 旧工业建筑再利用若干问题研究 [D]. 北京：清华大学 ,2004.

[245] 贺旺 . 后工业景观浅析 [D]. 北京：清华大学 ,2004.

[246] 周陶洪 . 旧工业区城市更新策略研究：以北京为例 [D]. 北京：清华大学 ,2005.

[247] 张琳琳 . 基于城市设计策略的城市旧工业区更新：以陕西钢厂改造为例 [D]. 西安：西安建筑科技大学 ,2007.

[248] 刘力 . 旧工业建筑改造中"工业元素"的再利用 [D]. 天津：天津大学 ,2007.

[249] 杜少波 . 旧工业建筑再生利用项目可持续性后评价的应用研究 [D]. 西安：西安建筑科技大学 ,2008.

[250] 翟强 . 城市街区混合功能开发规划研究 [D]. 武汉：华中科技大学 ,2010.

[251] 刘瀚熙 . 三线建设工业遗产的价值评估与保护再利用可行性研究：以原川东和黔北地区部分迁离单位旧址为例 [D]. 武汉：华中科技大学 ,2012.

[252] 陈康龙 . 重庆北部新区 EBD 园区建筑空间可持续发展研究 [D]. 重庆：重庆大学 ,2014.

[253] 汪瑀 . 新常态背景下的南京工业遗产再利用方法研究 [D]. 南京：东南大学 ,2015.

[254] 杨晨 . 城市工业废弃地生态修复与景观再生设计研究 [D]. 西安：西安建筑科技大学 ,2014.

[255] 沈瑾 . 资源型工业城市转型发展的规划策略研究基于唐山的理论与实践 [D]. 天津：天津大学 ,2011.

[256] 许东风 . 重庆工业遗产保护利用与城市振兴 [D]. 重庆：重庆大学 ,2012.

电子文献

[257] 百度百科 . 城镇化率 [DB/OL]. (2021-04-09) [2021-10-08]. https://baike.baidu.com/item/%E5%9F%8E%
E9%95%87%E5%8C%96%E7%8E%87/5103387?fr=aladdin.

[258] 国家统计局 . 2018 年国民经济和社会发展统计公报 [EB/OL]. [2019-02-28]. http://www.stats.gov.cn/tjsj/
zxfb/201902/t20190228_1651265.html.

[259] 2015 上海城市空间艺术季 [EB/OL]. [2021-12-31]. https://www.susas.com.cn/susas/public/index.php/cn.

[260] 以城市更新推动供给侧结构性改革 [EB/OL].(2017-12-31) [2017-12-31]. http://www.haikou.gov.cn/zfdt/
hkyw/201712/t20171231_1149321.html.

[261] 梁朋朋 , 赵博 . 基于存量规划视野下的非物质文化遗产保护研究——以焦作市为例 [EB/OL]. [2017-
10-21]. http://www.doc88.com/p-9905262464145.html.

[262] 可持续性建筑存量演进模型研究——以中国建筑存量为例 [EB/OL]. [2018-05-29]. https://max.book118.
com/html/2018/0525/168505124.shtm.

[263] 老佛爷百货香榭丽舍大道旗舰店 , 巴黎 / BIG——新焕发光彩的 Art Deco 建筑瑰宝 [EB/OL]. [2019-
06-06]. https://www.gooood.cn/galeries-lafayette-flagship-on-champs-el.html.

[264] 国际工业遗产保存委员会官网 [EB/OL]. [2019-08-15]. http://ticcih.org/about/.

[265] 12 Principles of Cautious Urban Renewal [EB/OL]. [2021-12-31]. https://www.internationale-
bauausstellungen.de/en/history/1979-1984-87-iba-berlin-inner-city-as-a-living-space%e2%80%a8/12-
principles-of-cautious-urban-renewal-a-paradigm-change-in-urban-development/.

[266] 中国国家统计局网站 [EB/OL]. [2021-12-31]. http://www.stats.gov.cn/.

[267] 薄宏涛 . 工业遗存的 "重生" 与城市更新 [EB/OL]. [2018-08-08]. http://www.sohu.com/a/245867614_569315.

[268] 《国家工业遗产管理暂行办法》解读[EB/OL]. [2021-12-31]. https://www.miit.gov.cn/jgsj/zfs/gywh/art/2020/
art_9bac0f636c1e4862bf178112e78648ad.html.

[269] Releasing the cultural potential of our core cities [EB/OL]. [2018-12-31]. https://www.charleslandry.com/.

[270] 英国旧城改造成功项目——伦敦巴特西的前世今生 [EB/OL]. [2017-11-16]. http://www.sohu.com/
a/204650933_720180.

[271] 张文豪 . 最佳长案例 : 三个纽约客与一个公园的诞生 [EB/OL]. [2018-04-06]. https://news.fang.com/open/
28160153.html.

[272] 刘抚英 . 德国鲁尔区工业遗产保护与再利用对策考察研究 [EB/OL]. [2012-12-25]. http://blog.sina.com.cn/s/blog_53d63a3f0100dhhr.html.

[273] 英国城市设计与城市复兴 (五) 历程与争论——利物浦滨水区更新回顾 [EB/OL]. [2018-02-08]. http://www.yidianzixun.com/article/0IJn1xq0.

[274] 烧掉 30 亿英镑的街区更新仍难逃绅士化的质疑 [EB/OL]. [2018-12-12]. http://www.sohu.com/a/281458104_267672.

[275] 沪版"高线公园"来了 北滨江激活大陆家嘴 [EB/OL]. [2018-08-12]. http://sh.house.163.com/16/0812/11/BU919CJ500073SDJ.html.

[276] 德国鲁尔工业 遗产区的创意转型 . (2017-10-14) [2021-12-31]. https://news.artron.net/20171014/n966392_.html.

[277] 杨小凯 . 百年中国经济史笔记 [EB/OL]. [2004-07-28]. http://www.aisixiang.com/data/3686.html.

[278] 以文化大事件为触媒的城市再生模式初探——"欧洲文化之都"的实践和启示 [EB/OL]. [2017-05-16]. http://www.sohu.com/a/141080782_275005.

[279] "邻避效应"是利益博弈还是对抗冲突 [EB/OL]. [2016-04-20]. http://epaper.southcn.com/nfzz/235/content/2016-04/20/content_146297662.html.

[280] 我国工业污染场地主要类型及土壤修复技术解析 [EB/OL]. (2017-07-17) [2021-12-31]. https://www.solidwaste.com.cn/news/261048_2.html.

[281] "准棕地"如何改造 ?4 大模式收获经济环保双效益 [EB/OL]. (2017-12-08) [2021-?2-31]. http://www.ahjdjt.com.cn/display.asp?id=3719.

[282] 韩建平 . 北京面临全新城市格局重塑 矫正非首都功能 [EB/OL]. [2015-07-12]. http://www.xinhuanet.com/politics/2015-07/12/c_128010457.html, 新华网 .

[283] 疏解提升 "四个中心"定位新北京 [EB/OL]. (2017-06-05) [2021-12-31]. http://www.funxun.com/news/34/201765102023.html.

[284] 朱江 , 伍振国 . 深入思考"建设一个什么样的首都 , 怎样建设首都" [EB/OL]. [2017-04-25]. http://house.people.com.cn/n1/2017/0425/c164220-29233112.html, 人民网 .

[285] Riegl 三维激光扫描仪 [EB/OL]. [2019-06-13]. http://sho9.souvr.com/ivr/sp/3DScanner/201501/100578.shtml.

[286] 北京规划发展历程 [EB/OL]. [2014-02-21]. https://wenku.baidu.com/view/bc564284ec3a87c24028c459.html.

[287] 北京城市总体规划的浅析 [EB/OL]. [2013-03-03]. https://wenku.baidu.com/view/6827fa6c7e21af45b307a860.html.

[288] 国家体育总局发布《"带动三亿人参与冰雪运动"实施纲要 (2018—2022 年)》[EB/OL]. [2018-09-08]. http://www.sohu.com/a/252708970_505662.

[289] 冬奥组委入驻首钢园背后的国家战略意图 [EB/OL]. [2016-08-31]. http://www.360doc.com/content/16/0831/00/6598516_587181167.shtml.

[290] 工业遗存构建的"大院"：首钢西十冬奥广场 / 筑境设计 [EB/OL]. (2018-08-17) [2021-12-31]. http://www.archiposition.com/items/20180816101615.

[291] 北京市石景山区区长陈之常在 2019 年区政府全体会议上的讲话 [EB/OL]. (2019-02-25) [2021-12-31]. https://www.doc88.com/p-0062541023568.html.

[292] 赵晨钰. 新老上海情迷出版人 [EB/OL]. (2005-07-05) [2021-12-31]. http://www.ewen.com.cn/cache/books/90/bkview-89793-235078.htm.

[293] 薄宏涛, 胡适应. 安亭新镇——德国设计师在中国的城市设计实践 [EB/OL]. [2006-12-07]. https://www.docin.com/p-767542949.html.

[294] 当首钢遇上奔驰 [EB/OL]. (2018-11-29) [2021-12-31]. https://www.sohu.com/a/278505790_120014114.

[295] 金淼森. 汉堡：没想到德国还藏着个鲜为人知的音乐之城 [EB/OL]. [2018-10-31]. http://www.mafengwo.cn/gonglve/ziyouxing/183973.html.

[296] 伦敦国王十字街的城市更新样本 [EB/OL]. [2018-01-25]. http://www.ssupcc.com/horizon_nr.asp?id=80.

[297] 废弃钢铁厂经过景观改造焕发新生：卢森堡 Steelyard 广场 [EB/OL]. (2017-09-22) [2021-12-31]. http://chla.com.cn/htm/2017/0922/263871.html.

[298] 德国汉堡港口城改造规划分析 [EB/OL]. (2014-07-03) [2021-12-31]. http://jz.docin.com/p-853145237.html.

[299] THAD 清华建筑设计院. 清华大学建筑设计院院庆 60 周年经典作品合集 [EB/OL]. [2018-10-13]. http://www.sohu.com/a/259159097_99918863.

[300] 汉堡全新地标——易北爱乐音乐厅 [EB/OL]. [2018-04-12]. http://www.globalblue.cn/destinations/germany/hamburg/elbphilharmonie-in-hamburg.

[301] 新首钢三年行动计划发布 [EB/OL]. [2019-02-15]. http://www.shougang.com.cn/sgweb/html/sgyw/20190215/

2783.html.

[302] 薄宏涛 . 中国特有的一个立体工业园林——北京西十冬奥广场 [EB/OL]. [2018-08-28]. http://www. archcollege.com/archcollege/2018/08/41546.html#.

[303] 易北爱乐厅 [EB/OL]. [2017-12-05]. https://www.chanel.com/zh_CN/fashion/news/2017/12/the-elbphilharmonie.html.

[304] 刘向东 , 卢森堡工业遗产保护实践及经验 [EB/OL]. (2015-11-04) [2021-12-31]. http://blog.sina.com.cn/ s/blog_9d2770f50102wtko.html.

[305] 蓝莎研报"微型伦敦"国王十字区的规划布局解读: 从历史到未来 [EB/OL]. (2017-08-10) [2021-12-31]. https://posts.careerengine.us/p/5a314dae6b4ff15aadc6b6f1.

[306] 新作 | 转化的"无" 首钢三高炉博物馆 [EB/OL]. (2018-08-08) [2021-12-31]. http://home.163.com/ 18/0808/18/DON4V1AU001080 8H.html.

[307] 德国汉堡的易北爱乐音乐厅 | Herzog & de Meuron[EB/OL]. (2018-08-30) [2021-12-31]. http://www.archina. com/index.php?g=works&m=index&a=show&id=806.

[308] 王歧丰 . 首钢老厂房将改建冬奥训练场完善核心区服务功能 [EB/OL]. [2017-03-01]. http://bj.jjj.qq.com /a/20170301/007167.html.

[309] 国家体育总局与首钢总公司签署框架协议 助力冬奥备战和体育产业发展 [EB/OL]. (2017-03-01) [2021-12-31]. https://www.sohu.com/a/127576755_505663.

[310] 李玉坤 . 首钢冬训中心启用 国家花滑队入驻 [EB/OL]. [2018-06-22]. http://www.bjnews.com.cn/feature/ 2018/06/22/492103.html.

[311] 北京最大光伏充电站动工 年底建成可日充 80 辆车 [EB/OL]. [2015-10-30]. http://www.hn.sgcc.com.cn/ html/cz/col544/2015-10/23/20151023171740729293791_1.html.

[312] 100 个中国工业遗产保护名录（第一批）正式发布 [EB/OL]. (2018-02-01) [2021-12-31]. https://www. sohu.com/a/220375097_100019800.

[313] 市政府关于印发《上海市城市更新实施办法》的通知 [EB/OL]. (2015-05-27) [2021-12-31]. https:// www.shanghai.gov.cn/nw12344/20200814/0001-12344_42750.html.

[314] 北京市统计局 [DB/OL].(2018-11-01) [2021-11-03].http://tjj.beijing.gov.cn/zt/dgsdzxp/msgs/201811/t2018 1105_146336.html.

[315] 维基百科. 城市更新 [EB/OL]. (2021-09-23) [2021-10-08]. https://en.jinzhao.wiki/wiki/Urban_renewal.

[316] 中国政府网. 国务院公报：工业和信息化部关于印发《国家工业遗产管理暂行办法》的通知 [EB/OL]. (2018-11-05) [2021-12-31]. http://www.gov.cn/gongbao/content/2019/content_5366487.htm.

[317] 十九大报告的新思想、新论断、新提法、新举措 [EB/OL]. (2017-10-19) [2021-12-31]. https://baijiahao. baidu.com/s?id=1581646457873127956&wfr=spider&for=pc.

[318] 周跃辉. 西方城市化的三个阶段 [EB/OL]. (2013-01-28) [2021-11-02]. http://theory.people.com.cn/n/ 2013/0128/c136457-20345167.html.

其他参考

[319] 张慧文. 汉堡港城：欧洲都市发展的新模式 [N]. 国际商报, 2008-09-10(3).

[320] 阿君. 要"首钢"，还是要首都？[N/OL]. 人民日报海外版, 2000-06-10(5). http://www.shougang.com.cn/ sgweb/html/sgyw/20190215/2783.html. 2019-02-15.

图书在版编目（CIP）数据

存量时代下工业遗存更新的策略与路径 / 薄宏涛著.—
南京：东南大学出版社，2021.12
ISBN 978 - 7 - 5641 - 9693 - 6

Ⅰ．①存… Ⅱ．①薄… Ⅲ．①工业建筑–文化遗产–
介绍–中国 Ⅳ．①TU27

中国版本图书馆CIP数据核字（2021）第196784号

| 责任编辑 | 宋华莉 | 责任校对 | 韩小亮 | 装帧设计 | 娄春雪 | 小舍得 | 责任印制 | 周荣虎 |

存量时代下工业遗存更新的策略与路径
Cunliang Shidai Xia Gongye Yicun Gengxin De Celue Yu Lujing

著　　　者	薄宏涛
出 版 发 行	东南大学出版社
社　　　址	南京四牌楼2号
邮　　　编	210096
电　　　话	025-83793330
网　　　址	http://www.seupress.com
电 子 邮 件	press@ seupress.com
经　　　销	全国各地新华书店
印　　　刷	上海雅昌艺术印刷有限公司
开　　　本	787 mm×1092 mm　1/16
印　　　张	23.25
字　　　数	486千
版　　　次	2021年12月第1版
印　　　次	2021年12月第1次印刷
书　　　号	ISBN 978-7-5641-9693-6
定　　　价	168.00元